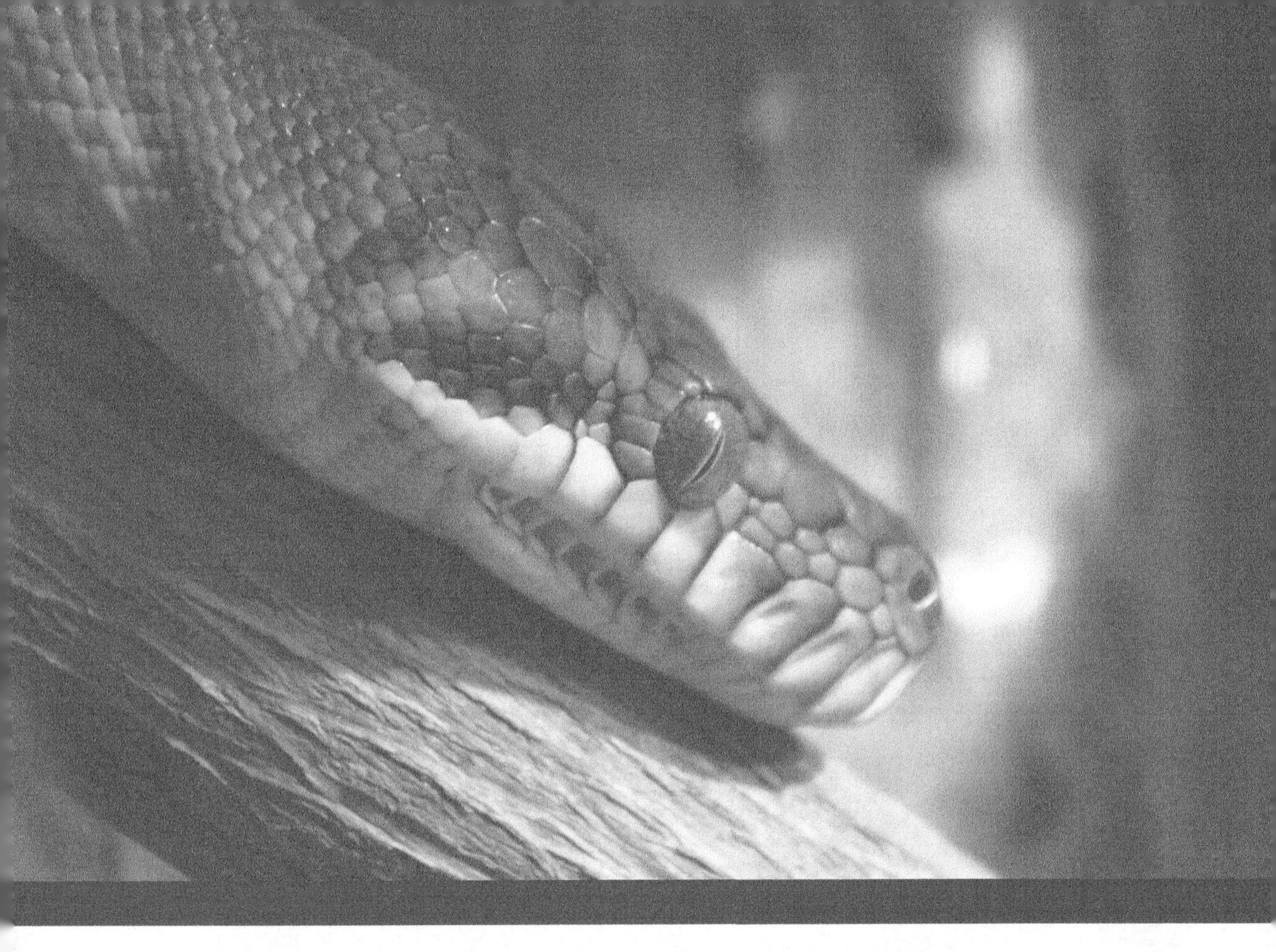

Python 数据分析

[印尼] Ivan Idris 著
韩波 译

人民邮电出版社
北京

图书在版编目（C I P）数据

Python数据分析 / (印尼) 伊德里斯 (Idris,I.) 著;
韩波译. -- 北京 : 人民邮电出版社, 2016.2(2018.5重印)
ISBN 978-7-115-41122-8

Ⅰ. ①P… Ⅱ. ①伊… ②韩… Ⅲ. ①软件工具－程序
设计 Ⅳ. ①TP311.56

中国版本图书馆CIP数据核字(2016)第000506号

版权声明

◆ 著　　　　［印尼］Ivan Idris
译　　　　韩　波
责任编辑　陈冀康
执行编辑　胡俊英
责任印制　张佳莹　焦志炜

◆ 人民邮电出版社出版发行　　北京市丰台区成寿寺路 11 号
邮编　100164　　电子邮件　315@ptpress.com.cn
网址　http://www.ptpress.com.cn
固安县铭成印刷有限公司印刷

◆ 开本：800×1000　1/16
印张：20.75
字数：434 千字　　　　2016 年 2 月第 1 版
印数：11 001－12 000 册　　　　2018 年 5 月河北第 12 次印刷

著作权合同登记号　图字：01-2015-6184 号

定价：59.00 元

读者服务热线：(010) 81055410　印装质量热线：(010) 81055316
反盗版热线：(010) 81055315

内容提要

作为一种高级程序设计语言，Python 凭借其简洁、易读及可扩展性日渐成为程序设计领域备受推崇的语言。同时，Python 语言的数据分析功能也逐渐为大众所认可。

本书是一本介绍如何用 Python 进行数据分析的学习指南。全书共 12 章，从 Python 程序库入门、NumPy 数组、matplotlib 和 pandas 开始，陆续介绍了数据加工、数据处理和数据可视化等内容。同时，本书还介绍了信号处理、数据库、文本分析、机器学习、互操作性和性能优化等高级主题。在本书的最后，还采用 3 个附录的形式为读者补充了一些重要概念、常用函数以及在线资源等重要内容。

本书示例丰富、简单易懂，非常适合对 Python 语言感兴趣或者想要使用 Python 语言进行数据分析的读者参考阅读。

前言

“数据分析是 Python 的杀手锏。”

——佚名

数据分析在自然科学、生物医学和社会科学领域有着悠久的历史。目前，如雷贯耳的大数据虽然尚没有严格的定义，但是它对数据分析工作的影响是毋庸置疑的。下面列举几个与大数据相关的趋势。

- 世界人口持续增长。
- 越来越多的数据被搜集和存储。
- 电脑芯片集成的晶体管数量不可能无限增长。
- 政府、科学界、工业界和个人对数据洞察力的需求与日俱增。

随着数据科学的炒作，数据分析也呈现流行之势。与数据科学类似，数据分析也致力于从数据中提取有效信息。为此，我们需要用到统计学、机器学习、信号处理、自然语言处理和计算机科学领域中的各种技术。

在 http://www.xmind.net/m/WvfC/页面上，可以找到一幅描绘与数据分析相关 Python 软件的脑图。首先要知道的是，Python 生态系统已经非常完备，具有诸如 NumPy、SciPy 和 matplotlib 等著名的程序包。当然，这没有什么好奇怪的，因为 Python 自 1989 年就诞生了。Python 易学、易用，并且与其他程序设计语言相比语法简练，可读性非常强，即使从未接触过 Python 的人，也可以在几天内掌握该语言的基本用法，对熟悉其他编程语言的人来说尤其如此。你无需太多的基础知识，就能顺畅地阅读本书。此外，关于 Python 的书籍、课程和在线教程也非常多。

本书内容

作为学习教程，本书将从 NumPy、SciPy、matplotlib 和 pandas 着手，这些开源程序包对于数据加工、数据处理和可视化而言非常有用。如果能够将这些工具结合起来使用，其功效足以与 MATLAB、Mathematica 和 R 相媲美。

本书还将为读者介绍更高级的主题，包括信号处理、数据库、文本分析、机器学习、互操作性和性能优化。

第 1 章“Python 程序库入门”手把手地指导读者正确安装配置 Python 数值计算软件。同时，本章还会展示如何创建一个小程序。

第 2 章“NumPy 数组”介绍 NumPy 和数组的基础知识。通过阅读本章，读者能够基本掌握 NumPy 数组及其相关函数。

第 3 章“统计学与线性代数”对线性代数和统计函数做了简要回顾。

第 4 章“pandas 入门”阐述 pandas 的基本功能，其中涉及 pandas 的数据结构与相应的操作。

第 5 章“数据的检索、加工与存储”介绍如何获取不同格式的数据，以及原始数据的清洗和存储方法。

第 6 章“数据可视化”介绍如何利用 matplotlib 绘制数据图。

第 7 章“信号处理与时间序列”利用太阳黑子周期数据来实例讲解时间序列和信号处理，同时还会介绍一些相关的统计模型。本章使用的主要工具是 NumPy/SciPy。

第 8 章“应用数据库”介绍各种数据库和有关 API 的知识，其中包括关系数据库和 NoSQL 数据库。

第 9 章“分析文本数据和社交媒体”考察基于文本数据的情感分析和主题抽取。同时，本章还将会为读者展示一个网络分析方面的实例。

第 10 章“预测性分析与机器学习”通过一个例子来说明人工智能在天气预报上面的应用，这主要借助于 scikit-learn。不过，有些机器学习算法在 scikit-learn 中尚未实现，所以有时还要求助其他 API。

第 11 章“Python 生态系统的外部环境和云计算”将提供各种实例，来说明如何集成非 Python 编写的现有代码。此外，本章还将为读者演示如何在云中部署应用。

第 12 章“性能优化、性能分析与并发性”为读者介绍通过性能分析（Profling）和 Cython 等关键技术来改善性能的各种技巧。

此外，我们还将讨论与分布式多核系统有关的一些框架。

附录 A“重要概念”将对本书中涉及的重要概念进行简要介绍。

附录 B“常用函数”概述本书中用到的各种函数。

附录 C“在线资源”给出相关文档、论坛、文章及其他重要信息的网络链接。

本书需要的资源

本书中的示例代码可以在大部分现代操作系统上运行；所有章节中的代码，都需要用到 Python 2 和 pip 软件。为了安装 Python，可以先到 `https://wiki.python.org/moin/BeginnersGuide/Download` 页面下载；对于 pip，可以到 `http://pip.readthedocs.org/en/latest/installing.html` 页面下载。软件的具体安装方法会在相应章节介绍，大部分情况下，我们都需要以管理员权限来执行下列命令：

```
$ pip install <some software>
```

下面是运行本书示例代码所需的软件及其相应的版本号码：

- NumPy 1.8.1
- SciPy 0.14.0
- matplotlib 1.3.1
- IPython 2.0.0
- pandas Version 0.13.1
- tables 3.1.1
- numexpr 2.4
- openpyxl 2.0.3
- XlsxWriter 0.5.5
- xlrd 0.9.3
- feedparser 5.1.3

- Beautiful Soup 4.3.2
- StatsModels 0.6.0
- SQLAlchemy 0.9.6
- Pony 0.5.1
- dataset 0.5.4
- MongoDB 2.6.3
- PyMongo 2.7.1
- Redis server 2.8.12
- Redis 2.10.1
- Cassandra 2.0.9
- Java 7
- NLTK 2.0.4
- scikit-learn 0.15.0
- NetworkX 1.9
- DEAP 1.0.1
- theanets 0.2.0
- Graphviz 2.36.0
- pydot2 1.0.33
- Octave 3.8.0
- R 3.1.1
- rpy2 2.4.2
- JPype 0.5.5.2
- Java 7
- SWIG 3.02
- PCRE 8.35

- Boost 1.56.0
- gfortran 4.9.0
- GAE for Python 2.7
- gprof2dot 2014.08.05
- line_profler beta
- Cython 0.20.0
- cytoolz 0.7.0
- Joblib 0.8.2
- Bottleneck 0.8.0
- Jug 0.9.3
- MPI 1.8.1
- mpi4py 1.3.1

当然，你的软件版本不必与这里的完全相同。通常情况下，应该选用最新版本。

上面列出的某些软件只是用于某个示例，因此安装前，请先检查一下这个软件是否仅限用于某个示例代码。

对于通过 pip 安装的 Python 程序包，卸载方法如下所示：

```
$ pip uninstall <some software>
```

目标读者

本书的目标读者是对 Python 和数学有基本了解，并且想进一步学习如何利用 Python 软件进行数据分析的朋友。我们力争让本书简单易懂，但无法保证所有主题都面面俱到。如果需要，可以经由 Khan Academy、Coursera 或者维基百科来复习自己的数学知识。

下列 Packt 出版社的书籍是推荐给读者的进阶读物：

- *Building Machine Learning Systems with Python*, Willi Richert and Luis Pedro Coelho (2013)
- *Learning Cython Programming*, Philip Herron (2013)
- *Learning NumPy Array*, Ivan Idris (2014)

- *Learning scikit-learn: Machine Learning in Python*, Raúl Garreta and Guillermo Moncecchi (2013)
- *Learning SciPy for Numerical and Scientifc Computing,* Francisco J. Blanco-Silva (2013)
- *Matplotlib for Python Developers*, Sandro Tosi (2009)
- *NumPy Beginner's Guide - Second Edition*, Ivan Idris (2013)
- *NumPy Cookbook*, Ivan Idris (2012)
- *Parallel Programming with Python*, Jan Palach (2014)
- *Python Data Visualization Cookbook*, Igor Milovanović (2013)
- *Python for Finance*, Yuxing Yan (2014)
- *Python Text Processing with NLTK 2.0 Cookbook*, Jacob Perkins (2010)

排版约定

本书中，不同类型的信息会采用不同的排版样式，以示区别。下面针对各种排版样式及其含义进行举例说明。

文本、数据库表名、文件夹名、文件名、文件扩展名和路径名、伪 URL、用户输入和推特句柄（Twitter handles）中出现的代码文字，会显示：“请注意，`numpysum()`无需使用 `for` 循环”。

代码段会显示：

```
def pythonsum(n):
   a = range(n)
   b = range(n)
   c = []

   for i in range(len(a)):
       a[i] = i ** 2
       b[i] = i ** 3
       c.append(a[i] + b[i])

   return c
```

所有的命令行输入或者输出内容会显示：

```
$ yum install python-numpy
```

新术语及**重要词汇**使用粗体字表示。对于在屏幕中看到的文字，如菜单或者对话框中的文字，排版形式为“单击 Next 按钮进入下一屏”。

警告或者重要的注释在此显示。

提示和小技巧在此显示。

读者反馈

我们欢迎读者对本书进行反馈，希望了解你对本书的看法：你喜欢哪些方面或不喜欢哪些方面。在帮助本社推出真正符合读者需要的图书方面，反馈信息至关重要。

如果想为我们提供一般反馈，请向 feedback@packtpub.com 邮箱发送电子邮件，并在邮件的标题中指出相应的书名即可。

如果某些主题是你擅长的领域，并且有意著书或撰稿，请进入 www.packtpub.com/authors，进一步阅读作者指南。

客户支持

你已经是 Packt 出版社的尊贵用户，为了让你的订购物超所值，我们将为你提供一些增值服务。

下载示例代码

访问 http://www.packtpub.com 网站并登录账户后，读者便可以下载所有已购 Packt 出版社图书的示例代码。如果是在其他地方购买的本书，可以访问 http://www.packtpub.com/support 并注册，通过电子邮件获取相应的代码。

勘误

虽然我们已经非常谨慎，尽力确保内容的正确性，但还是难免出错。如果你在书中发现了不管是文字，还是代码方面的错误，并且通知我们，我们将感激不尽。这样做，能让其他读者免受这些错误的困扰，而且还能帮助我们改善本书的后续版本。如果发现了任何错误，请访问 http://www.packtpub.com/submit-errata，选择书名，单击“**勘误提交表**”链接，然后输入勘误的详细资料。一旦这些错误被确认，你的提交就会被接受，勘误信息就会上传到我们的网站，或者添加到该书勘误区中的已发现错误清单中。从 http://www.packtpub.com/support 选择书名，可以看到该书目前的所有勘误。

关于盗版行为

对各种媒体而言，互联网上受版权保护的各种材料都长期面临非法复制的问题。Packt 出版社非常重视版权保护和版权许可，如果你在网上看到本社图书任何形式的非法复制，请立刻向我们提供网络地址信息，以便我们及时采取补救措施。

请通过 copyright@packtpub.com 联系我们，并提供疑似盗版材料的链接信息。

感谢你帮助我们保护作者的权益，从而使我们能够提供更有价值的内容。

疑问解答

如果你对本书有任何疑问，可以通过 questions@packtpub.com 联系我们，我们将尽力为你解答。

作者简介

Ivan Idris，实验物理学硕士，学位论文侧重于应用计算机科学。毕业后，他曾经效力于多家公司，从事 Java 开发、数据仓库开发以及 QA 分析等方面的工作；目前，他的兴趣主要集中在商业智能、大数据和云计算等专业领域。

Ivan Idris 以编写简洁可测试的程序代码以及撰写有趣的技术文章为乐，同时也是 Packt 出版社 *NumPy Beginner's Guide-Second Edition*、*NumPy Cookbook* 和 *Learning NumPy Array* 等书籍的作者。读者可以访问 ivanidris.net 获取更多关于他的信息。

借此机会，我要向 Packt 出版社为本书的出版付出努力的众位审稿人和团队成员致以深深的谢意，是他们的付出令本书得以与读者见面；同时，还要感谢我的老师、教授和同事，感谢他们将科学和程序设计方面的知识传授给我。最后，还要向我的父母、妻子和孩子以及朋友们给予的支持表示万分感谢。

技术评审简介

Amanda Casari，数据科学家和工程师，来自西雅图地区。Amanda 拥有佛蒙特大学（University of Vermont）的电气工程学硕士学位和复杂系统研究证书，以及美国海军学院（United States Naval Academy）的系统工程学学士学位，具有 10 年以上的从业经验，职业生涯从海军军官、分析师、环境保护随行领队，直到集成工程师。她的研究兴趣主要集中在揭露天然系统的各种特性，并以此更新和优化人造复杂网络。同时，她还热衷于努力让数学和科学变得更加平易近人。

我非常感谢家人对我旅行计划的支持，以及本书审读过程中给予我的各种鼓励。N.Manukyan 对所有数据的热忱和 C.Stone 别出心裁的早餐总是让人难以忘怀；同时，向康乃馨登山俱乐部和 P.Nathan 对我各种爱好的亲切鼓励表示感谢。

Thomas A.Dyar（Tom）是美国北卡罗来纳州三角科技园区 BD Technologies（www.bd.com）公司基因科学团队的高级数据科学家，一直致力于为传染病和肿瘤诊断应用提供各种语境下基因数据的处理算法，其中语境包括从靶向面板（targeted panels）到整个基因组。他的专业领域包括如下几类：一是科学编程，涉及的语言有 Java、Python 和 R；二是机器学习，包括神经网络和核方法；三是数据分析和可视化。他的主要爱好是使用云资源开发海量数据驱动的解决方案，并将其概念化。

Tom 的职业生涯早期是从事软件方面的工作，为航天和石油化学工业开发用于过程控制的神经网络和专家系统工具。此外，他还在 MIT 从事过用于中风康复研究的分布式虚拟环境方面的工作，并在 BD 进行细胞生物学实验的高吞吐量图像处理自动化方面的研究。

Tom 毕业于波士顿大学纯应用数学专业，并且还是 ACM 和 IEEE 协会成员。

Dr. Hari Shanker Gupta 是算法交易系统开发领域中的一名资深量化研究员。在此之前，他在印度班加罗尔的印度科技大学获得博士后学位，同时，他还获得过该校的应用数学和科学计算博士学位。他的数学硕士学位是从贝勒纳斯印度教大学取得的，在研究生期间，因优异成绩而获得过该校 4 枚金质奖章。

Hari 在数学和科学计算领域知名期刊上发表过 5 篇研究论文，他的工作领域包括数学、统计学和计算等。他的工作经验涉及数值方法、偏微分方程、数学金融、随机积分、数据分析、有限差分和有限元方法。他对数学软件 MATLAB、统计学程序语言 R、Python 和 C 语言也非常精通。

同时，他还是 Packt 出版社 *Introduction to R for Quantitative Finance* 一书的技术评审。

Puneet Narula 在银行和金融领域有 8 年以上的从业经验，不过，其在技术领域有着过人的天赋和无限的热忱，使他重新回归了数据和分析世界的怀抱。他做了一项艰难的决定：放弃稳定的银行工作，最终选择追逐自己的梦想。

他于 2013 年获得都柏林理工学院的数据分析硕士学位，从此进入分析和数据科学的世界。目前，Puneet 在 Web Reservations International 从事 PPC 数据分析工作。

在 Web Reservations International（WRI），Puneet 每天都要面对海量的点击流数据，为了处理这些数据，需要综合运用 RapidMiner、R 和 Python。

非常感谢 Silviu Preoteasa 自始至终的支持和鼓励。

Alan J.Salmoni 以解读数据为乐，并且是 Salstat 网站（http://www.salstat.com）的创始人。他自 2001 年开始使用 Python 从事数据分析，并且为大学生和研究生讲授统计学。除了陪伴家人外，他的大部分时间都用在了自然语言处理的文本统计模型上面。

Alan 还创办了一家专门提供数据分析和用户体验分析服务的公司：Thought Into Design。

在此，我要向妻子 Jell 和女儿 Louise 的耐心致以深深的谢意。

目录

第 1 章
Python 程序库入门

首先浏览一下 `http://www.xmind.net/m/WvfC/`页面，从这里可以找到一幅描绘数据分析软件的脑图。很明显，我们不会在本章中安装本书所需的所有软件，而是介绍如何在不同的操作系统上面安装 NumPy、SciPy、matplotlib 和 IPython，同时考察一些使用 NumPy 库的简单代码。

NumPy 是一个基础性的 Python 库，为我们提供了常用的数值数组和函数。

SciPy 是 Python 的科学计算库，对 NumPy 的功能进行了扩充，同时也有部分功能是重合的。Numpy 和 Scipy 曾经共享基础代码，后来分道扬镳了。

matplotlib 是一个基于 NumPy 的绘图库。第 6 章“数据可视化”会对 matplotlib 库进行详细介绍。

IPython 为交互式计算提供了一个基础设施，这个项目最著名的部分就是它的交互式解释器 IPython shell。我们将在本章后面介绍 IPython shell。对于本书而言，当需要安装软件时，我们会在恰当的时刻给出相应的安装说明。当在安装软件的过程中遇到困难，或者不能断定最佳方案时，可以参考本章最后的部分，它提供了寻找解决问题所需辅助信息的指南。

本章将涉及以下主题。

- 在 Windows、Linux 和 Macintosh 系统上面安装 Python、SciPy、matplotlib、IPython 和 NumPy。
- 利用 NumPy 数组编写简单的应用程序。
- 了解 IPython。
- 在线资源和帮助。

1.1 本书用到的软件

本书所用软件都是基于Python语言的，所以必须首先安装Python。不过，对于某些操作系统而言，Python是默认安装的。但是，我们需要检查Python版本与想要安装的软件版本是否兼容。Python具有多种实现，其中包括具有商业版权的实现和发行版。在本书中，我们只关注标准CPython实现，因为它与NumPy完全兼容。

> **提示：**
> 可以从https://www.python.org/download/页面下载Python。在这个网站上，我们可以找到为Windows和Mac OS X系统开发的安装程序，以及为Linux、UNIX和Mac OS X系统提供的源码包。

本章需要安装的软件，在Windows、各种Linux发行版本和Mac OS X系统上都有相应的二进制安装程序。当然，如果愿意，也可以使用相应的源代码发行包。对于Python，要求其版本为2.4.x或更高，目前最佳版本为2.7.x，因为大部分的Python科学计算库都支持这个版本。对于Python 2.7版本的支持与维护工作，将延续至2020年，之后，我们不得不迁移到Python 3。

1.1.1 软件的安装和设置

下面学习在Windows、Linux和Mac OS X系统上安装和设置NumPy、SciPy、matplotlib和IPython的详细过程。针对不同的平台，我们会分别加以介绍。

1.1.2 Windows平台

对于Windows系统来说，安装过程非常简单，下载一个安装程序，然后根据向导提示即可完成安装工作。下面给出NumPy的安装步骤，对于其他软件库来说，过程类似。具体过程如下所示：

（1）从SourceForge网站（见表1-1）下载用于Windows系统的安装程序。最新的发行版本会随时间而变化，不过没关系，我们只要选择最适合自己的那个版本就可以。

（2）选择适当的版本。这里选择`numpy-1.8.1-win32-superpack-python2.7.exe`。

（3）双击打开这个EXE格式的安装程序。

（4）这时会看到 NumPy 及其功能的描述信息，继续单击 **Next** 按钮。

表 1-1

程序库名称	URL	最新版本
NumPy	`http://sourceforge.net/projects/numpy/files/`	1.8.1
SciPy	`http://sourceforge.net/projects/scipy/files/`	0.14.0
matplotlib	`http://sourceforge.net/projects/matplotlib/files/`	1.3.1
IPython	`http://archive.ipython.org/release/`	2.0.0

如果已经安装了 Python，会自动检测出来，如果没有检测到，很可能是路径设置有问题。

小技巧：

本章结尾部分给出了帮助解决 NumPy 安装问题的相关资料。

（5）如果 Python 已找到，就单击 **Next** 按钮；否则，单击 **Cancel** 按钮，然后安装 Python（没有 Python 时是无法安装 NumPy 的）。注意，单击 **Next** 按钮后就无法返回了，所以在此之前最好确认一些事情，如确认当前的安装目录是不是你想要的那个，其他诸如此类。现在，安装正式开始，这可能需要一段时间。

提示：

安装程序的发展非常迅猛，其他的备选品种请参见 `http://www.scipy.org/install.html`。对于安装程序来说，它要求 `C:\Windows\` 目录下存在一个 msvcp71.dll 文件，你可以根据情况从 `http://www.dll-files.com/dllindex/dll-files.shtml?msvcp71` 页面下载。

1.1.3 Linux 平台

在 Linux 系统上安装本书推荐的软件时，与操作系统本身的发行版本密切相关。如可以从命令行安装 NumPy，也可以用图形界面的安装程序来安装，这取决于系统的发行版。安装 matplotlib、SciPy 和 IPython 时，用的命令是完全相同的，只不过程序包的名称要有所变化而已。我们建议安装 matplotlib、SciPy 和 IPython，但这不是必需的。

大部分 Linux 发行版都带有 NumPy 程序包，可以根据自己的发行版使用相应的命令查看，具体如下所示：

- 对于 Red Hat 操作系统，可以使用下列命令安装 NumPy：

```
$ yum install python-numpy
```

- 对于 Mandriva 操作系统，可以使用下列命令安装 NumPy：

```
$ urpmi python-numpy
```

- 对于 Gentoo 操作系统，可以使用下列命令安装 NumPy：

```
$ sudo emerge numpy
```

- 对于 Debian 或者 Ubuntu 操作系统，可以使用下列命令安装 NumPy：

```
$ sudo apt-get install python-numpy
```

表 1-2 总结了各种 Linux 发行版下 NumPy、SciPy、matplotlib 和 IPython 程序包的名称。

表 1-2

Linux 发行版	**NumPy**	**SciPy**	**matplotlib**	**IPython**
Arch Linux	python-numpy	python-scipy	python-matplotlib	Ipython
Debian	python-numpy	python-scipy	python-matplotlib	Ipython
Fedora	Numpy	python-scipy	python-matplotlib	Ipython
Gentoo	dev-python/numpy	Scipy	matplotlib	Ipython
openSUSE	python-numpy, python-numpy-devel	python-scipy	python-matplotlib	Ipython
Slackware	Numpy	Scipy	matplotlib	Ipython

1.1.4 Mac OS X 平台

Mac OS X 平台既可以使用具有图形界面的安装程序，也可以通过软件包管理系统（port manager）以命令行方式来安装 NumPy、matplotlib 和 SciPy，这取决于个人喜好。这里有一个先决条件，就是要确保已经安装了 XCode，因为它不属于 OS X 系统的组成部分。我们可以用带有图形用户界面的安装程序来安装 NumPy，具体过程如下所示。

（1）首先从 http://sourceforge.net/projects/numpy/files/ 页面下载 NumPy 的安装程序。实际上，matplotlib 和 SciPy 的安装程序也能从这里下载。

（2）只要把前面 URL 中的 numpy 替换为 scipy 或者 matplotlib，就是相应软件包安装程序的下载地址。截至编写本书期间为止，IPython 还没有提供图形用户界面的安装程序。

（3）下载相应的 DMG 文件，通常选择最新的文件。此外，也可以选用 SciPy Superpack，下载地址是 https://github.com/fonnesbeck/ScipySuperpack。

选择哪一种安装方式并不重要，最重要的是要确保一件事情，即 Python 库的更新操作不会给之前已安装的那些用到非 Apple 公司所提供的 Python 库的软件带来负面影响。关于 NumPy、matplotlib 和 SciPy 的部分，具体过程如下所示。

（1）打开 DMG 文件，本例中为 numpy-1.8.1-py2.7-python.org-macosx10.6.dmg 文件。

（2）双击呈打开状的盒子的图标，注意是文件后缀为.mpkg 的那个，这时会出现该安装程序的欢迎界面。

（3）单击 **Continue** 按钮，来到 **Read Me** 界面，这里会看到 NumPy 的简单说明。

（4）单击 **Continue** 按钮，进入 **License** 界面。

（5）阅读版权声明，单击 **Continue** 按钮，然后在提示接受该声明时，单击 **Accept** 按钮。此后，一路按回车键，直到单击 **Finish** 按钮便万事大吉了。

此外，也可以使用 MacPorts、Fink 或者 Homebrew 来安装这些程序库。下面给出安装这些程序包所需的命令。

对于本书来说，只有 NumPy 是必需的；对于其他程序库，只要是你不感兴趣的，完全可以忽略。

- 用 MacPorts 进行安装时，可以使用下列命令：

```
$ sudo port install py-numpy py-scipy py-matplotlib py-ipython
```

- Fink 也为 NumPy 提供了许多程序包，如 scipy-core-py24、scipy-core-py25 和 scipy-core-py26；SciPy 的程序包有 cipy-py24、scipy-py25 和 scipy-py26。安装针对 Python 2.6 的 NumPy 及其他相关程序包的命令如下所示：

```
$ fink install scipy-core-py26 scipy-py26 matplotlib-py26
```

1.2 从源代码安装NumPy、SciPy、matplotlib和IPython

在万不得已或者希望尝鲜最新代码时，可以直接编译源代码。实际上，虽然在此过程中有可能会碰到麻烦，但是也未必是很困难的事情，主要还是取决于使用的操作系统。如果操作系统和相关软件的发展与时俱进，搜索在线资源或网上求助才是我们的上上策。本章将向大家推荐一些寻求帮助的好去处。

源代码可以用 git 得到，或者从 GitHub 网站下载。从源代码安装 NumPy 的具体步骤非常简单，下面会加以讲解。利用 git 取得 NumPy 源代码的方法如下所示：

```
$ git clone git://github.com/numpy/numpy.git numpy
```

提示：

对于SciPy、matplotlib和IPython来说，命令也是相似的，具体见表1-3。IPython的源代码可以从 https://github.com/ipython/ipython/releases 页面以源代码归档或ZIP文件的形式下载。之后，可以使用相应的工具打开，或者使用下列命令：

```
$ tar -xzf ipython.tar.gz
```

至于 git 命令和源代码归档压缩文件的链接，详见表1-3。

表1-3

程序库	git 命令	Tarball/zip URL
NumPy	git clone git://github.com/numpy/numpy.git numpy	https://github.com/numpy/numpy/releases
SciPy	git clone http://github.com/scipy/scipy.git scipy	https://github.com/scipy/scipy/releases
matplotlib	git clone git://github.com/matplotlib/matplotlib.git	https://github.com/matplotlib/matplotlib/releases
IPython	git clone --recursive https://github.com/ipython/ipython.git	https://github.com/ipython/ipython/releases

使用下列命令，可以从源代码目录将其安装到/usr/local 目录：

```
$ python setup.py build
$ sudo python setup.py install --prefix=/usr/local
```

编译时，需要一个诸如 GCC 类的 C 语言编译程序，以及 python-dev 或 python-devel 程序包中 Python 的相关头文件。

1.3 用 setuptools 安装

如果有 setuptools 或者 pip 工具，可以使用下面的命令来安装 NumPy、SciPy、matplotlib 和 IPython。对于每一个程序库，我们提供两种命令：一种用于 setuptools；另一种用于 pip。实际上，二选一即可。

```
$ easy_install numpy
$ pip install numpy

$ easy_install scipy
$ pip install scipy

$ easy_install matplotlib
$ pip install matplotlib

$ easy_install ipython
$ pip install ipython
```

如果你当前的账户缺乏足够的权限，则需要在上面这些命令的前面追加 sudo。

1.4 NumPy 数组

安装好 NumPy 后，就可以开始摆弄 NumPy 数组了。与 Python 中的列表相比，进行数值运算时 NumPy 数组的效率要高得多。事实上，NumPy 数组是针对某些对象进行了大量的优化工作。

完成相同的运算时，NumPy 代码与 Python 代码相比用到的显式循环语句明显要少，因为 NumPy 是基于向量化的运算。还记得高等数学中标量和向量的概念吗？例如，数字 2 是一个标量，计算 2 加 2 时，进行的是标量加法运算。通过一组标量，我们可以构建出一个向量。用 Python 编程的术语来说，我们得到了一个一维数组。当然，这个概念可以扩展至更高的维度。实际上，针对两个数组的诸如加法之类的运算，可以将其转化为一组标量运算。使用纯 Python 时，为了完成该操作，可以使用循环语句遍历第一个数组中的每个元素，并与第二个数组中对应的元素相加。然而，在数学家眼里，这种方法过于繁琐。数学上，可以将这两个向量的加法视为单一操作。实际上，NumPy 数组也可以这么做，并且它用低级 C 例程针对某些操作进行了优化处理，使得这些基本运算效率大为提高。NumPy 数组将在第 2 章中详细介绍。

1.5 一个简单的应用

假设要对向量 a 和 b 进行求和。注意，这里“向量”这个词的含义是数学意义上的，即一个一维数组。在第 3 章“统计学与线性代数”中，将遇到一种表示矩阵的特殊 NumPy 数组。向量 a 存放的是整数 0 到 n-1 的 2 次幂。如果 n 等于 3，那么 a 保存的是 0、1 和 4。向量 b 存放的是整数 0 到 n 的 3 次幂，所以如果 n 等于 3，那么向量 b 等于 0、1 或者 8。如果使用普通的 Python 代码，该怎么做呢？

在我们想出了一个解决方案后，可以拿来与等价的 NumPy 方案进行比较。

下面的函数没有借助 NumPy，而是使用纯 Python 来解决向量加法问题：

```
def pythonsum(n):
    a = range(n)
    b = range(n)
    c = []

    for i in range(len(a)):
        a[i] = i ** 2
        b[i] = i ** 3
        c.append(a[i] + b[i])

    return c
```

下面是利用 NumPy 解决向量加法问题的函数：

```
def numpysum(n):
  a = numpy.arange(n) ** 2
  b = numpy.arange(n) ** 3
  c = a + b
  return c
```

注意，numpysum()无需使用 for 语句。此外，我们使用了来自 NumPy 的 arange()函数，它替我们创建了一个含有整数 0 到 n 的 NumPy 数组。这里的 arange()函数也是从 NumPy 导入的，所以它加上了前缀 numpy。

现在到了真正有趣的地方。我们在前言中讲过，NumPy 在进行数组运算时，速度是相当快的。可是，到底有多么快呢？下面的程序代码将为我们展示 numpysum()和 pythonsum()这两个函数的实耗时间，这里以微秒为单位。同时，它还会显示向量 sum 最后面的两个元素值。下面来看使用 Python 和 NumPy 能否得到相同的答案：

```
#!/usr/bin/env/python

import sys
from datetime import datetime
import numpy as np

"""
 This program demonstrates vector addition the Python way.
 Run from the command line as follows

  python vectorsum.py n

 where n is an integer that specifies the size of the vectors.

 The first vector to be added contains the squares of 0 up to n.
 The second vector contains the cubes of 0 up to n.
 The program prints the last 2 elements of the sum and the elapsed
time.
"""

def numpysum(n):
   a = np.arange(n) ** 2
   b = np.arange(n) ** 3
   c = a + b

   return c

def pythonsum(n):
   a = range(n)
   b = range(n)
   c = []

   for i in range(len(a)):
```

```
        a[i] = i ** 2
        b[i] = i ** 3
        c.append(a[i] + b[i])

    return c

size = int(sys.argv[1])

start = datetime.now()
c = pythonsum(size)
delta = datetime.now() - start
print "The last 2 elements of the sum", c[-2:]
print "PythonSum elapsed time in microseconds", delta.microseconds

start = datetime.now()
c = numpysum(size)
delta = datetime.now() - start
print "The last 2 elements of the sum", c[-2:]
print "NumPySum elapsed time in microseconds", delta.microseconds
```

对于1000个、2000个和3000个向量元素，程序的结果如下所示：

```
$ python vectorsum.py 1000
The last 2 elements of the sum [995007996, 998001000]
PythonSum elapsed time in microseconds 707
The last 2 elements of the sum [995007996 998001000]
NumPySum elapsed time in microseconds 171

$ python vectorsum.py 2000
The last 2 elements of the sum [7980015996, 7992002000]
PythonSum elapsed time in microseconds 1420
The last 2 elements of the sum [7980015996 7992002000]
NumPySum elapsed time in microseconds 168

$ python vectorsum.py 4000
The last 2 elements of the sum [63920031996, 63968004000]
PythonSum elapsed time in microseconds 2829
The last 2 elements of the sum [63920031996 63968004000]
NumPySum elapsed time in microseconds 274
```

显而易见，NumPy的速度比等价的常规Python代码要快很多。有一件事情是肯定的：无论是否使用NumPy，计算结果都是相同的。不过，结果的显示形式还是有所差别的：`numpysum()`函数给出的结果不包含逗号。为什么会这样？别忘了，我们处理的不是Python的列表，而是一个NumPy数组。有关NumPy数组的更多内容，将在第2章“NumPy数组”中详细介绍。

1.6 将 IPython 用作 shell

我们知道，科学家、数据分析师和工程师经常需要进行实验，而 IPython 正是为实验而生的。对于 IPython 提供的交互式环境，明眼人一看就知道它与 MATLAB、Mathematica 和 Maple 非常接近。

下面是 IPython shell 的一些特性。

- Tab 补全功能（Tab completion），可以帮助查找命令。
- 历史记录机制。
- 行内编辑。
- 利用`%run`用外部 Python 脚本。
- 访问系统命令。
- pylab 开关。
- 访问 Python 的调试工具和分析工具。

下面给出 IPython shell 的使用方法。

- **pylab 开关**：使用 pylab 开关可以自动导入 `Scipy`、`NumPy` 和 `matplotlib` 这 3 个程序包。如果没有它，就得自己动手导入这些程序包。

  我们只需要输入如下所示的命令：

  ```
  $ ipython -pylab
  Type "copyright", "credits" or "license" for more information.

  IPython 2.0.0-dev -- An enhanced Interactive Python.
  ?          -> Introduction and overview of IPython's features.
  %quickref -> Quick reference.
  Help       -> Python's own help system.
  object?    -> Details about 'object', use 'object??' for extra
  details.

  Welcome to pylab, a matplotlib-based Python environment
  [backend: MacOSX].
  For more information, type 'help(pylab)'.

  In [1]: quit()
  ```

小技巧：

退出 IPython shell 时，可以使用 quit()函数或者 Ctrl+D 组合键。

- **保存会话**：有时我们可能想要恢复之前做过的实验。对于 IPython 来说，这很容易，只要保存了会话，就可以供将来继续使用，具体命令如下所示：

```
In [1]: %logstart
Activating auto-logging. Current session state plus future
input saved.
Filename         : ipython_log.py
Mode             : rotate
Output logging   : False
Raw input log    : False
Timestamping     : False
State            : active
```

  使用下列命令可以关闭记录功能：

```
In [9]: %logoff
Switching logging OFF
```

- **执行系统的 shell 命令**：默认情况下，IPython 允许通过在命令前面追加!号来执行系统的 shell 命令。

  举例来说，输入下面的命令，将会得到当前日期：

```
In [1]: !date
```

  事实上，任何前置了!号的命令行都将发送给系统的 shell 来处理。此外，可以通过如下所示的方法来存储命令的输出结果。

```
In [2]: thedate = !date
In [3]: thedate
```

- **显示历史上用过的命令**：可以利用`%hist`命令来显示之前用过的命令，比如：

```
In [1]: a = 2 + 2

In [2]: a
Out[2]: 4
```

```
In [3]: %hist
a = 2 + 2
a
%hist
```

这在**命令行接口（Command Line Interface，CLI）**环境中是一种非常普遍的功能。此外，还可以用-g 开关在历史命令中进行搜索，如下所示：

```
In [5]: %hist -g a = 2
    1: a = 2 + 2
```

下载示例代码：

如果是在 http://www.packtpub.com 网站上通过自己的账户购买到 Packt 公司的图书，就可以直接从该网站下载相应的示例代码。如果是从其他的地方购买这本书，可以到 http://www.packtpub.com/support 进行注册，这样就可以通过电子邮件的方式接收相应的示例代码文件。

在上面的过程中，我们使用了一些所谓的魔力函数（magic functions），这些函数均以%开头。当魔力函数单独用于一行时，就可以省略前缀%。

1.7 学习手册页

当进入 IPython 的 pylab 模式（$ ipython -pylab）后，可以通过 help 命令打开 NumPy 函数的手册页——即使不知道该函数的确切名称。我们可以先输入几个字符，然后利用 Tab 键就可以自动补全剩下的字符。下面以 arange() 函数为例，说明如何查阅与其有关的资料。

这里给出两种翻阅相关信息的方法：

- **使用帮助功能：**即调用 help 命令。输入函数名中的前几个字符，再按 **Tab** 键。

```
In [1]: help ar
arange       arcsin       arctan2      argmin       around       array_equal  array_split
arccos       arcsinh      arctanh      argsort      array        array_equiv  array_str
arccosh      arctan       argmax       argwhere     array2string array_repr   arrow
```

- **通过问号进行查询**：另一种方法是在函数名后面加上问号。当然，前提条件是我们已经知道函数名，好处是不必输入 help 命令，比如：

  ```
  In [3]: arange?
  ```

  Tab 补全功能依赖于 readline，所以务必确保先前已经安装了该软件。如果没有安装，可以键入下列命令之一，setuptools 就会安装该软件：

  ```
  $ easy_install readline
  $ pip install readline
  ```

  利用问号，可以从文档字符串（docstrings）中获取所需信息。

1.8 IPython notebook

在互联网上搜索与 Python 有关的内容时，经常会见到 IPython notebook，这是一种具有特殊格式的 Web 页面，其中可以包含文字、图表和 Python 代码。如果没有见过的话，可以通过以下链接来观摩 notebook：

- https://github.com/ipython/ipython/wiki/A-gallery-of-interesting-IPython-Notebooks
- http://nbviewer.ipython.org/github/ipython/ipython/tree/2.x/examples/

很多时候，notebook 都是用于演示 Python 软件，或者用作一款教学工具。我们可以单纯使用 Python 代码或者通过特殊的 notebook 格式来导入和导出 notebook。另外，notebook 既可以在本机上跑，也可以放到专用的 notebook 服务器上在线使用。某些云计算解决方案（如 Wakari 和 PiCloud）还支持在云中运行 notebook。云计算的主题将在第 11 章"Python 生态系统的外部环境和云计算"中加以介绍。

1.9 从何处寻求帮助和参考资料

对于 Numpy 和 Scipy 来说，主要的文档站点请访问 http://docs.scipy.org/doc/。通过该页面，可以跳至 http://docs.scipy.org/doc/numpy/reference/ 来浏览 NumPy 的参考指南、用户指南和多个教程。

在流行的软件开发论坛 Stack Overflow 上，也有数以百计的 numpy 方面的讨论。若感兴趣，可打开 http://stackoverflow.com/questions/tagged/numpy 页面。

很明显，我们可以使用 SciPy、IPython 或者其他软件来替代 numpy 库。如果有比较缠手的问题，或者想要持续关注 numpy 的开发进展，可以订阅 numpy 的讨论邮寄列表。相应的电子邮件地址是 numpy-discussion@scipy.org。订阅后，每天收到的电子邮件数量不会太多，不过值得一提的是，你几乎不会收到任何垃圾邮件。

最重要的是，积极参与 NumPy 项目的开发人员还会回答讨论组中出现的问题，完整的列表可以在 http://www.scipy.org/Mailing_Lists 中找到。

对于 IRC 用户，可以在 irc://irc.freenode.net 找到一个相关的频道，虽然该频道的名字是#scipy，但是这并不妨碍我们提问 NumPy 方面的问题，因为 SciPy 用户一般都比较熟悉 NumPy，毕竟 SciPy 是以 NumPy 为基础的。在这个 SciPy 频道中，通常最少有 50 位成员保持在线。

1.10 小结

本章安装了后文用到的 NumPy、SciPy、matplotlib 和 IPython 等程序库，并通过一个向量加法程序，体验了 NumPy 带来的优越性能。此外，我们还探讨了有关的文档和在线资源。

第 2 章“NumPy 数组”将揭晓与 NumPy 有关的内容，以探索数组和数据类型等基本概念。

第2章 NumPy数组

在前面部分，我们已经安装了 NumPy 和几个关键 Python 程序库，并动手编写了一些代码。在本章中，我们将正式步入 NumPy 数组的世界，带领大家一起学习 NumPy 和数组的知识。阅读本章后，你会对 NumPy 数组及其相关函数有个基本了解。

本章涉及的主题如下所示。

- 数据类型。
- 数组类型。
- 类型转换。
- 创建数组。
- 索引。
- 花式索引。
- 切片（Slicing）。
- 处理数组的形状。

2.1 NumPy数组对象

NumPy 中的多维数组称为 `ndarray`，它有两个组成部分。

- 数据本身。
- 描述数据的元数据。

在数组的处理过程中，原始信息不受影响，变化的只是元数据而已。

在之前的章节中，我们曾经用 arange() 函数来生成数组。实际上，那是用来存放一组数值的一维数组，这里的 ndarray 则可以具有一个以上的维度。

NumPy 数组的优势

NumPy 数组通常是由相同种类的元素组成的，即数组中的数据项的类型必须一致。NumPy 数组元素类型一致的好处是：由于知道数组元素的类型相同，所以能轻松确定存储数组所需空间的大小。同时，NumPy 数组还能够运用向量化运算来处理整个数组；而完成同样的任务，Python 的列表则通常必须借助循环语句遍历列表，并对逐个元素进行相应的处理。此外，NumPy 使用了优化过的 C API，所以运算速度格外快。

NumPy 数组的索引方法与 Python 类似，下标从 0 开始。NumPy 数组的数据类型由特殊的对象指定，本章后面的部分将对这些对象进行详细介绍。

今后，我们会经常利用 arange() 子例程来建立数组，该函数取自本书附带的 arrayattributes.py 文件。本章中的代码片断大都取自 IPython 会话。注意，IPython 启动时会自动导入 NumPy 库。下面代码展示了如何获得数组的数据类型：

```
In: a = arange(5)
In: a.dtype
Out: dtype('int64')
```

以上数组的数据类型为 int64(至少在作者的电脑上是这样的)，不过，如果你的 Python 为 32 位版本的话，得到的结果将是 int32。无论上面哪一种情况，都是在处理整型变量（64 位或者 32 位）。对于数组，除了要知道数据类型外，还要注意其形状，这一点非常重要。在第 1 章“Python 程序库入门”中，我们曾经举例说明向量（一维 NumPy 数组）的创建方法。数学家会经常用到向量，但对我们来说，最常用的却是更高维度的对象。下面来看刚刚生成的那个向量的形状：

```
In: a
Out: array([0, 1, 2, 3, 4])
In: a.shape
Out: (5,)
```

如你所见，该向量有 5 个元素，它们的值分别是从 0 到 4。该数组的 shape 属性是一个元组（就本例而言，这是一个单元素元组），存放的是数组在每一个维度的长度。

2.2 创建多维数组

既然我们已经知道创建向量的方法，下面开始学习如何建立多维NumPy数组。生成矩阵后，再来看它的形状，代码（取自本书代码包中的 arrayattributes.py 文件）如下所示。

1. 创建多维数组，代码如下：

```
In: m = array([arange(2), arange(2)])
In: m
Out:
array([[0, 1],
       [0, 1]])
```

2. 显示该数组的形状，代码如下：

```
In: m.shape
Out: (2, 2)
```

上面，我们用 arange() 子例程直接建立了一个 2×2 的数组，而利用 array() 函数创建数组时，则需要传递给它一个对象，并且这个对象还必须是数组类型的，如 Python 的列表。在上面的例子中，我们传给它的是由两个数组组成的一个列表。该对象是 array() 函数唯一所需的参数，而 NumPy 的函数往往有多个可选参数，并且这些参数都带有预定义的缺省选项。

2.3 选择NumPy数组元素

有时，我们可能想从数组中选择指定的元素。如何做到这一点呢？不妨从创建一个 2×2 矩阵着手（以下代码取自本书代码包中的 elementselection.py 文件）：

```
In: a = array([[1,2],[3,4]])
In: a
Out:
array([[1, 2],
       [3, 4]])
```

上面的矩阵是通过向 array() 函数传递一个由列表组成的列表得到的。接下来，我们要逐个选择矩阵的各个元素，代码如下所示。别忘了，下标是从 0 开始的：

```
In: a[0,0]
Out: 1
In: a[0,1]
Out: 2
In: a[1,0]
Out: 3
In: a[1,1]
Out: 4
```

可见，选择数组元素是一件非常简单的事情。对于数组 a，只要通过 a[m,n]的形式，就能访问数组内的元素，其中 m 和 n 为数组元素的下标。数组元素的下标如下所示。

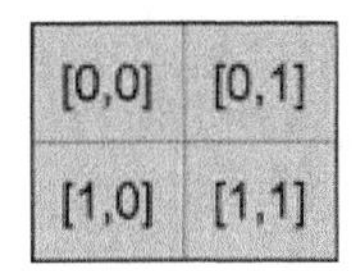

2.4 NumPy 的数值类型

Python 自身虽然支持整型、浮点型和复数型，但对于科学计算来说，还远远不够。现实中，我们仍然需要更多的数据类型，来满足在精度和存储大小方面的各种不同的要求。为此，NumPy 提供了更加丰富的数据类型。注意，NumPy 跟数学运算有关的数据类型的名称都以数字结尾。而这个数字指示了该类型的变量所占用的二进制位数。表 2-1（改编自《NumPy 用户指南》）概述了 NumPy 的各种数值类型。

表 2-1

类型	说明
bool	布尔型（值为 True 或 False），占用 1 比特
inti	其长度取决于平台的整数（通常为 int32 或者 int64）
int8	字节类型（取值范围从−128～127）
int16	整型（取值范围从−32768～32767）
int32	整型（取值范围从-2^{31}～$2^{31}-1$）
int64	整型（取值范围从-2^{63}～$2^{63}-1$）
uint8	无符号整型（取值范围从 0～255）

续表

类型	说明
uint16	无符号整型（取值范围从 0～65535）
uint32	无符号整型（取值范围从 0～2^{32}–1）
uint64	无符号整型（取值范围从 0～2^{64}–1）
float16	半精度浮点型：符号占用 1 比特，指数占用 5 比特，尾数占用 10 比特
float32	单精度浮点型：符号占用 1 比特，指数占用 8 比特，尾数占用 23 比特
float64 或者 float	双精度浮点型：符号占用 1 比特，指数占用 11 比特，尾数占用 52 比特
complex64	复数类型，由两个 32 位浮点数（实部和虚部）表示
complex128 或者 complex	复数类型，由两个 64 位浮点数（实部和虚部）表示

每一种数据类型都有相应的转换函数（请参考本书代码包中的 numericaltypes.py 文件），如下所示：

```
In: float64(42)
Out: 42.0
In: int8(42.0)
Out: 42
In: bool(42)
Out: True
In: bool(0)
Out: False
In: bool(42.0)
Out: True
In: float(True)
Out: 1.0
In: float(False)
Out: 0.0
```

许多函数都带有一个指定数据类型的参数，该参数通常是可选的：

```
In: arange(7, dtype=uint16)
Out: array([0, 1, 2, 3, 4, 5, 6], dtype=uint16)
```

谨记：不允许把复数类型转化成整型。当你企图进行这种转换时，将会触发 TypeError 错误，就像下面这样：

```
In: float(42.0 + 1.j)
```

```
Traceback (most recent call last):
  File "numericaltypes.py", line 45, in <module>
    print float(42.0 + 1.j)
TypeError: can't convert complex to float
```

同样，也不允许把复数转化成浮点数。另外，复数的分量 j 是其虚部的系数。不过，允许把浮点数转换成复数，如 complex(1.0) 是合法的。复数的实部和虚部分别使用 real() 函数和 imag() 函数提取。

2.4.1 数据类型对象

数据类型对象是 numpy.dtype 类的实例。数组是一种数据类型。严格来讲，NumPy 数组中的每个元素都要具有相同的数据类型。数据类型对象表明了数据占用的字节数。所占用字节的具体数目一般存放在类 dtype（详见 dtypeattributes.py 文件）的 itemsize 属性中。

```
In: a.dtype.itemsize
Out: 8
```

2.4.2 字符码

NumPy 之所以提供**字符码**，是为了与其前身 Numeric 向后兼容。一般不建议使用字符码，这里为什么又提供这些代码呢？因为我们会在许多地方碰到它们，但是，编写代码时应当使用 dtype 对象。表 2-2 展示了一些数据类型及其相应的字符码。

表 2-2

类型	字符码
整型	i
无符号整型	u
单精度浮点型	f
双精度浮点型	d
布尔型	b
复数型	D
字符串	S
万国码（unicode）	U
空类型（Void）	V

下面的代码（代码取自本书代码包中的 charcodes.py 文件）将生成一个单精度浮点型的数组：

```
In: arange(7, dtype='f')
Out: array([ 0.,  1.,  2.,  3.,  4.,  5.,  6.], dtype=float32)
```

类似地，下列代码将创建一个负数类型的数组：

```
In: arange(7, dtype='D')
Out: array([ 0.+0.j,  1.+0.j,  2.+0.j,  3.+0.j,  4.+0.j,  5.+0.j,  6.+0.j])
```

2.4.3 Dtype构造函数

创建数据类型时，手段有很多，下面以浮点型数据为例进行说明（以下代码取自本书代码包中的 dtypeconstructors.py 文件）。

- 可以用 Python 自带的常规浮点型，代码如下所示：

```
In: dtype(float)
Out: dtype('float64')
```

- 可以用字符码规定单精度浮点数，代码如下所示：

```
In: dtype('f')
Out: dtype('float32')
```

- 可以用字符码定义双精度浮点数，代码如下所示：

```
In: dtype('d')
Out: dtype('float64')
```

- 可以向 dtype 构造函数传递一个双字符码。其中，第一个字符表示数据类型，第二个字符是一个数字，表示该类型占用的字节数（数字 2、4 和 8 分别对应于 16 位、32 位和 64 位浮点数）：

```
In: dtype('f8')
Out: dtype('float64')
```

可以通过 sctypeDict.keys()函数列出所有数据类型的字符码，代码如下所示。注意，由于输出内容过多，这里只截取了部分内容。

```
In: sctypeDict.keys()
Out: [0, …
 'i2',
 'int0']
```

2.4.4　dtype 属性

类 dtype 提供了许多有用的属性，如可以通过 dtype 的属性获取某种数据类型对应的字符码（以下代码取自本书代码包中的 dtypeattributes2.py 文件）：

```
In: t = dtype('Float64')
In: t.char
Out: 'd'
```

类型属性相当于数组元素对象的类型：

```
In: t.type
Out: <type 'numpy.float64'>
```

dtype 的属性 str 中保存的是一个表示数据类型的字符串，其中第一个字符描述字节顺序，如果需要，后面会跟着字符码和数字，用来表示存储每个数组元素所需的字节数。这里，字节顺序（endianness）规定了 32 位或 64 位字内部各个字节的存储顺序。对于大端（big-endian）顺序，先存放权重最高的字节，用符号>指出。当使用小端（little-endian）顺序时，先存放权重最低的字节，用符号<指出。下面以代码为例进行说明：

```
In: t.str
Out: '<f8'
```

2.5　一维数组的切片与索引

一维 NumPy 数组的切片操作与 Python 列表的切片一样。下面先来定义包含数字 0、1、2，直到 8 的一个数组，然后通过指定下标 3 到 7 来选择该数组的部分元素，这实际上就是提取数组中值为 3 到 6 的那些元素（完整代码见本书代码包中的 slicing1d.py）：

```
In: a = arange(9)
In: a[3:7]
Out: array([3, 4, 5, 6])
```

可以用下标选择元素，下标范围从 0 到 7，并且下标每次递增 2，如下所示：

```
In: a[:7:2]
Out: array([0, 2, 4, 6])
```

恰如使用 Python 那样，也可用负值下标来反转数组：

```
In: a[::-1]
Out: array([8, 7, 6, 5, 4, 3, 2, 1, 0])
```

2.6　处理数组形状

前面，我们学习过 reshape()函数，实际上，除了数组形状的调整外，数组的扩充也是一个经常碰到的乏味工作。比如，可以想像一下将多维数组转换成一维数组时的情形。下面的代码就是用来干这件事情的，它取自本书代码包中的 shapemanipulation.py 文件：

```
import numpy as np

# Demonstrates multi dimensional arrays slicing.
#
# Run from the commandline with
#
#  python shapemanipulation.py
print "In: b = arange(24).reshape(2,3,4)"
b = np.arange(24).reshape(2,3,4)

print "In: b"
print b
#Out:
#array([[[ 0,  1,  2,  3],
#        [ 4,  5,  6,  7],
#        [ 8,  9, 10, 11]],
#
#       [[12, 13, 14, 15],
#        [16, 17, 18, 19],
#        [20, 21, 22, 23]]])

print "In: b.ravel()"
print b.ravel()
#Out:
#array([ 0,  1,  2,  3,  4,  5,  6,  7,  8,  9, 10, 11, 12, 13,
```

```
14, 15, 16,
#       17, 18, 19, 20, 21, 22, 23])

print "In: b.flatten()"
print b.flatten()
#Out:
#array([ 0,  1,  2,  3,  4,  5,  6,  7,  8,  9, 10, 11, 12, 13,
14, 15, 16,
#        17, 18, 19, 20, 21, 22, 23])

print "In: b.shape = (6,4)"
b.shape = (6,4)

print "In: b"
print b
#Out:
#array([[ 0,  1,  2,  3],
#       [ 4,  5,  6,  7],
#       [ 8,  9, 10, 11],
#       [12, 13, 14, 15],
#       [16, 17, 18, 19],
#       [20, 21, 22, 23]])

print "In: b.transpose()"
print b.transpose()
#Out:
#array([[ 0,  4,  8, 12, 16, 20],
#       [ 1,  5,  9, 13, 17, 21],
#       [ 2,  6, 10, 14, 18, 22],
#       [ 3,  7, 11, 15, 19, 23]])

print "In: b.resize((2,12))"
b.resize((2,12))

print "In: b"
print b
#Out:
#array([[ 0,  1,  2,  3,  4,  5,  6,  7,  8,  9, 10, 11],
#       [12, 13, 14, 15, 16, 17, 18, 19, 20, 21, 22, 23]])
```

可以利用以下函数处理数组的形状。

- **拆解**：可以用 `ravel()` 函数将多维数组变成一维数组，代码如下：

```
In: b
Out:
array([[[ 0,  1,  2,  3],
        [ 4,  5,  6,  7],
        [ 8,  9, 10, 11]],
       [[12, 13, 14, 15],
        [16, 17, 18, 19],
        [20, 21, 22, 23]]])
In: b.ravel()
Out:
array([ 0,  1,  2,  3,  4,  5,  6,  7,  8,  9, 10, 11, 12,
13, 14, 15, 16, 17, 18, 19, 20, 21, 22, 23])
```

- **拉直（Flatten）**：`flatten()`函数的名字取得非常贴切，其功能与`ravel()`相同。可是，`flatten()`返回的是真实的数组，需要分配新的内存空间；而`ravel()`函数返回的只是数组的视图。这意味着，我们可以像下面这样直接操作数组：

```
In: b.flatten()
Out:
array([ 0,  1,  2,  3,  4,  5,  6,  7,  8,  9, 10, 11, 12,
13, 14, 15, 16,
       17, 18, 19, 20, 21, 22, 23])
```

- **用元组指定数组形状**：除`reshape()`函数外，还可以用元组来轻松定义数组的形状，如下所示：

```
In: b.shape = (6,4)
In: b
Out:
array([[ 0,  1,  2,  3],
       [ 4,  5,  6,  7],
       [ 8,  9, 10, 11],
       [12, 13, 14, 15],
       [16, 17, 18, 19],
       [20, 21, 22, 23]])
```

可见，上述代码直接改变了数组的形状。这样，我们就得到了一个6×4的数组。

- **转置**：在线性代数中，矩阵的转置操作非常常见。转置是一种数据变换方法，对于二维表而言，转置就意味着行变成列，同时列变成行。转置也可以通过下列代码完成：

```
In: b.transpose()
Out:
```

```
array([[ 0,  4,  8, 12, 16, 20],
       [ 1,  5,  9, 13, 17, 21],
       [ 2,  6, 10, 14, 18, 22],
       [ 3,  7, 11, 15, 19, 23]])
```

- 调整大小：函数 resize()的作用类似于 reshape()，但是会改变所作用的数组：

```
In: b.resize((2,12))
In: b
Out:
array([[ 0,  1,  2,  3,  4,  5,  6,  7,  8,  9, 10, 11],
       [12, 13, 14, 15, 16, 17, 18, 19, 20, 21, 22, 23]])
```

2.6.1 堆叠数组

从深度看，数组既可以横向叠放，也可以竖向叠放。为此，可以使用 vstack()、dstack()、hstack()、column_stack()、row_stack()和 concatenate()等函数。在此之前，我们先要建立某些数组（以下代码取自本书代码包中的 stacking.py 文件）：

```
In: a = arange(9).reshape(3,3)
In: a
Out:
array([[0, 1, 2],
       [3, 4, 5],
       [6, 7, 8]])
In: b = 2 * a
In: b
Out:
array([[ 0,  2,  4],
       [ 6,  8, 10],
       [12, 14, 16]])
```

就像前面所说的，可以用下列技术来堆放数组。

- **水平叠加**：先介绍水平叠加方式，即用元组确定 ndarrays 数组的形状，然后交由 hstack()函数来码放这些数组。具体如下所示：

```
In: hstack((a, b))
Out:
array([[ 0,  1,  2,  0,  2,  4],
       [ 3,  4,  5,  6,  8, 10],
       [ 6,  7,  8, 12, 14, 16]])
```

用 concatenate() 函数也能达到同样的效果，代码如下所示：

```
In: concatenate((a, b), axis=1)
Out:
array([[ 0,  1,  2,  0,  2,  4],
       [ 3,  4,  5,  6,  8, 10],
       [ 6,  7,  8, 12, 14, 16]])
```

水平叠加过程的示意图如图 2-1 所示：

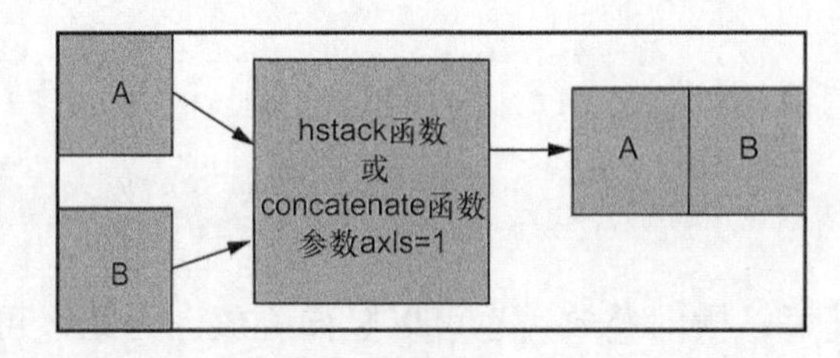

图 2-1

- **垂直叠加**：使用垂直叠加方法时，先要构建一个元组，然后将元组交给 vstack() 函数来码放数组，代码如下所示：

```
In: vstack((a, b))
Out:
array([[ 0,  1,  2],
       [ 3,  4,  5],
       [ 6,  7,  8],
       [ 0,  2,  4],
       [ 6,  8, 10],
       [12, 14, 16]])
```

当参数 axis 置 0 时，concatenate() 函数也会得到同样的效果。实际上，这是该参数的缺省值，代码如下所示：

```
In: concatenate((a, b), axis=0)
Out:
array([[ 0,  1,  2],
       [ 3,  4,  5],
       [ 6,  7,  8],
       [ 0,  2,  4],
       [ 6,  8, 10],
       [12, 14, 16]])
```

垂直叠加过程的示意图如图 2-2 所示。

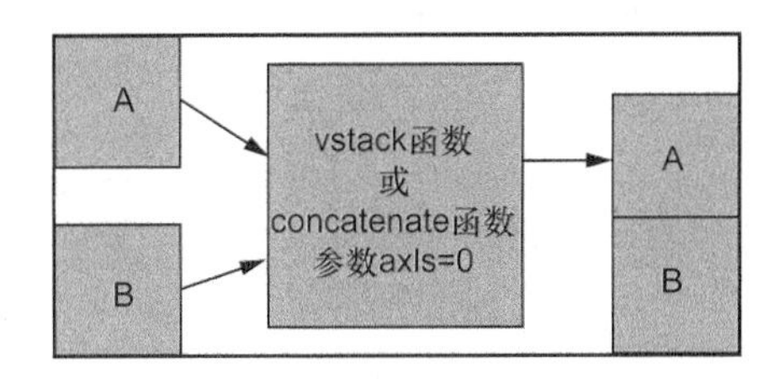

图 2-2

- **深度叠加**：除此之外，还有一种深度叠加方法，这要用到 dstack() 函数和一个元组。这种方法是沿着第三个坐标轴（纵向）的方向来叠加一摞数组。举例来说，可以在一个图像数据的二维数组上叠加另一幅图像的数据，代码如下所示：

```
In: dstack((a, b))
Out:
array([[[ 0,  0],
        [ 1,  2],
        [ 2,  4]],
       [[ 3,  6],
        [ 4,  8],
        [ 5, 10]],
       [[ 6, 12],
        [ 7, 14],
        [ 8, 16]]])
```

- **列式堆叠**：column_stack() 函数以列方式对一维数组进行堆叠。代码如下所示：

```
In: oned = arange(2)
In: oned
Out: array([0, 1])
In: twice_oned = 2 * oned
In: twice_oned
Out: array([0, 2])
In: column_stack((oned, twice_oned))
Out:
array([[0, 0],
       [1, 2]])
```

用这种方法堆叠二维数组时，过程类似于 hstack() 函数，代码如下所示：

```
In: column_stack((a, b))
Out:
array([[ 0,  1,  2,  0,  2,  4],
       [ 3,  4,  5,  6,  8, 10],
```

```
        [ 6,  7,  8, 12, 14, 16]])
In: column_stack((a, b)) == hstack((a, b))
Out:
array([[ True,  True,  True,  True,  True,  True],
       [ True,  True,  True,  True,  True,  True],
       [ True,  True,  True,  True,  True,  True]],
dtype=bool)
```

是的，你猜得没错！我们用==运算符对两个数组进行了比对。

- **行式堆叠**：同时，NumPy 自然也有以行方式对数组进行堆叠的函数，这个用于一维数组的函数名为row_stack()，它将数组作为行码放到二维数组中，代码如下所示：

```
In: row_stack((oned, twice_oned))
Out:
array([[0, 1],
       [0, 2]])
```

对于二维数组，row_stack()函数相当于vstack()函数，如下所示：

```
In: row_stack((a, b))
Out:
array([[ 0,  1,  2],
       [ 3,  4,  5],
       [ 6,  7,  8],
       [ 0,  2,  4],
       [ 6,  8, 10],
       [12, 14, 16]])
In: row_stack((a,b)) == vstack((a, b))
Out:
array([[ True,  True,  True],
       [ True,  True,  True],
       [ True,  True,  True],
       [ True,  True,  True],
       [ True,  True,  True],
       [ True,  True,  True]], dtype=bool)
```

2.6.2 拆分 NumPy 数组

可以从纵向、横向和深度方向来拆分数组，相关函数有 hsplit()、vsplit()、dsplit()和 split()。我们既可以把数组分成相同形状的数组，也可以从规定的位置开始切取数组。下面对相关函数逐个详解。

- **横向拆分**：对于一个 3×3 数组，可以沿着横轴方向将其分解为 3 部分，并且各部分的大小和形状完全一致，代码（它取自本书代码包中的 splitting.py 文件）如下所示：

```
In: a
Out:
array([[0, 1, 2],
       [3, 4, 5],
       [6, 7, 8]])
In: hsplit(a, 3)
Out:
[array([[0],
        [3],
        [6]]),
 array([[1],
        [4],
        [7]]),
 array([[2],
        [5],
        [8]])]
```

这相当于调用了参数 axis=1 的 split() 函数：

```
In: split(a, 3, axis=1)
Out:
[array([[0],
        [3],
        [6]]),
 array([[1],
        [4],
        [7]]),
 rray([[2],
        [5],
        [8]])]
```

- **纵向拆分**：vsplit() 函数将沿着纵轴方向分解数组。

```
In: vsplit(a, 3)
Out: [array([[0, 1, 2]]), array([[3, 4, 5]]), array([[6, 7,
8]])]
```

当参数 axis=0 时，split() 函数也会沿着纵轴方向分解数组，如下所示：

```
In: split(a, 3, axis=0)
Out: [array([[0, 1, 2]]), array([[3, 4, 5]]), array([[6, 7,
8]])]
```

- **深向拆分**：dsplit()函数会沿着深度方向分解数组。下面以秩为 3 的数组为例进行说明：

```
In: c = arange(27).reshape(3, 3, 3)
In: c
Out:
array([[[ 0,  1,  2],
        [ 3,  4,  5],
        [ 6,  7,  8]],
       [[ 9, 10, 11],
        [12, 13, 14],
        [15, 16, 17]],
       [[18, 19, 20],
        [21, 22, 23],
        [24, 25, 26]]])
In: dsplit(c, 3)
Out:
[array([[[ 0],
         [ 3],
         [ 6]],
        [[ 9],
         [12],
         [15]],
        [[18],
         [21],
         [24]]]),
 array([[[ 1],
         [ 4],
         [ 7]],
        [[10],
         [13],
         [16]],
        [[19],
         [22],
         [25]]]),
 array([[[ 2],
         [ 5],
         [ 8]],
        [[11],
         [14],
         [17]],
        [[20],
         [23],
         [26]]])]
```

2.6.3 NumPy 数组的属性

下面举例说明 NumPy 数组各种属性的详细用法。注意，下面的示例代码取自本书代码包中的 arrayattributes2.py 文件：

```
import numpy as np

# Demonstrates ndarray attributes.
#
# Run from the commandline with
#
#  python arrayattributes2.py
b = np.arange(24).reshape(2, 12)
print "In: b"
print b
#Out:
#array([[ 0,  1,  2,  3,  4,  5,  6,  7,  8,  9, 10, 11],
#       [12, 13, 14, 15, 16, 17, 18, 19, 20, 21, 22, 23]])

print "In: b.ndim"
print b.ndim
#Out: 2

print "In: b.size"
print b.size
#Out: 24

print "In: b.itemsize"
print b.itemsize
#Out: 8

print "In: b.nbytes"
print b.nbytes
#Out: 192

print "In: b.size * b.itemsize"
print b.size * b.itemsize
#Out: 192

print "In: b.resize(6,4)"
print b.resize(6,4)

print "In: b"
```

```
print b
#Out:
#array([[ 0,  1,  2,  3],
#       [ 4,  5,  6,  7],
#       [ 8,  9, 10, 11],
#       [12, 13, 14, 15],
#       [16, 17, 18, 19],
#       [20, 21, 22, 23]])

print "In: b.T"
print b.T
#Out:
#array([[ 0,  4,  8, 12, 16, 20],
#       [ 1,  5,  9, 13, 17, 21],
#       [ 2,  6, 10, 14, 18, 22],
#       [ 3,  7, 11, 15, 19, 23]])

print "In: b.ndim"
print b.ndim
#Out: 1

print "In: b.T"
print b.T
#Out: array([0, 1, 2, 3, 4])

print "In: b = array([1.j + 1, 2.j + 3])"
b = np.array([1.j + 1, 2.j + 3])

print "In: b"
print b
#Out: array([ 1.+1.j,  3.+2.j])

print "In: b.real"
print b.real
#Out: array([ 1.,  3.])

print "In: b.imag"
print b.imag
#Out: array([ 1.,  2.])

print "In: b.dtype"
print b.dtype
#Out: dtype('complex128')

print "In: b.dtype.str"
```

```
print b.dtype.str
#Out: '<c16'

print "In: b = arange(4).reshape(2,2)"
b = np.arange(4).reshape(2,2)

print "In: b"
print b
#Out:

#array([[0, 1],
#       [2, 3]])

print "In: f = b.flat"
f = b.flat

print "In: f"
print f
#Out: <numpy.flatiter object at 0x103013e00>

print "In: for it in f: print it"
for it in f:
 print it
#0
#1
#2
#3

print "In: b.flat[2]"
print b.flat[2]
#Out: 2

print "In: b.flat[[1,3]]"
print b.flat[[1,3]]
#Out: array([1, 3])

print "In: b"
print b
#Out:
#array([[7, 7],
#       [7, 7]])

print "In: b.flat[[1,3]] = 1"
b.flat[[1,3]] = 1
```

```
print "In: b"
print b
#Out:
#array([[7, 1],
#       [7, 1]])
```

除 shape 和 dtype 属性外，ndarray 类型的属性还很多，下面逐一列出。

- ndim 属性存储的是维度的数量，下面举例说明：

```
In: b
Out:
array([[ 0,  1,  2,  3,  4,  5,  6,  7,  8,  9, 10, 11],
       [12, 13, 14, 15, 16, 17, 18, 19, 20, 21, 22, 23]])
In: b.ndim
Out: 2
```

- size 属性用来保存元素的数量，用法如下所示：

```
In: b.size
Out: 24
```

- itemsize 属性可以返回数组中各个元素所占用的字节数，代码如下所示：

```
In: b.itemsize
Out: 8
```

- 如果想知道存储整个数组所需的字节数量，可以求助于 nbytes 属性。这个属性的值正好是 itemsize 属性值和 size 属性值之积。

```
In: b.nbytes
Out: 192
In: b.size * b.itemsize
Out: 192
```

- T 属性的作用与 transpose() 函数相同，下面举例说明：

```
In: b.resize(6,4)
In: b
Out:
array([[ 0,  1,  2,  3],
       [ 4,  5,  6,  7],
```

```
       [ 8,  9, 10, 11],
       [12, 13, 14, 15],
       [16, 17, 18, 19],
       [20, 21, 22, 23]])
In: b.T
Out:
array([[ 0,  4,  8, 12, 16, 20],
       [ 1,  5,  9, 13, 17, 21],
       [ 2,  6, 10, 14, 18, 22],
       [ 3,  7, 11, 15, 19, 23]])
```

- 如果数组的秩（rank）小于 2，那么所得只是一个数组的视图：

```
In: b.ndim
Out: 1
In: b.T
Out: array([0, 1, 2, 3, 4])
```

- 对于 NumPy 来说，复数用 `j` 表示，下面举例说明如何用复数生成一个数组：

```
In: b = array([1.j + 1, 2.j + 3])
In: b
Out: array([ 1.+1.j,  3.+2.j])
```

- `real` 属性将返回数组的实部；当数组元素全为实数时，就返回数组本身，如下所示：

```
In: b.real
Out: array([ 1.,  3.])
```

- `imag` 属性存放的是数组的虚部。

```
In: b.imag
Out: array([ 1.,  2.])
```

- 如果数组含有复数，那么它的数据类型将自动变为复数类型，如下所示：

```
In: b.dtype
Out: dtype('complex128')
In: b.dtype.str
Out: '<c16'
```

- `flat`属性可返回一个`numpy.flatiter`对象，这是获得`flatiter`对象的唯一方法，但我们无法访问`flatiter`的构造函数。可以使用`flat`的迭代器来遍历数组，就像遍历"胖"数组那样，代码如下所示：

```
In: b = arange(4).reshape(2,2)
In: b
Out:
array([[0, 1],
       [2, 3]])
In: f = b.flat
In: f
Out: <numpy.flatiter object at 0x103013e00>
In: for item in f: print item
   .....:
0
1
2
3
```

当然，取得`flatiter`对象的元素也不难，如下所示：

```
In: b.flat[2]
Out: 2
```

此外，还可以请求多个元素，如下所示：

```
In: b.flat[[1,3]]
Out: array([1, 3])
```

同时，还可以给`flat`属性赋值。不过，需要注意的是，这个值将会覆盖整个数组内所有元素的值，下面举例说明：

```
In: b.flat = 7
In: b
Out:
array([[7, 7],
       [7, 7]])
```

此外，还可以返回指定的元素，代码如下：

```
In: b.flat[[1,3]] = 1
In: b
Out:
array([[7, 1],
       [7, 1]])
```

图 2-3 是对 ndarray 各种属性的一个小结。

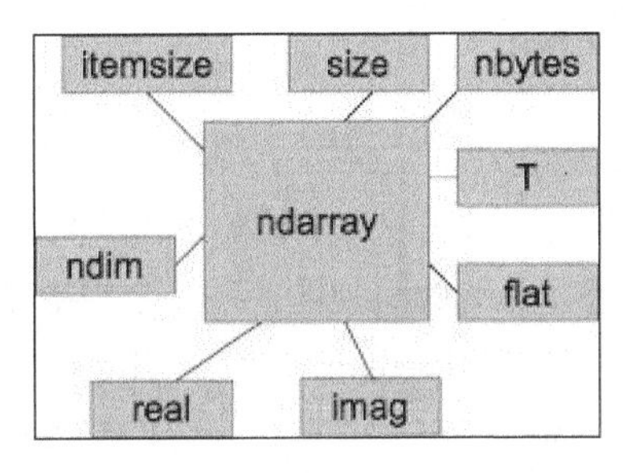

图 2-3

2.6.4 数组的转换

可以把 NumPy 数组转换成 Python 列表，使用 tolist() 函数（详见本书代码包中的 arrayconversion.py 文件）即可。下面简单解释一下：

- 转换成列表：

```
In: b
Out: array([ 1.+1.j,  3.+2.j])
In: b.tolist()
Out: [(1+1j), (3+2j)]
```

- astype() 函数可以把数组元素转换成指定类型，代码如下所示：

```
In: b
Out: array([ 1.+1.j,  3.+2.j])
In: b.astype(int)
/usr/local/bin/ipython:1: ComplexWarning: Casting complex
values to real discards the imaginary part
  #!/usr/bin/python
Out: array([1, 3])
In: b.astype('complex')
Out: array([ 1.+1.j,  3.+2.j])
```

提示：

当 complex 类型转换成 int 类型时，虚部将被丢弃。另外，还需要将数据类型的名称以字符串的形式传递给 astype() 函数。

上述代码没有显示警告信息，因为这次使用的是正确的数据类型。

2.7 创建数组的视图和拷贝

在介绍 ravel() 函数的示例中，我们提到了视图的概念。不过，请不要与数据库中的视图概念混淆。在 NumPy 的世界里，视图不是只读的，因为你不可能守着基础数据一动不动。关键在于要知道，当前处理的是共享的数组视图，还是数组数据的副本。举例来说，可以取数组的一部分来生成视图。这意味着，如果先将数组的某部分赋给一个变量，然后修改原数组中相应位置的数据，那么这个变量的值也会随之变化。我们可以根据著名的莱娜（Lena）照片来创建数组，然后创建视图，随后修改它。这里，莱娜肖像的数组是从 SciPy 函数获得的。

1. 创建一份莱娜数组的副本。

```
acopy = lena.copy()
```

2. 为该数组创建一个视图。

```
aview = lena.view()
```

3. 通过 flat 迭代器将视图中所有的值全部设为 0。

```
aview.flat = 0
```

最后，只有一幅图片可以看到该模特，而另一幅图片根本看不到她的影子，如图 2-4 所示。

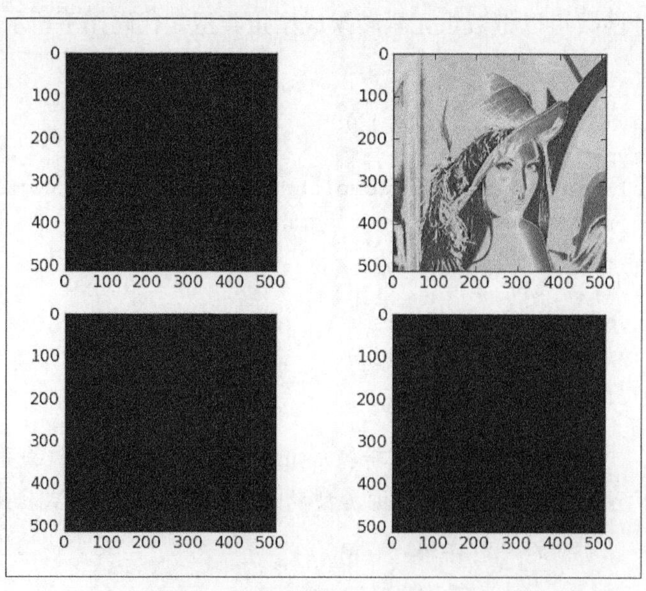

图 2-4

下面的代码（为了节约版面，这里没有注释，完整代码请看 copy_view.py 文件）很好地展示了数组的视图和副本的特点。

```
import scipy.misc
import matplotlib.pyplot as plt

lena = scipy.misc.lena()
acopy = lena.copy()
aview = lena.view()
plt.subplot(221)
plt.imshow(lena)
plt.subplot(222)
plt.imshow(acopy)
plt.subplot(223)
plt.imshow(aview)
aview.flat = 0
plt.subplot(224)
plt.imshow(aview)
plt.show()
```

可见，在程序结束部分修改视图，同时改变了原来的莱娜数组。这导致 3 副图片全部变蓝（如果阅读的是本书的印刷版，也可能显示为黑色），而复制的数组则没有任何变化。所以一定要记住：视图不是只读的。

2.8 花式索引

花式索引是一种传统的索引方法，它不使用整数或者切片。这里，我们将利用花式索引把莱娜照片对角线上的值全部置 0，相当于沿着两条交叉的对角线画两条黑线。

为节约版面，下面代码中的注释已经删除，完整的代码请参考本书代码包中的 fancy.py 文件：

```
import scipy.misc
import matplotlib.pyplot as plt

lena = scipy.misc.lena()
xmax = lena.shape[0]
ymax = lena.shape[1]
lena[range(xmax), range(ymax)] = 0
lena[range(xmax-1,-1,-1), range(ymax)] = 0
plt.imshow(lena)
plt.show()
```

下面对上述代码进行简单说明。

1．将第一条对角线上的值设为 0。

为了给对角线上的值置 0，需要给 x 和 y 值（直角坐标系中的坐标）规定两个不同的范围：

```
lena[range(xmax), range(ymax)] = 0
```

2．将另一条对角线上的值设为 0。

要设置另一条对角线上的值，需要规定两个不同的取值范围，但是规则不变：

```
lena[range(xmax-1,-1,-1), range(ymax)] = 0
```

划掉相片对角线后，最后得到图 2-5 所示的效果。

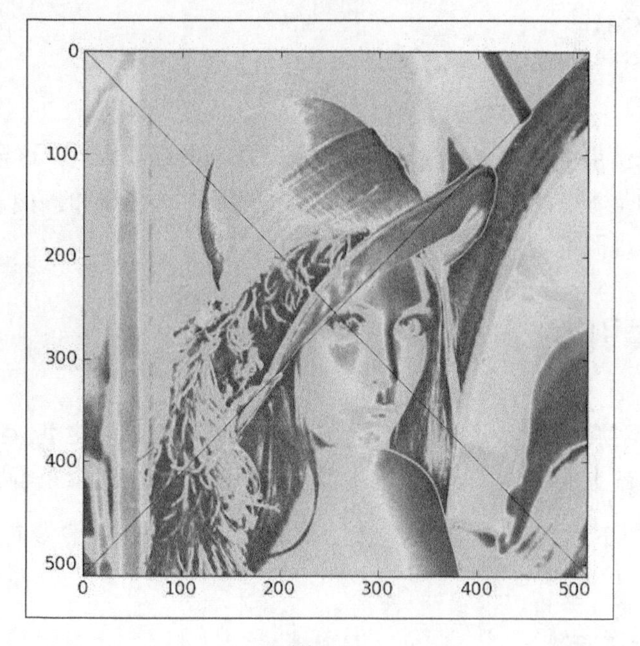

图 2-5

我们给 x 和 y 规定了不同的取值范围，这些范围用来索引莱娜数组。花式索引是在一个内部的 NumPy 迭代器对象的基础上实现的，分 3 步完成。

（1）创建迭代器对象。

（2）将迭代器对象绑定到数组。

（3）经由迭代器访问数组元素，利用位置列表进行索引。

2.9 基于位置列表的索引方法

下面利用 `ix_()` 函数将莱娜照片中的像素完全打乱。注意，本例中的代码没有提供注释。完整的代码请参考本书代码包中的 `ix.py` 文件。

```
import scipy.misc
import matplotlib.pyplot as plt
import numpy as np

lena = scipy.misc.lena()
xmax = lena.shape[0]
ymax = lena.shape[1]

def shuffle_indices(size):
   arr = np.arange(size)
   np.random.shuffle(arr)

   return arr

xindices = shuffle_indices(xmax)
np.testing.assert_equal(len(xindices), xmax)
yindices = shuffle_indices(ymax)
np.testing.assert_equal(len(yindices), ymax)
plt.imshow(lena[np.ix_(xindices, yindices)])
plt.show()
```

这个函数可以根据多个序列生成一个网格，它需要一个一维序列作为参数，并返回一个由 NumPy 数组构成的元组。

```
In : ix_([0,1], [2,3])
Out:
(array([[0],[1]]), array([[2, 3]]))
```

利用位置列表索引 NumPy 数组的过程如下所示。

1. 打乱数组的索引。

用 `numpy.random` 子程序包中的 `shuffle()` 函数把数组中的元素按随机的索引号重新排列，使得数组产生相应的变化。

```
def shuffle_indices(size):
   arr = np.arange(size)
```

```
    np.random.shuffle(arr)

    return arr
```

2．使用下面的代码画出打乱后的索引。

```
plt.imshow(lena[np.ix_(xindices, yindices)])
```

3．莱娜照片的像素被完全打乱后，变成图 2-6 所示的样子。

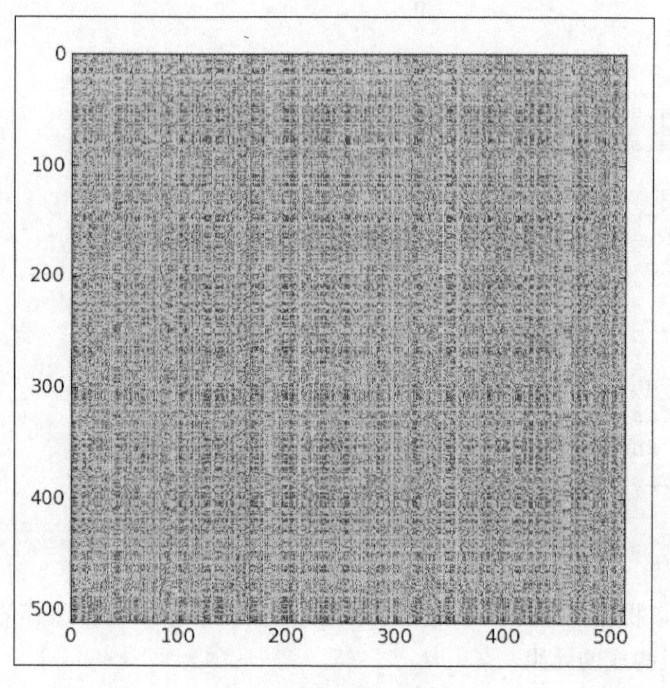

图 2-6

2.10 用布尔型变量索引 NumPy 数组

布尔型索引是指根据布尔型数组来索引元素的方法，属于花式索引系列。因为布尔型索引是花式索引的一个分类，所以它们的使用方法基本相同。

下面用代码(详见本书代码包中的 boolean_indexing.py 文件)具体演示其使用方法：

```
import scipy.misc
import matplotlib.pyplot as plt
```

```
import numpy as np

lena = scipy.misc.lena()

def get_indices(size):
   arr = np.arange(size)
   return arr % 4 == 0

lena1 = lena.copy()
xindices = get_indices(lena.shape[0])
yindices = get_indices(lena.shape[1])
lena1[xindices, yindices] = 0
plt.subplot(211)
plt.imshow(lena1)
lena2 = lena.copy()
lena2[(lena > lena.max()/4) & (lena < 3 * lena.max()/4)] = 0
plt.subplot(212)
plt.imshow(lena2)
plt.show()
```

上述代码利用一种特殊的迭代器对象来索引元素，下面进行简单说明。

1. 在对角线上画点。

这类似于花式索引，不过这里选择的是照片对角线上可以被 4 整除的那些位置上的点。

```
def get_indices(size):
   arr = np.arange(size)
   return arr % 4 == 0
```

然后仅绘出选定的那些点。

```
lena1 = lena.copy()
xindices = get_indices(lena.shape[0])
yindices = get_indices(lena.shape[1])
lena1[xindices, yindices] = 0
plt.subplot(211)
plt.imshow(lena1)
```

2. 根据元素值的情况置 0。

选取数组值介于最大值的 1/4 到 3/4 的那些元素，将其置 0。

```
lena2[(lena > lena.max()/4) & (lena < 3 * lena.max()/4)] =
0
```

3．两幅新照片如图 2-7 所示。

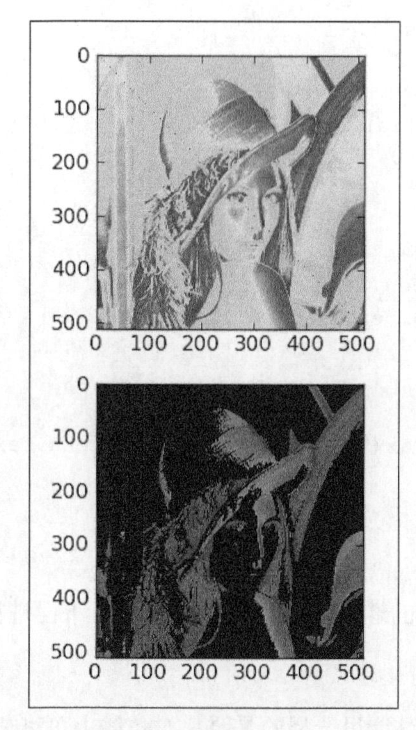

图 2-7

2.11　NumPy 数组的广播

当操作对象的形状不一样时，NumPy 会尽力进行处理。

例如，假设一个数组要跟一个标量相乘，这时标量需要根据数组的形状进行扩展，然后才可以执行乘法运算。这个扩展的过程叫做**广播**（broadcasting）。下面用代码（详见本书代码包中的 `broadcasting.py` 文件）加以说明：

```
import scipy.io.wavfile
import matplotlib.pyplot as plt
import urllib2
import numpy as np
response =
urllib2.urlopen('http://www.thesoundarchive.com/austinpowers/smash
ingbaby.wav')
print response.info()
```

```
WAV_FILE = 'smashingbaby.wav'
filehandle = open(WAV_FILE, 'w')
filehandle.write(response.read())
filehandle.close()
sample_rate, data = scipy.io.wavfile.read(WAV_FILE)
print "Data type", data.dtype, "Shape", data.shape
plt.subplot(2, 1, 1)
plt.title("Original")
plt.plot(data)
newdata = data * 0.2
newdata = newdata.astype(np.uint8)
print "Data type", newdata.dtype, "Shape", newdata.shape
scipy.io.wavfile.write("quiet.wav",
  sample_rate, newdata)
plt.subplot(2, 1, 2)
plt.title("Quiet")
plt.plot(newdata)
plt.show()
```

下面，我们将下载一个音频文件，然后以此为基础，生成一个新的静音版本。

1．读取 WAV 文件。

我们将使用标准的 Python 代码来下载电影《王牌大贱谍》（Austin Powers）中的狂嚎式的歌曲 *Smashing, baby*。SciPy 中有一个 `wavfile` 子程序包，可以用来加载音频数据，或者生成 WAV 格式的文件。如果此前已经安装了 SciPy，那么现在就可以直接使用这个子程序包了。我们可以使用函数 `read()` 读取文件，它返回一个数据阵列及采样率，不过，我们这里只对数据本身感兴趣。

```
sample_rate, data = scipy.io.wavfile.read(WAV_FILE)
```

2．绘制原 WAV 数据。

这里，我们利用 matplotlib 绘制原始 WAV 数据，并用一个子图来显示标题"Original"，代码如下所示：

```
plt.subplot(2, 1, 1)
plt.title("Original")
plt.plot(data)
```

3．新建一个数组。

现在，我们要用 NumPy 来生成一段"寂静的"声音。实际上，就是将原数组的值乘以一个常数，从而得到一个新数组，因为这个新数组的元素值肯定是变小了。这正是广播技术的用武之地。最后，我们要确保新数组与原数组的类型一致，即 WAV 格式。

```
newdata = data * 0.2
newdata = newdata.astype(np.uint8)
```

4．写入一个 WAV 文件中。

将新数组保存到一个新的 WAV 文件中，代码如下：

```
scipy.io.wavfile.write("quiet.wav",
   sample_rate, newdata)
```

5．绘制出新的 WAV 数据。

可以使用 matplotlib 来画出新数组中的数据，如下所示：

```
plt.subplot(2, 1, 2)
plt.title("Quiet")
plt.plot(newdata)
plt.show()
```

6．图 2-8 展示了原始的 WAV 文件中的数据的图像，以及数值变小后的新数组的图像。

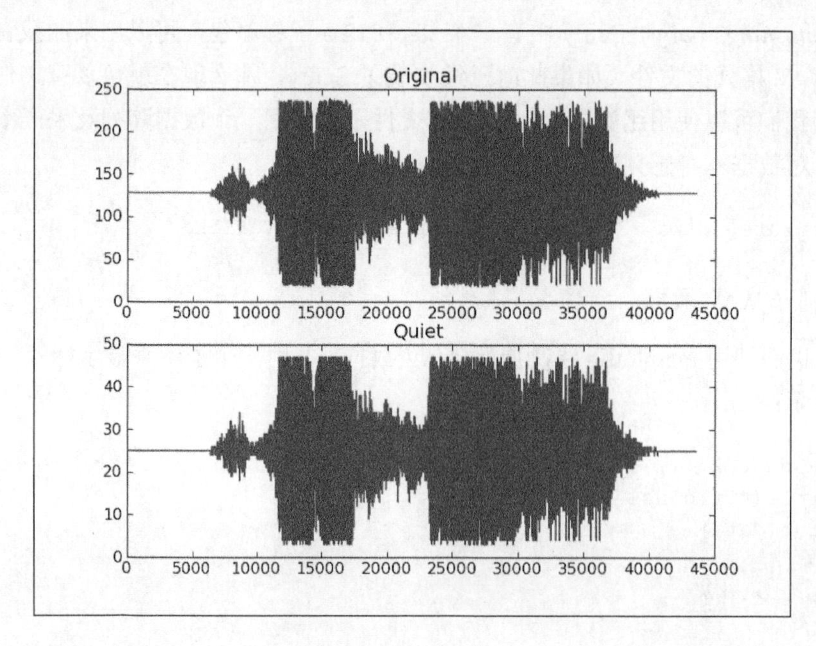

图 2-8

2.12 小结

本章，我们学习了 NumPy 的基础知识：数据类型和数组。数组具有许多属性，这些属性都是用来描述该数组的特性的。其中，我们探讨的属性之一便是数据类型，实际上，NumPy 是通过一个成熟完备的对象来表示这个属性的。

与 Python 标准的列表相比，NumPy 数组使用的切片和索引方法更加高效。此外，NumPy 数组还能够对多维度数组进行处理。

我们可以用各种方式改变数组的形状，如堆叠、重定尺寸、重塑形状以及拆分等。在本章中，我们还为处理数组的形状介绍了许多简便易用的函数。

有了这些基础知识后，从第 3 章“统计学与线性代数”开始，就要学习如何通过常见的函数来分析数据了，这将涉及主要统计函数和数值函数的用法。

第 3 章
统计学与线性代数

统计学与线性代数这两个数学分支在进行数据分析时非常有用，因此本章将重点加以介绍。当我们从原生数据进行推断时，统计学是必不可少的。比如，通过数据求出变量的算术平均值和标准差，并由此推出该变量的取值范围和期望值后，就可以利用统计检验来评估所得结论的可信度了。

线性代数关注的是解线性方程组，而 Numpy 和 Scipy 的 `linalg` 程序包可以帮我们轻松地解决这个问题。线性代数用途广泛，如利用模型拟合数据时就离不开它。除此之外，本章还会介绍其他几种 Numpy 和 Scipy 程序包，内容涉及随机数的生成和掩码式数组（Masked arrays）。

本章涉及以下主题。

- 描述性统计学。
- `linalg` 程序包。
- 多项式。
- 作为特殊 `ndarray` 子类的矩阵。
- 随机数。
- 连续分布和离散分布。
- 掩码式数组（Masked arrays）。

3.1 Numpy 和 Scipy 模块

首先，我们来研究一下 Numpy 和 Scipy 模块的相关文档。需要注意的是，这里介绍的内容不仅适用于数据分析人员，对于普通 Python 用户来说，也是非常有用的。

下面的代码将为我们展示 Numpy 和 Scipy 各个子库的描述信息：

```
import pkgutil as pu
import numpy as np
import matplotlib as mpl
import scipy as sp
import pydoc

print "NumPy version", np.__version__
print "SciPy version", sp.__version__
print "Matplotlib version", mpl.__version__

def clean(astr):
    s = astr
    # remove multiple spaces
    s = ' '.join(s.split())
    s = s.replace('=','')

    return s

def print_desc(prefix, pkg_path):
    for pkg in pu.iter_modules(path=pkg_path):
        name = prefix + "." + pkg[1]

        if pkg[2] == True:
            try:
                docstr = pydoc.plain(pydoc.render_doc(name))
                docstr = clean(docstr)
                start = docstr.find("DESCRIPTION")
                docstr = docstr[start: start + 140]
                print name, docstr
            except:
                continue

print_desc("numpy", np.__path__)
print
print
print
print_desc("scipy", sp.__path__)
```

通过 Python 的标准模块 pkgutil 和 pydoc，不仅可以遍历 Numpy 和 Scipy 的各个子库，同时还能获取这些子库的简单说明；此外，也可以用它们来显示 SciPy、matplotlib 和 NumPy 的版本信息。

若想获取本章所用各软件的版本号，可以利用对应模块的__version__属性，具体如下所示：

```
print "NumPy version", np.__version__
print "SciPy version", sp.__version__
print "Matplotlib version", mpl.__version__
```

本书中的代码已经在下列版本的软件平台测试通过，当然，这不是说你使用的软件版本必须得跟下面的完全一样：

- NumPy Version 1.9.0.dev-e886943
- SciPy Version 0.13.2
- matplotlib Version 1.4.x

同时，可以利用 pkgutil 模块的 iter_modules() 函数来遍历指定目录下面的所有子库，该函数将会返回一个由元组构成的列表，其中每个元组包含 3 个元素。对于我们来说，目前只对第二个和第三个元素感兴趣：第二个元素存放的是子程序包的名称，而第三个元素存放的是一个指示这是个子程序包的布尔值。

```
for pkg in pu.iter_modules(path=pkg_path):
```

函数 pydoc.render_doc() 可以返回指定子程序包或者函数的文件字串（documentation string）。当然，这些字符串中可能含有非打印字符，这时可以利用 pydoc.plain() 函数来剔除这些内容。对于这些字符串，可以从其 DESCRIPTION 标题后面的内容中提取文本信息。当然，并非所有的文本信息都存放在这里。

```
docstr = pydoc.plain(pydoc.render_doc(name))
```

有了上述代码，寻找本地已经安装 Python 模块的参考信息时会更加轻松。具体到 NumPy 模块来说，得到的子程序包描述信息如下所示：

```
numpy.compat DESCRIPTION This module contains duplicated code from
Python itself or 3rd party extensions, which may be included for the
following reasons
numpy.core DESCRIPTION Functions - array - NumPy Array construction -
```

```
zeros - Return an array of all zeros - empty - Return an unitialized
array - shap
numpy.distutils
numpy.doc DESCRIPTION Topical documentation  The following topics are
available: - basics - broadcasting - byteswapping - constants - creation
- gloss
numpy.f2py
numpy.fft DESCRIPTION Discrete Fourier Transform (:mod:`numpy.fft`)
.. currentmodule:: numpy.fft Standard FFTs ------------- ..
autosummary:: :toctre
numpy.lib DESCRIPTION Basic functions used by several sub-packages
and useful to have in the main name-space. Type Handling ------------
-   iscomplexo
numpy.linalg DESCRIPTION Core Linear Algebra Tools -----------------
------- Linear algebra basics: - norm Vector or matrix norm - inv
Inverse of a squar
numpy.ma DESCRIPTION  Masked Arrays  Arrays sometimes contain invalid
or missing data. When doing operations on such arrays, we wish to
suppress inva
numpy.matrixlib
numpy.polynomial DESCRIPTION Within the documentation for this sub-
package, a "finite power series," i.e., a polynomial (also referred
to simply as a "series
numpy.random DESCRIPTION  Random Number Generation   Utility
functions  random_sample Uniformly distributed floats over ``[0,
1)``. random Alias for `ra
numpy.testing DESCRIPTION This single module should provide all the
common functionality for numpy tests in a single location, so that
test scripts can ju
```

对于 SciPy 模块来说，相应的子程序包描述信息如下所示：

```
scipy._build_utils
scipy.cluster DESCRIPTION  Clustering package (:mod:`scipy.cluster`)
.. currentmodule:: scipy.cluster :mod:`scipy.cluster.vq` Clustering
algorithms are u
scipy.constants DESCRIPTION  Constants (:mod:`scipy.constants`)  ..
currentmodule:: scipy.constants Physical and mathematical constants
and units. Mathemati
scipy.fftpack DESCRIPTION  Discrete Fourier transforms
(:mod:`scipy.fftpack`) Fast Fourier Transforms (FFTs)  .. autosummary:: :toctree:
generated/ fft -
scipy.integrate DESCRIPTION  Integration and ODEs
(:mod:`scipy.integrate`)  .. currentmodule:: scipy.integrate
```

```
Integrating functions, given function object
scipy.interpolate DESCRIPTION  Interpolation
(:mod:`scipy.interpolate`)  .. currentmodule:: scipy.interpolate Sub-
package for objects used in interpolation. A
scipy.io DESCRIPTION  Input and output (:mod:`scipy.io`)  ..
currentmodule:: scipy.io SciPy has many modules, classes, and
functions available to rea
scipy.lib DESCRIPTION Python wrappers to external libraries  - lapack
-- wrappers for `LAPACK/ATLAS <http://netlib.org/lapack/>`_ libraries
- blas -
scipy.linalg DESCRIPTION  Linear algebra (:mod:`scipy.linalg`)  ..
currentmodule:: scipy.linalg Linear algebra functions. .. seealso::
`numpy.linalg` for
scipy.misc DESCRIPTION  Miscellaneous routines (:mod:`scipy.misc`)
.. currentmodule:: scipy.misc Various utilities that don't have
another home. Note
scipy.ndimage DESCRIPTION  Multi-dimensional image processing
(:mod:`scipy.ndimage`)  .. currentmodule:: scipy.ndimage This package
contains various funct
scipy.odr DESCRIPTION  Orthogonal distance regression
(:mod:`scipy.odr`)  .. currentmodule:: scipy.odr Package Content  ..
autosummary:: :toctree: gen
scipy.optimize DESCRIPTION  Optimization and root finding
(:mod:`scipy.optimize`)  .. currentmodule:: scipy.optimize
Optimization  General-purpose --------
scipy.signal DESCRIPTION  Signal processing (:mod:`scipy.signal`)  ..
module:: scipy.signal Convolution  .. autosummary:: :toctree:
generated/ convolve -
scipy.sparse DESCRIPTION  Sparse matrices (:mod:`scipy.sparse`)  ..
currentmodule:: scipy.sparse SciPy 2-D sparse matrix package for
numeric data. Conten
scipy.spatial DESCRIPTION  Spatial algorithms and data structures
(:mod:`scipy.spatial`)  .. currentmodule:: scipy.spatial Nearest-
neighbor Queries  .. au
scipy.special DESCRIPTION  Special functions (:mod:`scipy.special`)
.. module:: scipy.special Nearly all of the functions below are
universal functions a
scipy.stats DESCRIPTION  Statistical functions (:mod:`scipy.stats`)
.. module:: scipy.stats This module contains a large number of
probability distribu
scipy.weave DESCRIPTION C/C++ integration  inline -- a function for
including C/C++ code within Python blitz -- a function for compiling
Numeric express
```

3.2 用 NumPy 进行简单的描述性统计计算

在本书中，我们会尽量使用各种不同的可以通过公开渠道获得的数据集。但是，这些数据的主题未必正是你的兴趣之所在。此外，虽然每个数据集都有其自身的特点，但是本书介绍的技巧却是通用的，所以同样适用于你自己的领域。在本章中，我们将学习如何将**逗号分隔值**（Comma-Separated Value，CSV）文件载入 NumPy 数组，以进行数据分析。

若要加载数据，可以借助 NumPy 库的 `loadtxt()` 函数，过程如下所示：

> **提示：**
> 这里的代码取自代码包中的 basic_stats.py 文件。

```
import numpy as np
from scipy.stats import scoreatpercentile

data = np.loadtxt("mdrtb_2012.csv", delimiter=',', usecols=(1,),
skiprows=1, unpack=True)

print "Max method", data.max()
print "Max function", np.max(data)

print "Min method", data.min()
print "Min function", np.min(data)

print "Mean method", data.mean()
print "Mean function", np.mean(data)

print "Std method", data.std()
print "Std function", np.std(data)

print "Median", np.median(data)
print "Score at percentile 50", scoreatpercentile(data, 50)
```

接下来，我们就可以计算一个 NumPy 数组的平均值、中位数、最大值、最小值以及标准差了。

> **提示：**
> 如果这些术语听起来不太熟悉，不妨花些时间到维基百科或其他地方了解一下相关内容。前言部分讲过，本书假设读者熟悉基本的数学和统计概念。

这里的数据源自代码包中的 mdrtb_2012.csv 文件。此外，还可以从 https://extranet.who.int/tme/generateCSV.asp?ds=mdr_estimates 处的 WHO 网站下载这个 CSV 文件的一个修改版。这个文件中存放的是与结核病有关的数据，我们需要对它进行删减，最终仅保留两列：国家栏和新病例百分比栏。该文件的前两行内容如下所示：

```
country,e_new_mdr_pcnt
Afghanistan,3.5
```

下面来计算 NumPy 数组的平均值、中位数、最大值、最小值以及标准差。

（1）首先，调用下面的函数来加载数据：

```
data = np.loadtxt("mdrtb_2012.csv", delimiter=',',
usecols=(1,), skiprows=1, unpack=True)
```

在上面的函数调用中，我们规定：用逗号作为分隔符，从第二列加载数据，并且忽略标题（header）。此外我们还指定了文件名，并假设该文件位于当前目录下面，否则就必须给出相应的路径。

（2）数组的最大值可以通过 ndarray 的方法或者其他的 NumPy 函数来获得；另外，最小值、平均值和标准差同样如此。下列代码将会显示各种统计指标：

```
print "Max method", data.max()
print "Max function", np.max(data)

print "Min method", data.min()
print "Min function", np.min(data)

print "Mean method", data.mean()
print "Mean function", np.mean(data)

print "Std method", data.std()
print "Std function", np.std(data)
```

输出结果如下所示：

```
Max method 50.0
Max function 50.0
Min method 0.0
Min function 0.0
Mean method 3.2787037037
```

```
Mean function 3.2787037037
Std method 5.76332073654
Std function 5.76332073654
```

（3）中位数（median）可以用 NumPy 或者 SciPy 的函数得到。下列代码将计算数据第 50 百分位数：

```
print "Median", np.median(data)
print "Score at percentile 50", scoreatpercentile(data, 50)
```

以下是输出内容：

```
Median 1.8
Score at percentile 50 1.8
```

3.3 用 NumPy 进行线性代数运算

线性代数是数学的一个重要分支，比如，我们可以使用线性代数来解决线性回归问题。子程序包 numpy.linalg 提供了许多线性代数例程，我们可以用它来计算矩阵的逆、计算特征值、求解线性方程或计算行列式等。对于 NumPy 来说，矩阵可以用 ndarray 的一个子类来表示。

3.3.1 用 NumPy 求矩阵的逆

在线性代数中，假设 A 是一个方阵或可逆矩阵，如果存在一个矩阵 A^{-1}，满足矩阵 A^{-1} 与原矩阵 A 相乘后等于单位矩阵 I 这一条件，那么就称矩阵 A^{-1} 是 A 的逆，相应的数学方程如下所示：

$$A A^{-1} = I$$

子程序包 numpy.linalg 中的 inv() 函数就是用来求矩阵的逆的。下面通过一个例子进行说明，具体步骤如下所示。

1. 创建一个示例矩阵。

利用 mat() 函数创建一个示例矩阵：

```
A = np.mat("2 4 6;4 2 6;10 -4 18")
print "A\n", A
```

矩阵 A 的内容如下所示：

```
A
[[ 2  4  6]
 [ 4  2  6]
 [10 -4 18]]
```

2. 求矩阵的逆。

现在可以利用 inv() 子例程来计算逆矩阵了：

```
inverse = np.linalg.inv(A)
print "inverse of A\n", inverse
```

逆矩阵显示如下：

```
inverse of A
[[-0.41666667  0.66666667 -0.08333333]
 [ 0.08333333  0.16666667 -0.08333333]
 [ 0.25       -0.33333333  0.08333333]]
```

小技巧：

如果该矩阵是奇异的，或者非方阵，那么就会得到 LinAlgError 消息。如果你喜欢的话，也可以通过手算来验证这个计算结果。这就当作是留给你的一个作业吧。NumPy 库中的 pinv()函数可以用来求伪逆矩阵，它适用于任意矩阵，包括非方阵。

3. 利用乘法进行验算。

下面，我们将 inv() 函数的计算结果乘以原矩阵，验算结果是否正确：

```
print "Check\n", A * inverse
```

不出所料，果然得到了一个单位矩阵（当然，前提是一些小误差忽略不计）：

```
Check
[[  1.00000000e+00   0.00000000e+00  -5.55111512e-17]
 [ -2.22044605e-16   1.00000000e+00  -5.55111512e-17]
 [ -8.88178420e-16   8.88178420e-16   1.00000000e+00]]
```

将上面的计算机结果减去 3×3 的单位矩阵，会得到求逆过程中出现的误差：

```
print "Error\n", A * inverse - np.eye(3)
```

一般来说，这些误差通常忽略不计，但是在某些情况下，细微的误差也可能导致不良后果：

```
[[ -1.11022302e-16   0.00000000e+00  -5.55111512e-17]
 [ -2.22044605e-16   4.44089210e-16  -5.55111512e-17]
 [ -8.88178420e-16   8.88178420e-16  -1.11022302e-16]]
```

这种情况下，我们需要使用精度更高的数据类型，或者更高级的算法。上面，我们使用了 numpy.linalg 子程序包的 inv() 例程来计算矩阵的逆。下面，我们用矩阵乘法来验证这个逆矩阵是否符合我们的要求（详见本书代码包中的 inversion.py 文件）：

```
import numpy as np

A = np.mat("2 4 6;4 2 6;10 -4 18")
print "A\n", A

inverse = np.linalg.inv(A)
print "inverse of A\n", inverse

print "Check\n", A * inverse
print "Error\n", A * inverse - np.eye(3)
```

3.3.2 用 NumPy 解线性方程组

矩阵可以通过线性方式把一个向量变换成另一个向量，因此从数值计算的角度看，这种操作对应于一个线性方程组。Numpy.linalg 中的 solve() 子例程可以求解类似 Ax = b 这种形式的线性方程组，其中 A 是一个矩阵，b 是一维或者二维数组，而 x 是未知量。下面介绍如何使用 dot() 函数来计算两个浮点型数组的点积（dot product）。

这里举例说明解线性方程组的过程，具体步骤如下所示。

1. 创建矩阵 A 和数组 b，代码如下所示：

```
A = np.mat("1 -2 1;0 2 -8;-4 5 9")
print "A\n", A
b = np.array([0, 8, -9])
print "b\n", b
```

矩阵 A 和数组（向量）b 的定义如下所示：

```
A
[[ 1 -2  1]
 [ 0  2 -8]
 [-4  5  9]]
b
[ 0  8 -9]
```

2. 调用 solve()函数。

接下来，我们用 solve()函数来解这个线性方程组：

```
x = np.linalg.solve(A, b)
print "Solution", x
```

线性方程组的解如下所示：

```
Solution [ 29.  16.   3.]
```

3. 利用 dot()函数进行验算。

利用 dot()函数验算这个解是否正确：

```
print "Check\n", np.dot(A , x)
```

结果不出所料：

```
Check
[[ 0.  8. -9.]]
```

前面，我们通过 NumPy 的 linalg 子程序包中的 solve()函数求出了线性方程组的解，并利用 dot()函数（详见本书代码包中的 solution.py 文件）验算了结果，下面把这些代码放到一起：

```
import numpy as np

A = np.mat("1 -2 1;0 2 -8;-4 5 9")
print "A\n", A

b = np.array([0, 8, -9])
print "b\n", b

x = np.linalg.solve(A, b)
print "Solution", x

print "Check\n", np.dot(A , x)
```

3.4 用 NumPy 计算特征值和特征向量

特征值是方程式 Ax=ax 的标量解（scalar solutions），其中 A 是一个二维矩阵，而 x 是一维向量。**特征向量**实际上就是表示特征值的向量。

> **提示：**
> 特征值和特征向量都是基本的数学概念，并且常用于一些重要的算法中，如**主成分分析（PCA）**算法。PCA 可以极大地简化大规模数据集的分析过程。

计算特征值时，可以求助于 numpy.linalg 程序包提供的 eigvals() 子例程。函数 eig() 的返回值是一个元组，其元素为特征值和特征向量。

可以用子程序包 numpy.linalg 的 eigvals() 和 eig() 函数来获得矩阵的特征值和特征向量，并通过 dot() 函数（详见本书对应的 eigenvalues.py 文件）来验算结果。

```
import numpy as np

A = np.mat("3 -2;1 0")
print "A\n", A

print "Eigenvalues", np.linalg.eigvals(A)

eigenvalues, eigenvectors = np.linalg.eig(A)
print "First tuple of eig", eigenvalues
print "Second tuple of eig\n", eigenvectors

for i in range(len(eigenvalues)):
  print "Left", np.dot(A, eigenvectors[:,i])
  print "Right", eigenvalues[i] * eigenvectors[:,i]
  print
```

下面来计算一个矩阵的特征值。

1. 创建矩阵。

下列代码将创建一个矩阵：

```
A = np.mat("3 -2;1 0")
print "A\n", A
```

下面的矩阵即刚才创建的矩阵。

```
A
[[ 3 -2]
 [ 1  0]]
```

2．利用 eig() 函数计算特征值。

这时，我们可以使用 eig() 子例程：

```
print "Eigenvalues", np.linalg.eigvals(A)
```

该矩阵的特征值如下：

```
Eigenvalues [ 2.  1.]
```

3．利用 eig() 函数取得特征值和特征向量。

利用 eig() 函数，可以得到特征值和特征向量。注意，该函数返回的是一个元组，其第一个元素是特征值，第二个元素为相应的 eigenvectors，其以面向列的方式排列：

```
eigenvalues, eigenvectors = np.linalg.eig(A)
print "First tuple of eig", eigenvalues
print "Second tuple of eig\n", eigenvectors
```

特征值 eigenvalues 和特征向量 eigenvectors 的值为：

```
First tuple of eig [ 2.  1.]
Second tuple of eig
[[ 0.89442719  0.70710678]
 [ 0.4472136   0.70710678]]
```

4．验算结果。

通过 dot() 函数计算特征值方程式 Ax = ax 两边的值，就可以对结果进行验算：

```
for i in range(len(eigenvalues)):
```

```
  print "Left", np.dot(A, eigenvectors[:,i])
  print "Right", eigenvalues[i] * eigenvectors[:,i]
  print
```

输出内容如下所示：

```
Left [[ 1.78885438]
 [ 0.89442719]]
Right [[ 1.78885438]
 [ 0.89442719]]
Left [[ 0.70710678]
 [ 0.70710678]]
Right [[ 0.70710678]
 [ 0.70710678]]
```

3.5 NumPy 随机数

随机数常用于蒙特卡罗法、随机积分等方面。然而，真正的随机数很难获得，实际中使用的都是伪随机数。大部分情况下，伪随机数就足以满足我们的需求。当然，某些特殊情况除外，如进行高精度的模拟实验时。对于 NumPy，与随机数有关的函数都在 random 子程序包中。

提示：

NumPy 核心的随机数发生器是基于梅森旋转算法的，详见 https://en.wikipedia.org/wiki/Mersenne_twister。

我们既可以生成连续分布的随机数，也可以生成非连续分布的随机数。分布函数有一个可选的 size 参数，它能通知 NumPy 要创建多少个数字。我们可以用整型或者元组来给这个参数赋值，这时会得到相应形状的数组，其值由随机数填充。离散分布包括几何分布、超几何分布和二项式分布。连续分布包括正态分布和对数正态分布。

3.5.1 用二项式分布进行博弈

二项式分布模拟的是在进行整数次独立实验中成功的次数，其中每次实验的成功机会是一定的。

假如我们身在 17 世纪的赌场，正在对 8 片币玩法下注。当时流行用 9 枚硬币来玩。如果人头朝上的硬币少于 5 枚，那么我们将输掉一个 8 分币；否则，我们就赢一个 8 分币。下面，我们开始模拟这个游戏，假设我们手上有一千硬币作为初始赌资。我们将使用 random 模块提供的 binomial()函数进行模拟：

提示：

完整的代码详见本书代码包中的 headortail.py 文件。

```
import numpy as np
from matplotlib.pyplot import plot, show

cash = np.zeros(10000)
cash[0] = 1000
outcome = np.random.binomial(9, 0.5, size=len(cash))

for i in range(1, len(cash)):

   if outcome[i] < 5:
      cash[i] = cash[i - 1] - 1
   elif outcome[i] < 10:
      cash[i] = cash[i - 1] + 1
   else:
      raise AssertionError("Unexpected outcome " + outcome)

print outcome.min(), outcome.max()

plot(np.arange(len(cash)), cash)
show()
```

若要了解 binomial()函数，请看下列步骤。

1．用 binomial()函数。

将数组初始化为零，即现金余额为零。调用 binomial()函数，将 size 参数设为 10000，这就表示我们要掷 10000 次硬币。

```
cash = np.zeros(10000)
cash[0] = 1000
outcome = np.random.binomial(9, 0.5, size=len(cash))
```

2．更新现金余额。

利用抛郑硬币的结果来更新 cash 数组。显示 outcome 数组中的最大值和最小值，只要保证没有罕见的异常值即可。

```
for i in range(1, len(cash)):
   if outcome[i] < 5:
      cash[i] = cash[i - 1] - 1
   elif outcome[i] < 10:
      cash[i] = cash[i - 1] + 1
   else:
      raise AssertionError("Unexpected outcome " + outcome)
print outcome.min(), outcome.max()
```

不出所料，其值在 0～9。

```
0 9
```

3. 用 matplotlib 绘出 cash 数组的图像。

```
plot(np.arange(len(cash)), cash)
show()
```

从图 3-1 可以看出，现金余额的曲线类似于随机行走（即不按照固定模式，而是随机游走）。

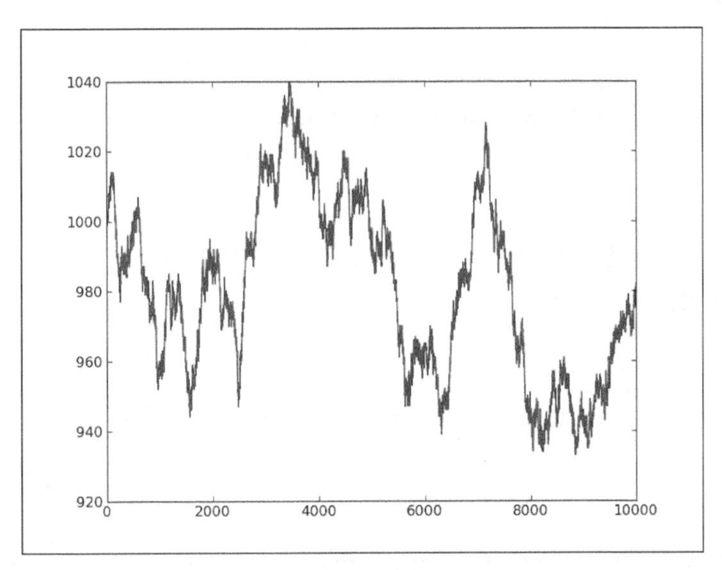

图 3-1

当然，我们每一次执行程序代码，都会得到一个不同的随机游走。若想总是得到相同的结果，需要给 NumPy 的随机数子程序包中的 binomial() 函数一个种子值。

3.5.2 正态分布采样

连续分布是通过概率密度函数（**pdf**）进行建模的。在特定区间发生某事件的可能性可以通过概率密度函数的积分运算求出。NumPy 的 `random` 模块提供了许多表示连续分布的函数，如 `beta`、`chisquare`、`exponential`、`f`、`gamma`、`gumbel`、`laplace`、`lognormal`、`logistic`、`multivariate_normal`、`noncentral_chisquare`、`noncentral_f`、`normal` 等。

利用 NumPy 的 `random` 子程序包中的 `normal()` 函数，可以把正态分布以直观的形式图示出来。下面给出随机产生的数值的钟形曲线和条形图（完整的脚本详见本书代码包中的 `normaldist.py` 文件）：

```
import numpy as np
import matplotlib.pyplot as plt

N=10000

normal_values = np.random.normal(size=N)
dummy, bins, dummy = plt.hist(normal_values, np.sqrt(N), normed=True,
lw=1)
sigma = 1
mu = 0
plt.plot(bins, 1/(sigma * np.sqrt(2 * np.pi)) * np.exp( - (bins -
mu)**2 / (2 * sigma**2) ),lw=2)
plt.show()
```

随机数可以按照正态分布的要求生成，它们的分布情况可以用条形图来显示。若要绘制正态分布，请执行下列步骤。

1. 成数值。

借助于 NumPy 的 `random` 子程序包提供的 `normal()` 函数，可以创建指定数量的随机数。

```
N=100.00
normal_values = np.random.normal(size=N)
```

2. 画出条形图和理论上的 pdf。

下面使用 matplotlib 来绘制条形图和理论上的 pdf，这里中心值为 `0`，标准差为 `1`：

```
dummy, bins, dummy = plt.hist(normal_values,
  np.sqrt(N), normed=True, lw=1)
sigma = 1
mu = 0
plt.plot(bins, 1/(sigma * np.sqrt(2 * np.pi))
  * np.exp( - (bins - mu)**2 / (2 * sigma**2) ),lw=2)
plt.show()
```

图 3-2 展示了著名的钟形曲线。

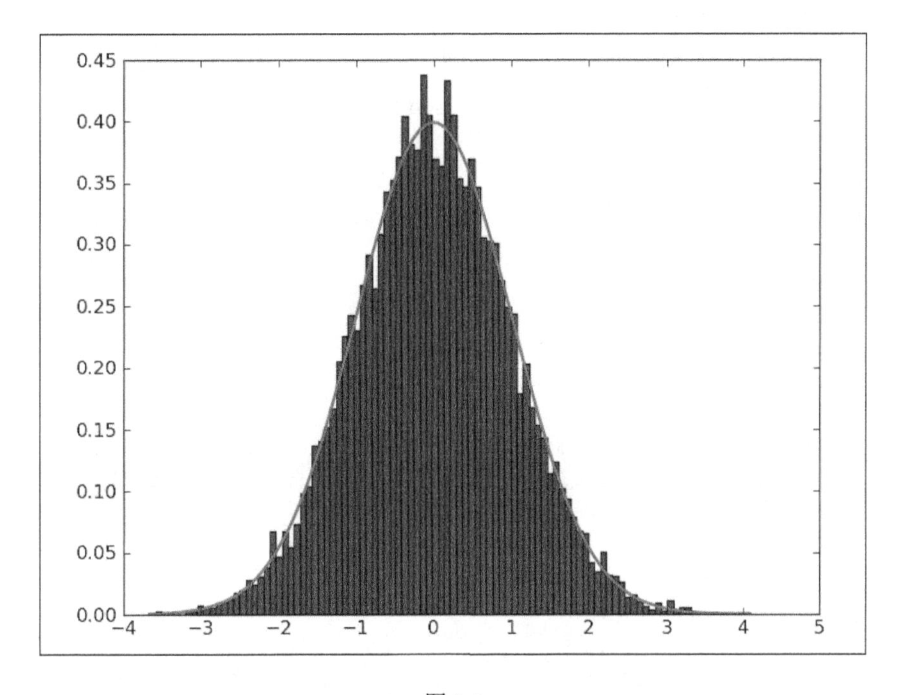

图 3-2

3.5.3 用 SciPy 进行正态检验

正态分布被广泛用于科学和统计学领域，按照中心极限定理，随着独立观测的随机样本数量的增加，它们会趋向呈正态分布。正态分布的特性已经为大家所熟知，并且它还非常便于使用，不过，它需要满足许多必要条件，如数据点的数量要足够大，并且还要求这些数据点必须是相互独立的。工作中，我们需要养成检查数据是否符合正态分布的好习惯。正态检验的方法有很多，其中有一些已经在 `scipy.stats` 程序包中实现了。本节将用到这些检验方法，这里的样本是取自 `https://www.google.org/flutrends/data.txt` 的流感趋势数据。这里我们对原始文件进行了简化处理，仅留下日期和来自阿根廷的数据两列，下面给出示例行：

```
Date,Argentina
29/12/02,
05/01/03,
12/01/03,
19/01/03,
26/01/03,
02/02/03,136
```

这些数据还可以从本书代码包中的goog_flutrends.csv文件中找到，和前面一样，这里也按照正态分布对这些数据进行抽样。得到的数组的大小与流感趋势数组相同，如果顺利通过正态检验，就以它为金标准（the golden standard）。

提示

这里的代码取自代码包中的 normality_test.py 文件。

```
import numpy as np
from scipy.stats import shapiro
from scipy.stats import anderson
from scipy.stats import normaltest

flutrends = np.loadtxt("goog_flutrends.csv", delimiter=',',
usecols=(1,), skiprows=1, converters = {1: lambda s: float(s or 0)},
unpack=True)
N = len(flutrends)
normal_values = np.random.normal(size=N)
zero_values = np.zeros(N)

print "Normal Values Shapiro", shapiro(normal_values)
print "Zeroes Shapiro", shapiro(zero_values)
print "Flu Shapiro", shapiro(flutrends)
print

print "Normal Values Anderson", anderson(normal_values)
print "Zeroes Anderson", anderson(zero_values)
print "Flu Anderson", anderson(flutrends)
print

print "Normal Values normaltest", normaltest(normal_values)
print "Zeroes normaltest", normaltest(zero_values)
print "Flu normaltest", normaltest(flutrends)
```

作为一个反面例子，下面使用的这个数组跟前面提到的填满零的数组具有同样的大小。实际上，当处理一些小概率事件（如世界性疫情的爆发）时，就可能遇到这种数据。

在这个数据文件中，一些单元是空的；当然，这种问题经常会碰到，所以必须习惯于首先清洗数据。我们假定正确的数值是 0，下面使用一个转换器来填上这些 0 值：

```
flutrends = np.loadtxt("goog_flutrends.csv", delimiter=',',
usecols=(1,), skiprows=1, converters = {1: lambda s:
float(s or 0)}, unpack=True)
```

夏皮罗-威尔克检验法可以对正态性进行检验。相应的 SciPy 函数将返回一个元组，其中第一个元素是一个检验统计量，第二个数值是 p 值。需要注意的是，这种填满了零的数组会引发警告。事实上，本例中用到的 3 个函数在处理这个数组方面确实有困难，同时还引发警告。下面是得到的结果：

```
Normal Values Shapiro (0.9967482686042786,
0.2774980068206787)
Zeroes Shapiro (1.0, 1.0)
Flu Shapiro (0.9351990818977356, 2.2945883254311397e-15)
```

这种用零填充的数组看起来有点怪，虽然会收到相关的警告，但是大可以忽略不计。这里得到的 p 值类似于本例中后面的第三个检验的结果。分析结果基本上是一样的。

Anderson-Darling 检验可以用来检验正态分布以及其他分布，如指数分布、对数分布和冈贝尔（Gumbel）分布等。相关的 SciPy 函数涉及一个检验统计量和一个数组，该数组存放了百分之 15、10、5、2.5 和 1 等显著性水平所对应的临界值。如果该统计量大于显著性水平的临界值，就可以断定它不具有正态性。我们将得到下列数值：

```
Normal Values Anderson (0.31201465602225653, array([ 0.572,
0.652,  0.782,  0.912,  1.085]), array([ 15. ,  10. ,  5.
,  2.5,  1. ]))
Zeroes Anderson (nan, array([ 0.572,  0.652,  0.782,
0.912,  1.085]), array([ 15. ,  10. ,  5. ,  2.5,  1.
]))
Flu Anderson (8.258614154768793, array([ 0.572,  0.652,
0.782,  0.912,  1.085]), array([ 15. ,  10. ,  5. ,  2.5,
1. ]))
```

对于这种用零填充的数组，我们没有什么好说的，因为返回的统计量根本就不是一个数值。就像我们期望的那样，这个金标准数组是符合正态分布的。然而，流感趋势数据返回的这个统计量大于所有的有关临界值，因此我们可以肯定它不符合正态分布。这 3 个测试函数中，这个看起来是最容易使用的一个。

SciPy 的 normaltest() 函数还实现了 D'Agostino 检验和 Pearson 检验功能。该函数返回的元组和 shapiro() 函数一样，也包括一个统计量和 p 值。这里的 p 值是双边卡方概率（two-sided Chi-squared probability），卡方分布是另一种著名的分布，这种检验本身是基于偏度和峰度检验的 z 分数的。偏度系数用来表示分布的对称程度的，这样，由于正态分布是对称的，所以偏度系数为零。峰度系数描述的是分布的形状（尖峰，肥尾）。这种正态分布的峰度系数为 3，超额峰度的系数为 0。以下是本次检验获得的数值：

```
Normal Values normaltest (3.102791866779639, 0.21195189649335339)
Zeroes normaltest (1.0095473240349975, 0.60364218712103535)
Flu normaltest (99.643733363569538, 2.3048264115368721e-22)
```

因为这里处理的是 p 值的概率，所以它越大越好，最好接近 1。对于这种用零填充的数组，会得到很奇怪的结果，不过，由于我们已经得到提示，所以对于这个特殊数组来说，结果是不可信的。此外，如果 p 值大于等于 0.5，则认为它具有正态性。对于金标准数组，我们会得到一个更小的数值，这说明我们需要进行更多的观察，这一点留作作业，请读者自行练习。

3.6 创建掩码式 NumPy 数组

数据常常是凌乱的，并且含有空白项或者无法处理的字符，好在掩码式数组可以忽略残缺的或无效的数据点。numpy.ma 子程序包提供的掩码式数组隶属于 ndarray，带有一个掩码。本节以 Lena Soderberg 的相片为数据源，并假设某些数据已被破坏。下面是处理掩码式数组的完整代码，取自本书代码包中的 masked.py 文件：

```
import numpy
import scipy
import matplotlib.pyplot as plt

lena = scipy.misc.lena()
random_mask = numpy.random.randint(0, 2, size=lena.shape)
```

```
plt.subplot(221)
plt.title("Original")
plt.imshow(lena)
plt.axis('off')

masked_array = numpy.ma.array(lena, mask=random_mask)
print masked_array

plt.subplot(222)
plt.title("Masked")
plt.imshow(masked_array)
plt.axis('off')

plt.subplot(223)
plt.title("Log")
plt.imshow(numpy.log(lena))
plt.axis('off')

plt.subplot(224)
plt.title("Log Masked")
plt.imshow(numpy.log(masked_array))
plt.axis('off')

plt.show()
```

最后，我们来展示原图、原图的对数值、掩码式数组及其对数值。

1. 创建一个掩码

为了得到一个掩码式数组，必须规定一个掩码。下面将生成一个随机掩码，这个掩码的取值非 0 即 1。

```
random_mask = numpy.random.randint(0, 2, size=lena.shape)
```

2. 创建一个掩码式数组

下面应用该掩码来创建一个掩码式数组：

```
masked_array = numpy.ma.array(lena, mask=random_mask)
```

得到的图片如图 3-3 所示。

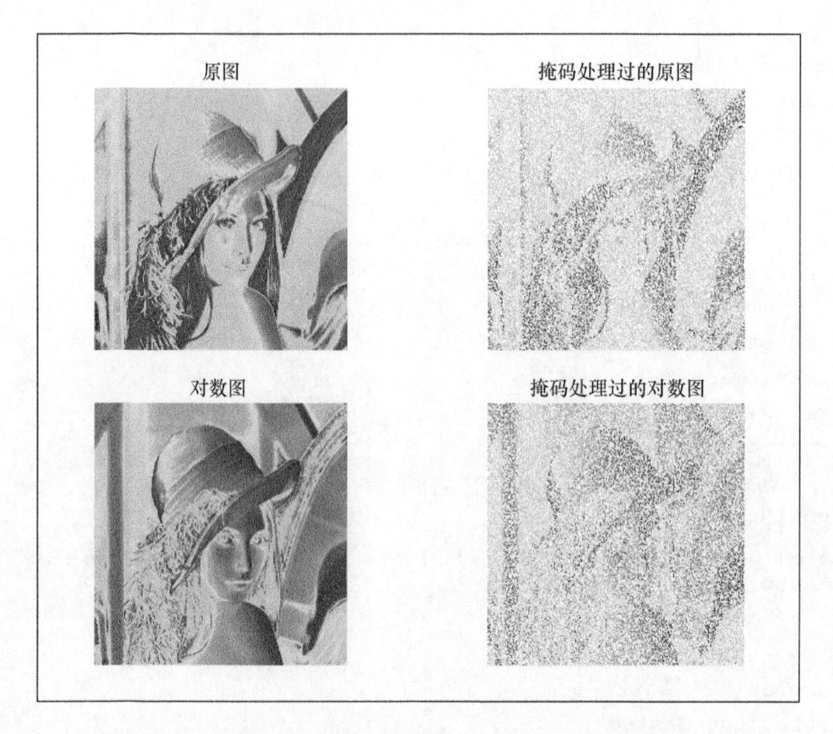

图 3-3

我们给 NumPy 数组附加了一个随机掩码，这样，与该掩码相对应的数据就会被忽略不计。在 numpy.ma 子程序包为处理掩码式数组提供了各种所需的函数，这里仅介绍如何生成掩码式数组。

忽略负值和极值

当希望忽略负值，如对数组的值取对数时，掩码式数组将会非常有用；此外，剔除异常值时，也会用到掩码式数组。这项工作是以极值的上下限为基础的。下面以来源于 http://www.exploredata.net/Downloads/Baseball-Data-Set 的美国职业棒球大联盟（MLB）选手的薪金数据为例，来说明这些技术的应用方法。经过编辑，这份数据仅保留了选手姓名和薪金两栏，结果放在 MLB2008.csv 文件中，读者可以从本书代码包中找到。

至于完整的脚本，请参见本书代码包中的 masked_funcs.py 文件：

```
import numpy as np
from matplotlib.finance import quotes_historical_yahoo
from datetime import date
import sys
```

```
import matplotlib.pyplot as plt

salary = np.loadtxt("MLB2008.csv", delimiter=',', usecols=(1,),
skiprows=1, unpack=True)
triples = np.arange(0, len(salary), 3)
print "Triples", triples[:10], "..."

signs = np.ones(len(salary))
print "Signs", signs[:10], "..."

signs[triples] = -1
print "Signs", signs[:10], "..."

ma_log = np.ma.log(salary * signs)
print "Masked logs", ma_log[:10], "..."

dev = salary.std()
avg = salary.mean()
inside = np.ma.masked_outside(salary, avg - dev, avg + dev)
print "Inside", inside[:10], "..."

plt.subplot(311)
plt.title("Original")
plt.plot(salary)

plt.subplot(312)
plt.title("Log Masked")
plt.plot(np.exp(ma_log))

plt.subplot(313)
plt.title("Not Extreme")
plt.plot(inside)

plt.show()
```

以下是对上述命令的说明。

1. 对负数取对数

可以对含有负数的数组取对数。首先创建一个数组，存放可以被 3 整除的数字。

```
triples = numpy.arange(0, len(salary), 3)
print "Triples", triples[:10], "..."
```

然后生成一个元素值全为 1 且大小与薪金数据数组相等的数组：

```
signs = numpy.ones(len(salary))
print "Signs", signs[:10], "..."
```

借助于在第 2 章“NumPy 数组”中学到的技巧，可以将下标是 3 的倍数的数组元素的值取反：

```
signs[triples] = -1
print "Signs", signs[:10], "..."
```

最终就可以对这个数组取对数了：

```
ma_log = numpy.ma.log(salary * signs)
print "Masked logs", ma_log[:10], "..."
```

下面显示相应的薪金数据：

```
Triples [ 0  3  6  9 12 15 18 21 24 27] ...
Signs [ 1.  1.  1.  1.  1.  1.  1.  1.  1.  1.] ...
Signs [-1.  1.  1. -1.  1.  1. -1.  1.  1. -1.] ...
Masked logs [-- 14.970818190308929 15.830413578506539 --
13.458835614025542
 15.319587954740548 -- 15.648092021712584
13.864300722133706 --] ...
```

2. 忽略极值

此处规定：所谓异常值，就是在平均值一个标准差以下或者在平均值一个标准差以上的那些数值（这个定义未必恰当，只是为了便于计算）。根据上面的定义，可以利用下面的代码来屏蔽极值点：

```
dev = salary.std()
avg = salary.mean()
inside = numpy.ma.masked_outside(salary, avg - dev, avg +
dev)
print "Inside", inside[:10], "..."
```

下列代码将显示前 10 个元素：

```
Inside [3750000.0 3175000.0 7500000.0 3000000.0 700000.0
4500000.0 3000000.0
 6250000.0 1050000.0 4600000.0] ...
```

下面分别绘制原始薪金数据、取对数后的数据和取幂复原后的数据，最后，是应用基于标准差的掩码之后的数据。

具体如图 3-4 所示。

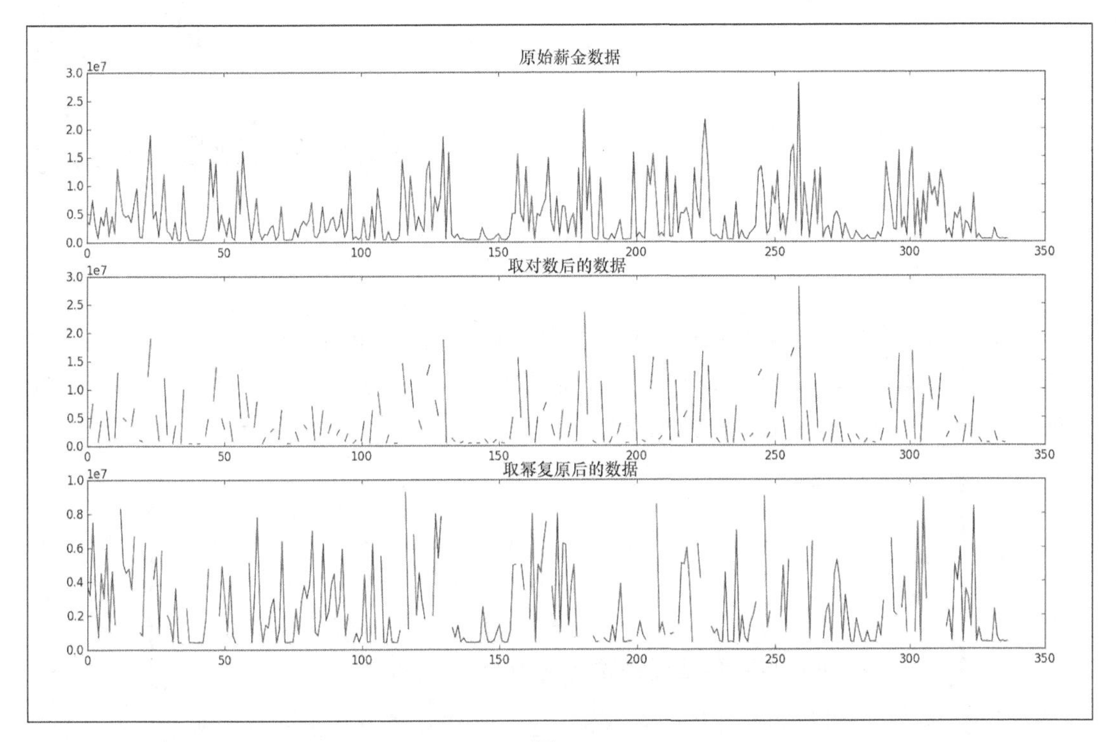

图 3-4

`numpy.ma` 子程序包中的函数可以屏蔽数组中被视为无效的元素，如无法应用 `log()` 和 `sqrt()` 函数的负值元素。被屏蔽的值类似于关系数据库和程序设计中的 NULL 值，对被屏蔽的值进行运算时，给它的都是一个屏蔽后的值。

3.7 小结

本章，我们学习了多种 Numpy 和 Scipy 子库，回顾了线性代数、统计学、连续和离散分布、掩码式数组和随机数方面的内容。

第 4 章“pandas 入门”将探讨 Python 的数据分析和运算库 pandas。

第 4 章 pandas 入门

pandas 是一个流行的开源 Python 项目，其名称取 **panel data**（面板数据，一个计量经济学的术语）与 Python data analysis（Python 数据分析）之意。本章将向读者介绍 pandas 的基本功能，其中包括 pandas 的数据结构与运算。

> **提示：**
>
> pandas 的官方文档强调，pandas 项目名称中的字母应该全部采用小写形式，同时还约定导入这个程序库时使用的语句为 `import pandas as pd`。编程时，我们可以尽可能地遵循这些惯例。

在本章中，我们首先安装并概要介绍 pandas，然后开始探索 pandas 的两个最重要的数据结构：`DataFrame` 和 `Series`。最后，我们将学习如何对存放在这些数据结构中的数据进行类似 SQL 这样的运算，并举例说明包括时间序列例程在内的统计学工具。本章涉及的主题如下所示。

- pandas 的安装与概览。
- 数据结构：`DataFrame` 与 `Series`。
- 利用 pandas 查询数据。
- 利用 pandas 的 DataFrames 进行统计计算。
- 利用 pandas 的 DataFrames 聚合数据。
- DataFrames 的串联（concatenating）、连接（joining）与附加（appending）操作。
- 处理缺失数据问题。

- 处理日期数据。
- 数据透视表（pivot tables）。
- 访问远程数据。

4.1 pandas 的安装与概览

对于 pandas 来说，最小的依赖项集合如下所示。

- **NumPy**：这是一个处理数值数组的基础软件包，我们已经在前面的章节介绍过其安装方法和简单用法。
- **python-dateutil**：这是一个专门用来处理日期数据的程序库。
- **pytz**：这是一个处理时区问题的程序库。

上面列出的是最低限度的依赖项，如果想更加全面地了解可选依赖项，请访问 `http://pandas.pydata.org/pandas-docs/stable/install.html` 页面。我们不仅能用 PyPI 的 `pip` 或者 `easy_install` 命令来安装 pandas，而且可以使用已经编译好的二进制形式的安装程序。此外，还可以借助于操作系统的程序包管理器，甚至可以利用源代码来安装 pandas。如果喜欢使用二进制形式的安装程序，可以从 `http://pandas.pydata.org/getpandas.html` 页面下载。

用 pip 程序安装 pandas 的命令如下所示：

```
$ pip install pandas
```

如果用户权限不够，必须在上面命令的前面追加 `sudo`。对于大部分（不是全部）Linux 发行版来说，pandas 程序包的名称为 `python-pandas`。要想了解安装软件命令的正确用法，请参考程序包管理器手册页。一般情况下，这些命令与第 1 章“Python 程序库入门”中介绍的一样。为了从源代码进行安装，需要从命令行窗口执行以下命令：

```
$ git clone git://github.com/pydata/pandas.git
$ cd pandas
$ python setup.py install
```

这种方法要求已经事先正确安装了编译程序及其他依赖项，所以，除非想使用最新版本的 pandas，否则不推荐采用这种安装方式。一旦安装好 pandas，就可以向前面介绍过的

pkg_check.py 脚本中添加 pandas 的相关命令来进一步考察这个软件库了。该程序的输出内容如下所示：

```
pandas version 0.13.1
pandas.compat DESCRIPTION compat  Cross-compatible functions for Python 2 and
3. Key items to import for 2/3 compatible code: * iterators: range(),
map(),
pandas.computation
pandas.core
pandas.io
pandas.rpy
pandas.sandbox
pandas.sparse
pandas.stats
pandas.tests
pandas.tools
pandas.tseries
pandas.util
```

遗憾的是，这里没有给出描述 pandas 子库的详细信息，好在子程序包的名称本身就足以使人们对其有所了解。

4.2 pandas 数据结构之 DataFrame

Pandas 的 DataFrame 数据结构是一种带标签的二维对象，与 Excel 的电子表格或者关系型数据库的数据表非常神似。顺便说一下，DataFrame 的概念最初发源于 R 程序语言（若想了解更多信息，请访问 http://www.r-tutor.com/r-introduction/data-frame 页面）。可以用下列方式来创建 DataFrame。

- 从另一个 DataFrame 创建 DataFrame。
- 从具有二维形状的 NumPy 数组或者数组的复合结构来生成 DataFrame。
- 类似地，可以用 pandas 的另外一种数据结构 Series 来创建 DataFrame。关于 Series，后文将有所介绍。
- DataFrame 也可以从类似 CSV 之类的文件来生成。

下面以来自 http://www.exploredata.net/Downloads/WHO-Data-Set 的数据为例，来说明 Datarame。注意，原始的数据文件相当大，并且有很多列，所以我们将使用编辑后的且仅保留前 9 列的一个文件作为替代，这个文件可以从本书的代码包中找到，文件的全称为 WHO_first9cols.csv。下面是该文件包括标题在内的前两行内容：

```
Country,CountryID,Continent,Adolescent fertility rate (%),Adult
literacy rate (%),Gross national income per capita (PPP
international $),Net primary school enrolment ratio female (%),Net
primary school enrolment ratio male (%),Population (in thousands)
total
Afghanistan,1,1,151,28,,,,26088
```

接下来，我们开始考察 pandas 的 DataFrame 及其各种属性。

（1）首先，将数据文件载入 DataFrame，并显示其内容：

```
from pandas.io.parsers import read_csv

df = read_csv("WHO_first9cols.csv")
print "Dataframe", df
```

这里显示的是该 DataFrame 的摘要信息。如果完整显示的话，会很长，所以只是截取了前面几行内容：

```
57                          1340
58                         81021
59                           833
                             ...
[202 rows x 9 columns]
```

（2）DataFrame 有一个属性，以元组的形式来存放 DataFrame 的形状数据，这与 ndarray 非常类似。我们可以查询一个 DataFrame 的行数，具体方法如下所示：

```
print "Shape", df.shape
print "Length", len(df)
```

这里得到的数字与上一步的打印输出一致：

```
Shape (202, 9)
Length 202
```

（3）下面通过其他属性来考察各列的标题与数据类型，具体如下所示：

```
print "Column Headers", df.columns
print "Data types", df.dtypes
```

可以用一个专用的数据结构来容纳列标题（column headers）：

```
Column Headers Index([u'Country', u'CountryID',
u'Continent', u'Adolescent fertility rate (%)', u'Adult
literacy rate (%)', u'Gross national income per capita (PPP
international $)', u'Net primary school enrolment ratio
female (%)', u'Net primary school enrolment ratio male
(%)', u'Population (in thousands) total'], dtype='object')
```

该数据类型的输出结果如下所示：

```
Data types Country                                          object
CountryID                                               int64
Continent                                               int64
Adolescent fertility rate (%)                         float64
Adult literacy rate (%)                               float64
Gross national income per capita (PPP international $)  float64
Net primary school enrolment ratio female (%)         float64
Net primary school enrolment ratio male (%)           float64
Population (in thousands) total                       float64
```

（4）pandas 的 DataFrame 带有一个索引，类似于关系型数据库中数据表的主键（primary key）。对于这个索引，我们既可以手动规定，也可以让 pandas 自动创建。访问索引时，使用相应的属性即可，具体方法如下所示：

```
print "Index", df.index
```

利用索引可以迅速搜查数据项，正如书籍的索引一样。就本例而言，这个索引实际上是对数组的一种封装，它起始于 0，然后以 1 为单位逐行递增。

```
Index Int64Index([0, 1, 2, 3, 4, 5, 6, 7, 8, 9, 10, 11, 12,
13, 14, 15, 16, 17, 18, 19, 20, 21, 22, 23, 24, 25, 26, 27,
28, 29, 30, 31, 32, 33, 34, 35, 36, 37, 38, 39, 40, 41, 42,
43, 44, 45, 46, 47, 48, 49, 50, 51, 52, 53, 54, 55, 56, 57,
58, 59, 60, 61, 62, 63, 64, 65, 66, 67, 68, 69, 70, 71, 72,
73, 74, 75, 76, 77, 78, 79, 80, 81, 82, 83, 84, 85, 86, 87,
88, 89, 90, 91, 92, 93, 94, 95, 96, 97, 98, 99, ...],
dtype='int64')
```

（5）有时我们希望遍历 DataFrame 的基础数据，如果使用 pandas 的迭代器，遍历列值的效率可能会很低。更好的解决方案是从基础的 NumPy 数组中提取这些数值，然后进行相应的处理。不过，pandas 的 DataFrame 的某一个属性可以在这方面为我们提供帮助：

```
print "Values", df.values
```

注意，上面的输出中，那些非数字的数值被标为 nan，这些通常是由输入数据文件中的空字段引起的。

```
Values [['Afghanistan' 1 1 ..., nan nan 26088.0]
 ['Albania' 2 2 ..., 93.0 94.0 3172.0]
 ['Algeria' 3 3 ..., 94.0 96.0 33351.0]
 ...,
 ['Yemen' 200 1 ..., 65.0 85.0 21732.0]
 ['Zambia' 201 3 ..., 94.0 90.0 11696.0]
 ['Zimbabwe' 202 3 ..., 88.0 87.0 13228.0]]
```

下面展示的示例代码取自本书代码包中的 df_demo.py 文件：

```
from pandas.io.parsers import read_csv

df = read_csv("WHO_first9cols.csv")
print "Dataframe", df
print "Shape", df.shape
print "Length", len(df)
print "Column Headers", df.columns
print "Data types", df.dtypes
print "Index", df.index
print "Values", df.values
```

4.3 pandas 数据结构之 Series

pandas 的 Series 数据结构是由不同类型的元素组成的一维数组，该数据结构也具有标签。可以通过下列方式来创建 pandas 的 Series 数据结构。

- 由 Python 的字典来创建 Series。
- 由 NumPy 数组来创建 Series。
- 由单个标量值来创建 Series。

创建 Series 数据结构时，可以向构造函数递交一组轴标签，这些标签通常称为索引，是一个可选参数。默认情况下，如果使用 NumPy 数组作为输入数据，那么 pandas 会将索引值从 0 开始自动递增。如果传递给构造函数的数据是一个 Python 字典，那么这个字典的键会经排序后变成相应的索引；如果输入数据是一个标量值，那么就需要由我们来提供相应的索引。索引中的每一个新值都要输入一个标量值。pandas 的 Series 和 DataFrame 数据类型接口的特征和行为是从 NumPy 数组和 Python 字典那里借用来的，如切片、通过键查找以及向量化运算等。对一个 DataFrame 列执行查询操作时，会返回一个 Series 数据结构。关于这一点以及 Series 的其他特点，我们会以上一节中的数据为例进行说明，所以需要再次加载 CSV 文件。

（1）首先，选中输入文件中的第一列，即 Country 列；然后，显示这个对象在局部作用域中的类型：

```
country_col = df["Country"]
print "Type df", type(df)
print "Type country col", type(country_col)
```

如今可以肯定，当选中 DataFrame 的一列时，得到的是一个 Series 型的数据，如下所示：

```
Type df <class 'pandas.core.frame.DataFrame'>
Type country col <class 'pandas.core.series.Series'>
```

提示：

如果需要，可以打开一个 Python 或者 IPython shell，导入 pandas 后就可以通过 dir() 函数来查看上述类型提供的各种函数和属性了，这时显示的函数列表将会更加全面。

（2）pandas 的 Series 数据结构不仅共享了 DataFrame 的一些属性，还另外提供了与名称有关的一个属性。下面通过代码做进一步的探索：

```
print "Series shape", country_col.shape
print "Series index", country_col.index
print "Series values", country_col.values
print "Series name", country_col.name
```

输出内容（为了节约版面，这里仅截取了部分内容）如下所示：

```
Series shape (202,)
Series index Int64Index([0, 1, 2, 3, 4, 5, 6, 7, 8, 9, 10,
11, 12, ...], dtype='int64')

Series values ['Afghanistan' … 'Vietnam' 'West Bank and
```

```
Gaza' 'Yemen' 'Zambia' 'Zimbabwe']
Series name Country
```

（3）为了演示 Series 的切片功能，这里以截取 Series 变量 `Country` 中的最后两个国家为例进行说明，具体如下所示：

```
print "Last 2 countries", country_col[-2:]
print "Last 2 countries type", type(country_col[-2:])
```

就像你看到的那样，利用切片技术，我们得到了一个新的 Series 数据对象：

```
Last 2 countries 200     Zambia
201    Zimbabwe
Name: Country, dtype: object
Last 2 countries type <class 'pandas.core.series.Series'>
```

（4）NumPy 的函数同样适用于 pandas 的 `DataFrame` 和 `Series` 数据结构。例如，可以使用 NumPy 的 `sign()` 函数来获得数字的符号：正数返回 `1`，负数返回`-1`，零值返回 `0`。下面将这个函数应用到前面的 `DataFrame` 数据及其最后一列上面，即数据集中各国的人口数量：

```
print "df signs", np.sign(df)
last_col = df.columns[-1]
print "Last df column signs", last_col,
np.sign(df[last_col])
```

为了节约版面，这里对输出内容进行了一定的删减，如下所示：

```
df signs    Country CountryID Continent Adolescent
fertility rate (%)  \
0         1          1        1
1
[TRUNCATED]
59                                          1
1
                                          ...
...
[202 rows x 9 columns]
Last df column signs Population (in thousands) total 0
1
1    1
[TRUNCATED]
```

```
198   NaN
199     1
200     1
201     1
Name: Population (in thousands) total, Length: 202, dtype:
float64
```

提示：

注意，198号索引对应的人口值为NaN，相应的数据项如下所示：

```
West Bank and Gaza,199,1,,,,,,
```

可以在DataFrames、Series和NumPy数组之间进行各种类型的数值运算。举例来说，如果得到pandas的Series数据中的一个基础NumPy数组，然后把它从该Series中减掉，这时我们可能希望得到下面两种结果。

- 一个数组，各个元素以零填充，并且至少有一个 NaN（前面的步骤中已经提到过NaN）。
- 还可能希望等到一个元素全部为零值的数组。

对于 NumPy 函数来说，涉及 NaN 的大部分运算都会生成 NaN。下面我们使用一个IPython会话进行说明。

```
In: np.sum([0, np.nan])
Out: nan
```

利用下面的代码执行减法运算：

```
print np.sum(df[last_col] - df[last_col].values)
```

得到的数据与第二种类型的结果相符：

```
0.0
```

下面的代码取自本书代码包中的 series_demo.py 文件：

```
from pandas.io.parsers import read_csv
import numpy as np

df = read_csv("WHO_first9cols.csv")
```

```
country_col = df["Country"]
print "Type df", type(df)
print "Type country col", type(country_col)

print "Series shape", country_col.shape
print "Series index", country_col.index
print "Series values", country_col.values
print "Series name", country_col.name

print "Last 2 countries", country_col[-2:]
print "Last 2 countries type", type(country_col[-2:])

print "df signs", np.sign(df)
last_col = df.columns[-1]
print "Last df column signs", last_col, np.sign(df[last_col])

print np.sum(df[last_col] - df[last_col].values)
```

4.4 利用 pandas 查询数据

由于 pandas 的 DataFrame 的结构类似于关系型数据库，所以从 DataFrame 读取数据可以看作是一种查询操作。下面的例子中，我们将会从 Quandl 检索年度太阳黑子数据。为此，我们既可以使用 Quandl API，也可以亲自动手从 `http://www.quandl.com/SIDC/SUNSPOTS_A-Sunspot-Numbers-Annual` 页面以 CSV 文件的形式下载数据。如果想安装 API，可以从 `https://pypi.python. org/pypi/Quandl` 页面下载相应的安装程序，或者运行以下命令：

```
$ pip install Quandl
```

提示：

Quandl 的 API 可以免费使用，但是有一个限制，即每天最多调用 50 次。如果超过规定的调用次数，则需要申请身份验证密钥。不过，这里的代码无需使用密钥。如果需要使用密钥或读取下载的 CSV 文件，对这里的代码稍作修改即可。若有困难，请参考第 1 章 “Python 程序库入门” 中从何处寻求帮助和参考资料部分，或者到 `https://docs.python.org/2/` 的 Python 文档中查找解决方案。

话不多说，下面来看如何利用 pandas 的 DataFrame 来查询数据。

（1）下载数据。导入 Quandl API 后，可以像下面这样来下载数据：

```
import Quandl

# Data from http://www.quandl.com/SIDC/SUNSPOTS_A-Sunspot-
Numbers-Annual
# PyPi url https://pypi.python.org/pypi/Quandl
sunspots = Quandl.get("SIDC/SUNSPOTS_A")
```

（2）`head()`和`tail()`这两个函数的作用类似于 UNIX 系统中同名的两个命令，即选取 DataFrame 的前 *n* 和后 *n* 个数据记录，其中 *n* 是一个整型参数：

```
print "Head 2", sunspots.head(2)
print "Tail 2", sunspots.tail(2)
```

下面给出太阳黑子数据的前两条和后两条数据的内容：

```
Head 2          Number
Year
1700-12-31     5
1701-12-31    11

[2 rows x 1 columns]
Tail 2          Number
Year
2012-12-31   57.7
2013-12-31   64.9

[2 rows x 1 columns]
```

注意，我们有且只有一列数据来存放每年太阳黑子的数量，而日期属于 DataFrame 索引的一部分。

（3）下面用最近的日期来查询最近一年太阳黑子的相关数据：

```
last_date = sunspots.index[-1]
print "Last value", sunspots.loc[last_date]
```

可以将下面的输出内容与前面得到的结果进行比对：

```
Last value Number    64.9
Name: 2013-12-31 00:00:00, dtype: float64
```

（4）下面介绍如何通过 YYYYMMDD 格式的日期字符串来查询日期，具体如下所示：

```
print "Values slice by date", sunspots["20020101":
"20131231"]
```

以上结果为 2002 年到 2013 年的数据记录：

```
Values slice by date            Number
Year
2002-12-31   104.0
[TRUNCATED]
2013-12-31    64.9

[12 rows x 1 columns]
```

（5）索引列表也可用于查询，代码如下所示：

```
print "Slice from a list of indices", sunspots.iloc[[2, 4,
-4, -2]]
```

上述代码会选择下列各行：

```
Slice from a list of indices            Number
Year
1702-12-31    16.0
1704-12-31    36.0
2010-12-31    16.0
2012-12-31    57.7

[4 rows x 1 columns]
```

（6）要想选择标量值，有两种方法，这里给出的是速度明显占优势的第二种方法。它们需要两个整数作为参数，其中第一个整数表示行，第二个整数表示列：

```
print "Scalar with Iloc", sunspots.iloc[0, 0]
print "Scalar with iat", sunspots.iat[1, 0]
```

上面的代码将数据集的第一个值和第二个值作为标量返回：

```
Scalar with Iloc 5.0
Scalar with iat 11.0
```

（7）查询布尔型变量的方法与 SQL 的 Where 子句非常接近。下面的代码将查询大于算术平均值的各个数值。注意，在整个 DataFrame 中进行查询与在单列上进行查询是有区别的。

```
print "Boolean selection", sunspots[sunspots >
sunspots.mean()]
print "Boolean selection with column label",
sunspots[sunspots. Number > sunspots.Number.mean()]
```

其中显著的区别在于，第一个查询操作得到的是所有数据行，其中与条件不符的行将被赋予 NaN 值，第二个查询操作返回的只是其值大于平均值的那些行。

```
Boolean selection            Number
Year
1700-12-31    NaN
[TRUNCATED]
1759-12-31   54.0
              ...

[314 rows x 1 columns]
Boolean selection with column label            Number
Year
1705-12-31   58.0
[TRUNCATED]
1870-12-31  139.1
               ...

[127 rows x 1 columns]
```

下列示例代码取自本书代码包中的 query_demo.py 文件。

```
import Quandl
# Data from http://www.quandl.com/SIDC/SUNSPOTS_A-Sunspot-Numbers-
Annual
# PyPi url https://pypi.python.org/pypi/Quandl
sunspots = Quandl.get("SIDC/SUNSPOTS_A")
print "Head 2", sunspots.head(2)
print "Tail 2", sunspots.tail(2)

last_date = sunspots.index[-1]
print "Last value", sunspots.loc[last_date]

print "Values slice by date", sunspots["20020101": "20131231"]
```

```
print "Slice from a list of indices", sunspots.iloc[[2, 4, -4, -2]]

print "Scalar with Iloc", sunspots.iloc[0, 0]
print "Scalar with iat", sunspots.iat[1, 0]

print "Boolean selection", sunspots[sunspots > sunspots.mean()]
print "Boolean selection with column label",
sunspots[sunspots.Number > sunspots.Number.mean()]
```

4.5 利用 pandas 的 DataFrame 进行统计计算

pandas 的 DataFrame 数据结构为我们提供了若干统计函数，表 4-1 给出了部分方法及其简要说明。

表 4-1

方法	说明
describe	这个方法将返回描述性统计信息
count	这个方法将返回非 NaN 数据项的数量
mad	这个方法用于计算平均绝对偏差（mean absolute deviation），即类似于标准差的一个有力统计工具
median	这个方法将返回中位数，等价于第 50 位百分位数的值
min	这个方法将返回最小值
max	这个方法将返回最大值
mode	这个方法将返回众数（mode），即一组数据中出现次数最多的变量值
std	这个方法将返回表示离散度（dispersion）的标准差，即方差的平方根
var	这个方法将返回方差
skew	这个方法用来返回偏态系数（skewness），该系数表示的是数据分布的对称程度
kurt	这个方法将返回峰态系数（kurtosis），该系数用来反映数据分布曲线顶端尖峭或扁平程度

下面使用上例中的数据来演示这些统计函数的使用方法。如果对完整的代码感兴趣，请参考本书代码包中的 stats_demo.py 文件。演示代码如下所示：

```
import Quandl
```

```
# Data from http://www.quandl.com/SIDC/SUNSPOTS_A-Sunspot-Numbers-
Annual
# PyPi url https://pypi.python.org/pypi/Quandl
sunspots = Quandl.get("SIDC/SUNSPOTS_A")
print "Describe", sunspots.describe()
print "Non NaN observations", sunspots.count()
print "MAD", sunspots.mad()
print "Median", sunspots.median()
print "Min", sunspots.min()
print "Max", sunspots.max()
print "Mode", sunspots.mode()
print "Standard Deviation", sunspots.std()
print "Variance", sunspots.var()
print "Skewness", sunspots.skew()
print "Kurtosis", sunspots.kurt()
```

上面脚本的运行结果如下所示：

```
Describe            Number
count  314.000000
mean    49.528662
std     40.277766
min      0.000000
25%     16.000000
50%     40.000000
75%     69.275000
max    190.200000

[8 rows x 1 columns]
Non NaN observations Number    314
dtype: int64
MAD Number    32.483184
dtype: float64
Median Number    40
dtype: float64
Min Number    0
dtype: float64
Max Number    190.2
dtype: float64
Mode   Number
0     47

[1 rows x 1 columns]
Standard Deviation Number    40.277766
dtype: float64
Variance Number    1622.298473
```

```
dtype: float64
Skewness Number    0.994262
dtype: float64
Kurtosis Number    0.469034
dtype: float64
```

4.6 利用 pandas 的 DataFrame 实现数据聚合

数据聚合（data aggregation）是关系型数据库中比较常用的一个术语。使用数据库时，可以利用查询操作对各列或各行中的数据进行分组，这样就可以针对其中的每一组数据进行各种不同的操作了。实际上，pandas 的 DataFrame 数据结构也为我们提供了类似的功能。我们可以把生成的数据保存到 python 字典中，然后利用这些数据来创建一个 pandas DataFrame，接下来就可以练习 pandas 提供的聚合功能了。

（1）为 NumPy 的随机数生成器指定种子，以确保重复运行程序时生成的数据不会走样。该数据有 4 列：

- Weather（一个字符串）；
- Food（一个字符串）；
- Price（一个随机浮点数）；
- Number（1～9 之间的一个随机整数）。

假设有一些客户消费调查、天气与市场定价方面的资料，这里要做的是计算平均价格，并跟踪样本的大小及参数：

```
import pandas as pd
from numpy.random import seed
from numpy.random import rand
from numpy.random import random_integers
import numpy as np

seed(42)

df = pd.DataFrame({'Weather' : ['cold', 'hot', 'cold', 'hot',
   'cold', 'hot', 'cold'],
   'Food' : ['soup', 'soup', 'icecream', 'chocolate',
   'icecream', 'icecream', 'soup'],
   'Price' : 10 * rand(7), 'Number' : random_integers(1, 9,
size=(7,))})

print df
```

我们将得到下面的结果：

```
        Food  Number     Price Weather
0       soup       8  3.745401    cold
1       soup       5  9.507143     hot
2   icecream       4  7.319939    cold
3  chocolate       8  5.986585     hot
4   icecream       8  1.560186    cold
5   icecream       3  1.559945     hot
6       soup       6  0.580836    cold

[7 rows x 4 columns]
```

注意，列标签是按照 Python 字典各个键的词汇顺序进行排列的。

提示：

所谓的词汇或者词典顺序，就是按照字符串中各个字符的字母表顺序进行排序。

（2）通过 Weather 列为数据分组，然后遍历各组数据，代码如下所示：

```
weather_group = df.groupby('Weather')

i = 0

for name, group in weather_group:
   i = i + 1
   print "Group", i, name
   print group
```

我们把天气状况分为两种，即热天与冷天，据此可以把数据分为两组：

```
Group 1 cold
       Food  Number     Price Weather
0      soup       8  3.745401    cold
2  icecream       4  7.319939    cold
4  icecream       8  1.560186    cold
6      soup       6  0.580836    cold

[4 rows x 4 columns]
Group 2 hot
        Food  Number     Price Weather
1       soup       5  9.507143     hot
3  chocolate       8  5.986585     hot
```

```
5   icecream        3  1.559945      hot

[3 rows x 4 columns]
```

（3）变量 Weather_group 是一种特殊的 pandas 对象，可由 groupby() 生成。这个对象为我们提供了聚合函数，下面展示它的使用方法：

```
print "Weather group first\n", weather_group.first()
print "Weather group last\n", weather_group.last()
print "Weather group mean\n", weather_group.mean()
```

上面的代码将输出各组数据的第一行内容、第二行内容以及各组的平均值，如下所示：

```
Weather group first
        Food  Number     Price
Weather
cold    soup       8  3.745401
hot     soup       5  9.507143

[2 rows x 3 columns]
Weather group last
            Food  Number     Price
Weather
cold        soup       6  0.580836
hot     icecream       3  1.559945

[2 rows x 3 columns]
Weather group mean
          Number     Price
Weather
cold    6.500000  3.301591
hot     5.333333  5.684558

[2 rows x 2 columns]
```

（4）恰如利用数据库的查询操作那样，也可以针对多列进行分组。

此后，我们便可以利用 groups 属性来了解所生成的数据组，以及每一组包含的行数：

```
wf_group = df.groupby(['Weather', 'Food'])
print "WF Groups", wf_group.groups
```

针对天气数据和食物数据的每一种可能的组合，都会为其生成一个新的数据组。每一行中的各个数据项都可以通过索引值引用，具体如下所示：

```
WF Groups {('hot', 'chocolate'): [3], ('cold', 'icecream'):
[2, 4], ('hot', 'icecream'): [5], ('hot', 'soup'): [1],
('cold', 'soup'): [0, 6]}
```

（5）通过 agg() 方法，可以对数据组施加一系列的 NumPy 函数：

```
print "WF Aggregated\n", wf_group.agg([np.mean, np.median])
```

显而易见，也可以施加更多的函数。不过，结果这样，它的输出结果会比下面的输出结果更乱：

```
WF Aggregated
                   Number          Price
                     mean  median      mean    median
Weather Food
cold    icecream        6       6  4.440063  4.440063
        soup            7       7  2.163119  2.163119
hot     chocolate       8       8  5.986585  5.986585
        icecream        3       3  1.559945  1.559945
        soup            5       5  9.507143  9.507143

[5 rows x 4 columns]
```

完整的数据聚合示例代码请参考 data_aggregation.py 文件，这个文件位于本书的代码包中：

```
import pandas as pd
from numpy.random import seed
from numpy.random import rand
from numpy.random import random_integers
import numpy as np

seed(42)

df = pd.DataFrame({'Weather' : ['cold', 'hot', 'cold', 'hot',
   'cold', 'hot', 'cold'],
   'Food' : ['soup', 'soup', 'icecream', 'chocolate',
   'icecream', 'icecream', 'soup'],
   'Price' : 10 * rand(7), 'Number' : random_integers(1, 9,
size=(7,))})
```

```
print df
weather_group = df.groupby('Weather')

i = 0

for name, group in weather_group:
  i = i + 1
  print "Group", i, name
  print group

print "Weather group first\n", weather_group.first()
print "Weather group last\n", weather_group.last()
print "Weather group mean\n", weather_group.mean()

wf_group = df.groupby(['Weather', 'Food'])
print "WF Groups", wf_group.groups

print "WF Aggregated\n", wf_group.agg([np.mean, np.median])
```

4.7 DataFrame 的串联与附加操作

数据库的数据表有内部连接和外部连接两种连接操作类型。实际上，pandas 的 DataFrame 也有类似的操作，因此我们也可以对数据行进行串联和附加。我们将使用前面章节中的 DataFrame 来练习数据行的串联与附加操作。下面首先选中前面 3 行数据：

```
print "df :3\n", df[:3]
```

下面来看输出的是否为前 3 行的内容：

```
df :3
       Food  Number     Price Weather
0      soup       8  3.745401    cold
1      soup       5  9.507143     hot
2  icecream       4  7.319939    cold
```

函数 concat()的作用是串联 DataFrame，如可以把一个由 3 行数据组成的 DataFrame 与其他数据行串接，以便重建原 DataFrame：

```
print "Concat Back together\n", pd.concat([df[:3], df[3:]])
```

串联后的效果如下所示：

```
Concat Back together
        Food  Number     Price Weather
0       soup       8  3.745401    cold
1       soup       5  9.507143     hot
2   icecream       4  7.319939    cold
3  chocolate       8  5.986585     hot
4   icecream       8  1.560186    cold
5   icecream       3  1.559945     hot
6       soup       6  0.580836    cold

[7 rows x 4 columns]
```

为了追加数据行，可以使用 append() 函数：

```
print "Appending rows\n", df[:3].append(df[5:])
```

我们得到的 DataFrame 的前3行数据来自原 DataFrame，后面两行数据是附加上的：

```
Appending rows
       Food  Number     Price Weather
0      soup       8  3.745401    cold
1      soup       5  9.507143     hot
2  icecream       4  7.319939    cold
5  icecream       3  1.559945     hot
6      soup       6  0.580836    cold

[5 rows x 4 columns]
```

4.8 连接 DataFrames

为演示连接操作，我们要用到两个 CSV 文件，即 dest.CSV 与 tips.CSV 文件。假设我们正在运营一家出租车公司，每当乘客在目的地下车后，我们就需要向 dest.csv 文件增加一行数据，内容为出租车司机的员工编号与目的地。

```
EmpNr,Dest
5,The Hague
3,Amsterdam
9,Rotterdam
```

有时，出租车司机会收到一些小费，因此我们希望把它登记到 tips.csv 文件中（这听起来好像不太现实，如果你有好的案例，请随时提供给我们）：

```
EmpNr,Amount
5,10
9,5
7,2.5
```

pandas 提供的 merge() 函数或 DataFrame 的 join() 实例方法都能实现类似数据库的连接操作功能。默认情况下，join() 实例方法会按照索引进行连接，不过，有时候这不符合我们的要求。使用关系型数据库查询语言（SQL）时，可以进行内部连接、左外连接、右外连接与完全外部连接等操作。

> **提示：**
> 对于内部连接，它将从两个数据表中选取数据，只要两个表中连接条件规定的列上存在相匹配的值，相应的数据就会被组合起来。对于外部连接，由于不要求进行匹配处理，所以将返回更多的数据。关于连接操作的进一步介绍，请参考下面的维基百科页面，具体地址为 http://en.wikipedia.org/wiki/Join_%28SQL%29.

虽然 pandas 支持所有的这些连接类型，限于篇幅，这里仅介绍内部连接与完全外部连接。

- 用 merge() 函数按照员工编号进行连接处理，如下所示：

```
print "Merge() on key\n", pd.merge(dests, tips, on='EmpNr')
```

下面给出内部连接的结果：

```
Merge() on key
   EmpNr         Dest  Amount
0      5  The Hague      10
1      9  Rotterdam       5

[2 rows x 3 columns]
```

- 用 join() 方法执行连接操作时，需要使用后缀来指示左操作对象和右操作对象：

```
print "Dests join() tips\n", dests.join(tips,
lsuffix='Dest', rsuffix='Tips')
```

这个方法会连接索引值，因此得到的结果与SQL内部连接会有所不同：

```
Dests join() tips
   EmpNrDest        Dest  EmpNrTips  Amount
0          5  The Hague          5    10.0
1          3  Amsterdam          9     5.0
2          9  Rotterdam          7     2.5

[3 rows x 4 columns]
```

- 用merge()执行内部连接时，更显式的方法如下所示：

```
print "Inner join with merge()\n", pd.merge(dests, tips,
how='inner')
```

输出内容如下所示：

```
Inner join with merge()
   EmpNr       Dest  Amount
0      5  The Hague      10
1      9  Rotterdam       5

[2 rows x 3 columns]
```

只要稍作修改，就可以变成完全外部连接：

```
print "Outer join\n", pd.merge(dests, tips, how='outer')
```

此外部连接操作增添了几行带有NaN值的数据：

```
Outer join
   EmpNr       Dest  Amount
0      5  The Hague    10.0
1      3  Amsterdam     NaN
2      9  Rotterdam     5.0
3      7        NaN     2.5

[4 rows x 3 columns]
```

如果使用关系型数据库的查询操作，这些数据都会被设为NULL。下面的演示代码取自本书代码包中的join_demo.py文件：

```
import pandas as pd
from numpy.random import seed
from numpy.random import rand
```

```
from numpy.random import random_integers
import numpy as np

seed(42)

df = pd.DataFrame({'Weather' : ['cold', 'hot', 'cold', 'hot',
   'cold', 'hot', 'cold'],
   'Food' : ['soup', 'soup', 'icecream', 'chocolate',
   'icecream', 'icecream', 'soup'],
   'Price' : 10 * rand(7), 'Number' : random_integers(1, 9,
size=(7,))})

print "df :3\n", df[:3]
print "Concat Back together\n", pd.concat([df[:3], df[3:]])

print "Appending rows\n", df[:3].append(df[5:])

dests = pd.read_csv('dest.csv')
print "Dests\n", dests

tips = pd.read_csv('tips.csv')
print "Tips\n", tips

print "Merge() on key\n", pd.merge(dests, tips, on='EmpNr')
print "Dests join() tips\n", dests.join(tips, lsuffix='Dest',
rsuffix='Tips')

print "Inner join with merge()\n", pd.merge(dests, tips,
how='inner')
print "Outer join\n", pd.merge(dests, tips, how='outer')
```

4.9 处理缺失数据问题

无论我们喜不喜欢，都会经常在数据记录中遇到空字段，所以我们最好接受这个现实，并且学习如何通过一种靠谱的方式来解决这种问题。现实中的数据不仅有遗漏的现象，而且其中的某些数据还可能是错误的，因为所有的测量设备都难免会出现故障。对于 pandas 来说，它会把缺失的数值标为 NaN，表示 None；还有一个类似的符号是 NaT，不过，它代表的是 datetime64 型对象。对 NaN 这个数值进行算术运算时，得到的结果还是 NaN。如果描述性统计学方法遇到这种值，如求和与求均值时，结果就不同了。就像我们在前面的例子中看到的那样，有时 NaN 被当成零值来进行处理。然而，在诸如求和之类的运算过程中，如果所有的数值都是 NaN，返回的结果仍然是 NaN。进行聚合操作时，我们组合的列内的 NaN 值会被忽略。下面我们会重新把 WHO_first9cols.csv 加载到一个 DataFrame 中。别忘了，这个文件中含有许多空白字段。这里只选取前 3 行数据，其中包括 Country 列与 Net primary school enrolment ratio male (%)列的标题，具体代码如下所示：

```
df = df[['Country', df.columns[-2]]][:2]
print "New df\n", df
```

这样，我们就得到一个包含两个 NaN 值的 DataFrame 数据结构，具体内容如下所示：

```
New df
       Country  Net primary school enrolment ratio male (%)
0  Afghanistan                                          NaN
1      Albania                                           94

[2 rows x 2 columns]
```

pandas 的 isnull()函数可以帮我们检查缺失的数据，使用方法如下所示：

```
print "Null Values\n", pd.isnull(df)
```

对于我们的 DataFrame，它的输出为：

```
Null Values
  Country Net primary school enrolment ratio male (%)
0   False                                        True
1   False                                       False
```

若要统计每一列中 NaN 值的数量，只要对 isnull()函数返回的布尔值进行求和即可。这种方法之所以奏效，是因为在求和的过程中 True 值被视作 1，而 False 值被视作 0 来对待：

```
Total Null Values
Country                                         0
Net primary school enrolment ratio male (%)    1
dtype: int64
```

类似地，可以用 DataFrame 的 notnull()方法来考察非缺失数据：

```
print "Not Null Values\n", df.notnull()
```

notnull()方法的返回结果与 isnull()函数的返回结果正好相反：

```
Not Null Values
  Country Net primary school enrolment ratio male (%)
0    True                                       False
1    True                                        True
```

如果一个 DataFrame 含有 NaN 值，那么将这个 DataFrame 中的值都乘 2 后，结果还是含有 NaN 值，因为乘 2 是一种算术运算：

```
print "Last Column Doubled\n", 2 * df[df.columns[-1]]
```

下面用 2 乘以含有数值的最后一列（字符串乘以 2 表示重复该字符串）：

```
Last Column Doubled
0    NaN
1    188
Name: Net primary school enrolment ratio male (%), dtype: float64
```

然而，如果加一个 NaN 值，NaN 值就会大获全胜：

```
print "Last Column plus NaN\n", df[df.columns[-1]] + np.nan
```

如你所见，现在变成 NaN 值的天下了：

```
Last Column plus NaN
0   NaN
1   NaN
Name: Net primary school enrolment ratio male (%), dtype: float64
```

通过 fillna()方法，可以用一个标量值（如 0）来替换缺失数据，尽管有时可以用 0 替换缺失数据，但是事情并不总是如此：

```
print "Zero filled\n", df.fillna(0)
```

执行上面的代码后，NaN 值就会被 0 替换：

```
Zero filled
       Country  Net primary school enrolment ratio male (%)
0  Afghanistan                                            0
1      Albania                                           94
```

以下代码选自本书代码包中的 missing_values.py 文件：

```
import pandas as pd
import numpy as np

df = pd.read_csv('WHO_first9cols.csv')
# Select first 3 rows of country and Net primary school enrolment
ratio male (%)
df = df[['Country', df.columns[-2]]][:2]
print "New df\n", df
print "Null Values\n", pd.isnull(df)
print "Total Null Values\n", pd.isnull(df).sum()
print "Not Null Values\n", df.notnull()
print "Last Column Doubled\n", 2 * df[df.columns[-1]]
print "Last Column plus NaN\n", df[df.columns[-1]] + np.nan
print "Zero filled\n", df.fillna(0)
```

4.10 处理日期数据

日期数据处理起来比较复杂，如 Y2K 问题、悬而未决的 2038 年问题以及时区问题等。虽然日期数据的处理很棘手，但是在处理时间序列数据时，这种数据是必不可少的。好在 pandas 可以帮我们确定日期区间、对时间序列数据重新采样以及对日期进行算术运算。

下面，我们设定一个自 1900 年 1 月 1 日开始为期 42 天的时间范围，具体如下：

```
print "Date range", pd.date_range('1/1/1900', periods=42,
freq='D')
```

当然，1 月肯定不足 42 天，因此结束日期位于 2 月，不信你可以检查一下：

```
Date range <class 'pandas.tseries.index.DatetimeIndex'>
[1900-01-01, ..., 1900-02-11]
Length: 42, Freq: D, Timezone: None
```

表 4-2 引用自 pandas 的官方文档，地址为 http://pandas.pydata.org/pandas-docs/stable/timeseries.html#offset-aliases，描述了 pandas 用的各种频率：

表 4-2

短码	说明
B	营业日频率
C	自定义营业日频率（试验性的）
D	日历日频率
W	周频率
M	月末频率
BM	营业月末频率
MS	月初频率
BMS	营业月初频率
Q	季末频率
BQ	营业季末频率
QS	季初频率
BQS	营业季初频率
A	年终频率
BA	营业年终频率
AS	年初频率
BAS	营业年初频率
H	小时频率
T	分钟频率
S	秒频率
L	毫秒
U	微秒

在 pandas 中，日期区间是有限制的。pandas 的时间戳基于 NumPy `datetime64` 类型，以纳秒（十亿分之一秒）为单位，并且用一个 64 位整数来表示具体数值。因此，日期有效的时间戳大体介于 1677 年至 2262 年这段时间范围内。当然，这些年份中也不是所有日期都是有效的。这个时间范围的精确中点应该是 1970 年 1 月 1 日。这样，1677 年 1 月 1 日就无法用 pandas 的时间戳定义，而 1677 年 9 月 30 日则可以，下面用代码进行说明：

```
try:
  print "Date range", pd.date_range('1/1/1677', periods=4,
freq='D')
except:
  etype, value, _ = sys.exc_info()
  print "Error encountered", etype, value
```

以上代码会得到如下所示的错误信息：

```
Date range Error encountered <class
'pandas.tslib.OutOfBoundsDatetime'> Out of bounds nanosecond
timestamp: 1677-01-01 00:00:00
```

根据前面的介绍，下面用 pandas 的 `DateOffset` 函数来计算允许的日期范围，如下所示：

```
offset = DateOffset(seconds=2 ** 63/10 ** 9)
mid = pd.to_datetime('1/1/1970')
print "Start valid range", mid - offset
print "End valid range", mid + offset'
```

结果如下所示：

```
Start valid range 1677-09-21 00:12:44
End valid range 2262-04-11 23:47:16
```

可以用 pandas 把一列字符串转换成日期数据，当然，并非所有的字符串都可以进行转换。当 pandas 无法对一个字符串进行转换时，就会报错。由于不同地区对日期的定义方式会有所不同，这时就会产生歧义。下面以格式串为例进行说明，具体如下所示：

```
print "With format", pd.to_datetime(['19021112', '19031230'],
format='%Y%m%d')
```

这两个字符串可以正确进行转换，所以不会报错：

```
With format [datetime.datetime(1902, 11, 12, 0, 0)
 datetime.datetime(1903, 12, 30, 0, 0)]
```

如果一个字符串明显不是日期，那么默认情况下是无法进行转换的：

```
print "Illegal date", pd.to_datetime(['1902-11-12', 'not a date'])
```

很明显，上面的第二个字符串是无法进行转换的：

```
Illegal date ['1902-11-12' 'not a date']
```

如果需要进行强制转换，必须把参数 coerce 设置为 True：

```
print "Illegal date coerced", pd.to_datetime(['1902-11-12', 'not a
date'], coerce=True)
```

显而易见，第二个字符串仍然无法转化为一个日期，所以最终得到的是一个非时间数据 NaT：

```
Illegal date coerced <class 'pandas.tseries.index.DatetimeIndex'>
[1902-11-12, NaT]
Length: 2, Freq: None, Timezone: None
```

下面的示例代码取自本书代码包中的 date_handling.py 文件：

```
import pandas as pd
import sys

print "Date range", pd.date_range('1/1/1900', periods=42,
freq='D')

try:
   print "Date range", pd.date_range('1/1/1677', periods=4,
freq='D')
except:
   etype, value, _ = sys.exc_info()
   print "Error encountered", etype, value

print pd.to_datetime(['1900/1/1', '1901.12.11'])

print "With format", pd.to_datetime(['19021112', '19031230'],
format='%Y%m%d')

print "Illegal date", pd.to_datetime(['1902-11-12', 'not a date'])
print "Illegal date coerced", pd.to_datetime(['1902-11-12', 'not a
date'], coerce=True)
```

4.11 数据透视表

熟悉 Excel 的读者都知道，数据透视表可以用来汇总数据。目前为止，本章中所见的 CSV 文件中的数据都是以平面文件的形式存放的。数据透视表可以从一个平面文件中指定的行和列中聚合数据，这种聚合操作可以是求和、求平均值、求标准差等运算。这里我们将再次用到前面 `data_aggregation.py` 的相关数据。由于 Pandas API 已经为我们提供了顶级 `pivot_table()`函数以及相应的 DataFrame 方法，所以，只要设置好 `aggfunc` 参数，就可以让这个聚合函数来执行 NumPy 中诸如 `sum()`之类的函数。参数 `cols` 用来告诉 pandas 要对哪些列进行聚合运算。下面针对 `Food` 列来创建一个数据透视表，具体如下所示：

```
print pd.pivot_table(df, cols=['Food'], aggfunc=np.sum)
```

我们得到的数据透视表包含了完整的食物数据项：

```
Food    chocolate   icecream      soup
Number   8.000000  15.000000  19.00000
Price    5.986585  10.440071  13.83338

 [2 rows x 3 columns]
```

以下代码取自本书代码包中的 `pivot_demo.py` 文件：

```
import pandas as pd
from numpy.random import seed
from numpy.random import rand
from numpy.random import random_integers
import numpy as np

seed(42)
N = 7
df = pd.DataFrame({
   'Weather' : ['cold', 'hot', 'cold', 'hot',
   'cold', 'hot', 'cold'],
   'Food' : ['soup', 'soup', 'icecream', 'chocolate',
   'icecream', 'icecream', 'soup'],
   'Price' : 10 * rand(N), 'Number' : random_integers(1, 9,
size=(N,))})

print "DataFrame\n", df
print pd.pivot_table(df, cols=['Food'], aggfunc=np.sum)
```

4.12 访问远程数据

pandas 模块甚至能够直接从各种互联网网站上检索计量经济学数据，这些可供下载的数据的种类繁多，有股票价格、期权价格，甚至宏观经济数据等。其中常用的网站有：

- 雅虎财经网站，地址 `http://finance.yahoo.com/`。
- 谷歌财经网，地址 `https://www.google.com/finance`。
- 美联储经济数据，地址 `http://research.stlouisfed.org/fred2/`。
- 肯尼思•弗伦奇数据库，地址 `http://mba.tuck.dartmouth.edu/pages/faculty /ken.french/data_library.html`。
- 世界银行集团，地址 `http://www.worldbank.org/`。

由于我们不是对所有这些计量经济学的数据都感兴趣，而是只想计算跨式期权（straddle）的价格，所以这里只从雅虎财经网站下载期权数据即可。

> **提示：**
> 期权是从其他诸如股票之类的金融证券衍生而来的金融合约。期权的基本类型包括看涨期权（calls）和看跌期权（puts）。看涨期权赋予我们买入标的资产的权力，如以事先敲定的价格（又称为履约价格）购买 IBM 的股票。看跌期权则恰恰相反，它赋予我们以特定的履约价格卖出标的资产的权力。

期权合约还涉及一个终止日期，过期后该合约便失去效力；关于有效期的规则非常复杂，一句话两句话很难解释清楚。如欲了解详情，请参考 Packt 出版的 *Python for Finance* 一书，作者为 Yuxing Yan。跨式期权是由终止日期相同的看涨期权和看跌期权组成的一个组合策略。对于跨式期权策略而言，通常选择平价（at-the-money）期权，即该期权的履约价格接近于当前的股票价格。这种期权策略是市场中性的，即股票价格上涨或者下跌都无关紧要。然而，要想获利，股票价格在有效期内的波动幅度必须大于看涨期权和看跌期权这两份期权的成本。换句话说，股票价格的波幅需要大于跨式期权的价格。因此。跨式期权的价格等于市场当前预期出现的价格波动幅度。

下例中，我们将忽略假日。可以利用 `https://stackoverflow.com/questions/9187215 /datetime-python-next-business-day` 介绍的方法手工检测某些节假日

正好是星期五。每年，市场会有两次是在星期五闭市，如耶稣受难日。为计算下一个星期五到期的 AAPL 跨式期权的价格，可执行下列步骤：

（1）导入 pandas 的 Options 类：

```
from pandas.io.data import Options
```

（2）定义如下所示的函数，用标准 Python 代码来确定下一个星期五的具体日期：

```
def next_friday():
    today = datetime.date.today()
    return today + datetime.timedelta( (4-today.weekday()) % 7 )
```

（3）对于跨式期权，需要用到价格接近当前股票价格的看涨期权和看跌期权，所以这个 AAPL 期权合约还有点问题。实际上，确定出履约价格与当前股票价格最接近的唯一的期权合约是不太可能的。不过，要想把这个问题讲清楚，需要非常专业的知识。安全起见，我们将选择最受欢迎的期权。根据定义，它们是具有最多未平仓合约的期权。

下面定义一个函数，来检索平价看涨期权或看跌期权：

```
def get_price(options, is_call, is_put):
    fri = next_friday()
    option_list = options.get_near_stock_price(above_below=1,
call=is_call, put=is_put, expiry=fri)[0]
    option =  option_list[option_list["Open Int"] == option_
list["Open Int"].max()]

    return option["Last"].values[0]
```

别忘了，期权不是看涨的，就是看跌的，所以 is_put 和 is_call 肯定是布尔变量。利用 pandas 提供的 Options 类的 get_near_stock_price()方法，可以计算出最接近当前股票价格的期权。在得到的 pandas 的 DataFrame 中，有个名为 Open Int 的列，它表示给定期权合约的受欢迎程度。可以利用 max()方法来取得最受欢迎的合约，这个 DataFrame 的列 last 给出了最新的成交价格。这正是我们所关心的那个价格，所以将其返回。

（4）为取自雅虎财经网站的 AAPL 数据创建一个 Options 对象：

```
options = Options('AAPL', "yahoo")
```

下面的代码片段比较简单，并且注释也非常详尽，完整的脚本详见本书代码包中的 price_straddle.py 文件：

```
from pandas.io.data import Options
import datetime

def next_friday():
    today = datetime.date.today()
    return today + datetime.timedelta( (4-today.weekday()) % 7 )

def get_price(options, is_call, is_put):
   fri = next_friday()
   option_list = options.get_near_stock_price(above_below=1, call=is_
call, put=is_put, expiry=fri)[0]
   option =  option_list[option_list["Open Int"] == option_list["Open
Int"].max()]

  return option["Last"].values[0]

def get_straddle():
   options = Options('AAPL', "yahoo")
   call =  get_price(options, True, False)
   put = get_price(options, False, True)

   return call + put

if __name__ == "__main__":
  print get_straddle()
```

4.13 小结

本章主要介绍了 pandas，它是 Python 的数据分析程序库。可以将本章看成是 pandas 功能特性与数据结构的基础入门材料。本章介绍了 pandas 各种类似关系型数据库数据表的功能，通过这些功能，可以高效地进行查询、聚合及其他数据操作。通过配合使用 NumPy 和 pandas，可以完成各种基本的统计分析任务。现在，你是不是觉得对于数据分析来说，有了 pandas 就万事俱备了呢？实际上，这还远远不够。

第 5 章“数据的检索、加工与存储”中将介绍更多的技巧，尽管有人可能认为那些工作不算是数据分析。实际上，凡是能够与数据分析扯上关系的东西，我们都需要关注。通常，进行数据分析时，并不是在人员配备齐全的团队中工作，所以没人来替我们检索和存储数据。但是，如果要想顺畅地完成数据分析流程，这些工作又是不可或缺的，所以第 5 章会对这些工作进行详尽的说明。

第 5 章 数据的检索、加工与存储

现实中，各种形式的数据随处可见。我们不仅可以从网络、电子邮件和 FTP 中取得数据，也可通过实验研究或者市场调查来获得数据。要想全面总结不同格式数据的获取方法，恐怕要占用大量的篇幅，不是几页就能讲全的。大部分情况下，数据在分析之前或之后都需要将其存储起来。关于数据的存储问题，本章也有讨论。第 8 章“应用数据库”将讲解各种数据库（关系数据库和 NoSQL 数据库）及其 API 的有关知识。本章探讨的主题如下所示。

- 利用 NumPy 和 pandas 对 CSV 文件进行写操作。
- 二进制 `.npy` 格式和 pickle 格式。
- 用 pandas 读写 Excel。
- JSON。
- REST web 服务。
- 解析 RSS 订阅（RSS feeds）。
- 抓取 Web 内容。
- 解析 HTML。
- 用 PyTables 存储数据。
- HDF5 pandas I/O。

5.1 利用 NumPy 和 pandas 对 CSV 文件进行写操作

前几章，我们学过读取 CSV 文件的内容，其实，对 CSV 文件进行写操作同样也很简单，只不过使用的函数和方法不同罢了。首先，生成一些数据，将来它们会以 CSV 格式保存。下面的代码给随机数生成器指定种子，并生成一个 3×4 的 NumPy 数组。

将一个数组元素的值设为 NaN：

```
np.random.seed(42)

a = np.random.randn(3, 4)
a[2][2] = np.nan
print a
```

上述代码打印输出的数组如下所示：

```
[[ 0.49671415 -0.1382643   0.64768854  1.52302986]
 [-0.23415337 -0.23413696  1.57921282  0.76743473]
 [-0.46947439  0.54256004         nan -0.46572975]]
```

NumPy 的 savetxt()函数是与 loadtxt()相对应的一个函数，它能以诸如 CSV 之类的区隔型文件格式保存数组。下面的代码可用来保存刚创建的那个数组：

```
np.savetxt('np.csv', a, fmt='%.2f', delimiter=',', header="
#1,  #2,  #3,  #4")
```

上面的函数调用中，我们规定了用以保存数组的文件的名称、数组、可选格式、间隔符（默认为空格符）和一个可选的标题。

提示：
有关格式参数的详细说明，请参考 http://docs.python.org/2/library/string.html#format-specification-mini-language。

通过编辑器，如在 Windows 系统上的 Notepad，或者 cat 命令，即 cat np.csv，可以查看刚才所建的 np.csv 文件的具体内容，具体如下所示：

```
# #1,  #2,  #3,  #4
0.50,-0.14,0.65,1.52
-0.23,-0.23,1.58,0.77
-0.47,0.54,nan,-0.47
```

利用随机数组来创建 pandas DataFrame，如下：

```
df = pd.DataFrame(a)
print df
```

就像你所看到的那样，pandas 会自动替我们给数据取好列名：

```
          0         1         2         3
0  0.496714 -0.138264  0.647689  1.523030
1 -0.234153 -0.234137  1.579213  0.767435
2 -0.469474  0.542560NaN -0.465730
```

利用 pandas 的 `to_csv()` 方法可以为 CSV 文件生成一个 DataFrame，代码如下：

```
df.to_csv('pd.csv', float_format='%.2f', na_rep="NAN!")
```

对于这个方法，我们需要提供文件名、类似于 NumPy 的 `savetxt()` 函数的格式化参数的可选格式串和一个表示 `NaN` 的可选字符串。`pd.csv` 文件的内容如下所示：

```
,0,1,2,3
0,0.50,-0.14,0.65,1.52
1,-0.23,-0.23,1.58,0.77
2,-0.47,0.54,NAN!,-0.47
```

下面的代码引自本书代码包中的 `writing_csv.py` 文件：

```
import numpy as np
import pandas as pd

np.random.seed(42)

a = np.random.randn(3, 4)
a[2][2] = np.nan
print a
np.savetxt('np.csv', a, fmt='%.2f', delimiter=',', header=" #1,
#2,  #3,  #4")
df = pd.DataFrame(a)
print df
df.to_csv('pd.csv', float_format='%.2f', na_rep="NAN!")
```

5.2 NumPy.npy 与 pandas DataFrame

大部分情况下，用 CSV 格式来保存文件是一个不错的主意，因为大部分程序设计语言和应用程序都能处理这种格式，所以交流起来非常方便。然而，这种格式有一个缺陷，就是它的存储效率不是很高，原因是 CSV 及其他纯文本格式中含有大量空白符；而后来发明的一些文件格式，如 zip、bzip 和 gzip 等，压缩率则有了显著提升。

以下代码取自本书代码包中的 `binary_formats.py` 文件，它对 NumPy`.npy` 和 pandas DataFrame 这两种格式的存储利用情况进行了比较：

```
import numpy as np
import pandas as pd
from tempfile import NamedTemporaryFile
from os.path import getsize

np.random.seed(42)
a = np.random.randn(365, 4)

tmpf = NamedTemporaryFile()
np.savetxt(tmpf, a, delimiter=',')
print "Size CSV file", getsize(tmpf.name)

tmpf = NamedTemporaryFile()
np.save(tmpf, a)
tmpf.seek(0)
loaded = np.load(tmpf)
print "Shape", loaded.shape
print "Size .npy file", getsize(tmpf.name)

df = pd.DataFrame(a)
df.to_pickle(tmpf.name)
print "Size pickled dataframe", getsize(tmpf.name)
print "DF from pickle\n", pd.read_pickle(tmpf.name)
```

NumPy 为自己提供了一种专用的格式，称为`.npy`，可以用于存储 NumPy 数组。在进一步说明这种格式之前，我们先来生成一个 365×4 的 NumPy 数组，并给各个元素填充上随机值。这个数组可以看成是一年中 4 个随机变量的每日观测值的模拟，如一个气象站内传感器测到的温度、湿度、降雨量和气压读数。这里，我们将使用 Python 标准的 `NamedTemporaryFile` 来存储数据，这些临时文件随后会自动删除。

下面将该数组存入一个 CSV 文件，并检查其大小，代码如下：

```
tmpf = NamedTemporaryFile()
np.savetxt(tmpf, a, delimiter=',')
print "Size CSV file", getsize(tmpf.name)
```

这个 CSV 文件的大小如下所示：

```
Size CSV file 36864
```

下面首先以 NumPy.npy 格式来保存该数组，随后载入内存，并检查数组的形状以及该.npy 文件的大小，具体代码如下所示：

```
tmpf = NamedTemporaryFile()
np.save(tmpf, a)
tmpf.seek(0)
loaded = np.load(tmpf)
print "Shape", loaded.shape
print "Size .npy file", getsize(tmpf.name)
```

为了模拟该临时文件的关闭与重新打开过程，我们在上面的代码中调用了 seek()函数。数组的形状以及文件大小如下所示：

```
Shape (365, 4)
Size .npy file 11760
```

不出所料，.npy 文件的大小只有 CSV 文件的 1/3 左右。实际上，利用 Python 可以存储任意复杂的数据结构。也可以序列化格式来存储 pandas 的 DataFrame 或者 Series 数据结构。

提示：

在 Python 中，pickle 是将 Python 对象存储到磁盘或其他介质时采用的一种格式，这个格式化的过程叫做序列化(pickling)。之后，我们可以从存储器中重建该 Python 对象，这个逆过程称为反序列化（unpickling），详情请参考 http://docs.python.org /2/library/pickle.html 页面。序列化技术经过多年的发展，已经出现了多种 pickle 协议。当然，并非所有的 Python 对象都能够序列化；不过，借助诸如 dill 之类的模块，可以将更多种类的 Python 对象序列化。如有可能，最好使用 cPickle 模块（标准 Python 发行版中都含有此模块），因为它是由 C 语言编写的，所以运行起来会更快一些。

首先用前面生成的 NumPy 数组创建一个 DataFrame，接着用 to_pickle（）方法将其写入一个 pickle 对象中，然后用 `read_pickle ()` 函数从这个 pickle 对象中检索该 `DataFrame`:

```
df = pd.DataFrame(a)
df.to_pickle(tmpf.name)
print "Size pickled dataframe", getsize(tmpf.name)
print "DF from pickle\n", pd.read_pickle(tmpf.name)
```

该 `DataFrame` 经过序列化后，尺寸略大于 `.npy` 文件，这一点我们通过下列代码进行确认：

```
Size pickled dataframe 14991
DF from pickle
           0         1         2         3
0   0.496714 -0.138264  0.647689  1.523030
[TRUNCATED]
59 -2.025143  0.186454 -0.661786  0.852433
         ...       ...       ...       ...

[365 rows x 4 columns]
```

5.3 使用 PyTables 存储数据

层次数据格式（Hierarchical Data Format，HDF）是一种存储大型数值数据的技术规范，起源于超级计算社区，目前已经成为一种开放的标准。本书将使用 HDF 的最新版本，也就是 HDF5，该版本仅仅通过组（group）和数据集（dataset）这两种基本结构来组织数据。数据集可以是同类型的多维数组，而组可以用来存放其他组或者数据集。也许你已经发现了，这里的“组”跟层次式文件系统中的“目录”非常像。

HDF5 最常见的两个主要 Python 程序库是：

- h5y。
- PyTables。

本例中使用的是 PyTables。不过，这个程序库需要用到一些依赖项，比如：

- NumPy：第 1 章“Python 程序库入门”中已经安装好了 NumPy。
- numexpr：该程序包在计算包含多种运算的数组表达式时，其速度要比 NumPy 快许多倍。

- HDF5。

> **提示：**
> 如果使用HDF5的并行版本，则还需要安装MPI。HDF5可以从`http://www.hdfgroup.org/HDF5/release/ obtain5.html`页面下载，然后运行下列命令进行安装。这个安装过程，可能需要几分钟的时间。具体命令如下所示：
>
> ```
> $ gunzip < hdf5-X.Y.Z.tar.gz | tar xf -
> $ cd hdf5-X.Y.Z
> $ make
> $ make install
> ```

一般情况下，我们使用的程序包管理器都会提供HDF5，不过，最好还是选择目前最新的稳定版本（stable version）。截至编写本书期间为止，最新的版本号是1.8.12。

据Numexpr自称，它在某些方面的运算速度要比NumPy快得多，因为它支持多线程，并且自己的虚拟机是C语言实现的。此外，`PyPi`也提供了Numexpr和PyTables，所以我们可以利用`pip`命令来安装它们，具体如下所示：

```
$ pip install numexpr
$ pip install tables
```

通过下面的命令，可以查看软件的版本号：

```
$ pip freeze|grep tables
tables==3.1.1
$ pip freeze|grep numexpr
numexpr==2.4
```

此外，我们需要生成一些随机数，并用它们来给一个NumPy数组赋值。下面创建一个HDF5文件，并把这个NumPy数组挂载到根节点上，代码如下所示：

```
tmpf = NamedTemporaryFile()
h5file = tables.openFile(tmpf.name, mode='w', title="NumPy Array")
root = h5file.root
h5file.createArray(root, "array", a)
h5file.close()
```

读取这个 HDF5 文件，并显示文件大小，代码如下所示：

```
h5file = tables.openFile(tmpf.name, "r")
print getsize(tmpf.name)
```

我们看到，文件大小为 13824。在读取一个 HDF5 文件并获得该文件的句柄后，就可以通过常规方式来遍历文件，从而找到我们所需的数据；由于这里只有一个数据集，所以遍历起来非常简单。下面的代码将通过 `iterNodes()` 和 `read()` 方法取回 NumPy 数组：

```
for node in h5file.iterNodes(h5file.root):
  b = node.read()
  print type(b), b.shape
```

该数据集的形状和类型果然不出我们所料，见下：

```
<type 'numpy.ndarray'> (365, 4)
```

以下代码取自本书代码包中的 `hf5storage.py` 文件：

```
import numpy as np
import tables
from tempfile import NamedTemporaryFile
from os.path import getsize

np.random.seed(42)
a = np.random.randn(365, 4)

tmpf = NamedTemporaryFile()
h5file = tables.openFile(tmpf.name, mode='w', title="NumPy Array")
root = h5file.root
h5file.createArray(root, "array", a)
h5file.close()

h5file = tables.openFile(tmpf.name, "r")
print getsize(tmpf.name)

for node in h5file.iterNodes(h5file.root):
  b = node.read()
  print type(b), b.shape

h5file.close()
```

5.4 Pandas DataFrame与HDF5仓库之间的读写操作

HDFStore类可以看作是pandas中负责HDF5数据处理部分的一种抽象。借助一些随机数据和临时文件，可以很好地展示这个类的功能特性，具体步骤如下所示：

将临时文件的路径传递给HDFStore的构造函数，然后创建一个仓库：

```
store = pd.io.pytables.HDFStore(tmpf.name)
print store
```

上述代码将打印输出该仓库的文件路径及其内容，不过，此刻它还没有任何内容：

```
<class 'pandas.io.pytables.HDFStore'>
File path:
/var/folders/k_/xx_xz6xj0hx627654s3vld440000gn/T/tmpfmwPPB
Empty
```

HDFStore提供了一个类似字典类型的接口，如我们可以通过pandas中DataFrame的查询键来存储数值。为了将包含随机数据的一个DataFrame存储到HDFStore中，可以使用下列代码：

```
store['df'] = df
print store
```

现在，该仓库存放了如下所示的数据：

```
<class 'pandas.io.pytables.HDFStore'>
File path:
/var/folders/k_/xx_xz6xj0hx627654s3vld440000gn/T/tmpfwyLIN
/df             frame           (shape->[365,4])
```

我们可以通过三种方式来访问DataFrame，分别是：使用get()方法访问数据，利用类似字典的查询键访问数据，或者使用点运算符号来访问数据。下面分别进行演示：

```
print "Get", store.get('df').shape
print "Lookup", store['df'].shape
print "Dotted", store.df.shape
```

该DataFrame的形状同样也可以通过3种不同的方式进行访问：

```
Get (365, 4)
Lookup (365, 4)
Dotted (365, 4)
```

为了删除仓库中的数据，我们既可以使用 remove()方法，也可以使用 del 运算符。当然，每个数据项只能删除一次。下面我们从仓库删除 DataFrame，具体代码如下所示：

```
del store['df']
print "After del\n", store
```

这个仓库再次变空：

```
After del
<class 'pandas.io.pytables.HDFStore'>
File path:
/var/folders/k_/xx_xz6xj0hx627654s3vld440000gn/T/tmpR6j_K5
Empty
```

属性 is_open 的作用是指出仓库是否处于打开状态。为了关闭一个仓库，可以调用 close()方法。下面代码展示了关闭仓库的方法，并针对仓库的状态进行了相应的检查：

```
print "Before close", store.is_open
store.close()
print "After close", store.is_open
```

一旦关闭，该仓库就会退出打开状态，见下：

```
Before close True
After close False
```

为读写 HDF 数据，pandas 还提供了两种方法：一种是 DataFrame 的 to_hdf()方法；另一种是顶级的 read_hdf()函数。下面示例代码展示了调用 to_hdf()方法读取数据的过程：

```
df.to_hdf(tmpf.name, 'data', format='table')
print pd.read_hdf(tmpf.name, 'data', where=['index>363'])
```

用于读写操作的应用程序接口的参数包括：文件路径、仓库中组的标识符以及可选的格式串。这里的格式有两种：一种是固定格式；一种是表格格式。固定格式的优点是速度要更快一些，缺点是无法追加数据，也不能进行搜索。表格格式相当于 PyTables 的 Table

结构，可以对数据进行搜索和选择操作。下面是通过查询 DataFrame 得到的数据：

```
            0         1         2         3
364  0.753342  0.381158  1.289753  0.673181

[1 rows x 4 columns]
```

以下代码取自本书代码包中的 pd_hdf.py 文件：

```
import numpy as np
import pandas as pd
from tempfile import NamedTemporaryFile

np.random.seed(42)
a = np.random.randn(365, 4)

tmpf = NamedTemporaryFile()
store = pd.io.pytables.HDFStore(tmpf.name)
print store

df = pd.DataFrame(a)
store['df'] = df
print store

print "Get", store.get('df').shape
print "Lookup", store['df'].shape
print "Dotted", store.df.shape

del store['df']
print "After del\n", store

print "Before close", store.is_open
store.close()
print "After close", store.is_open

df.to_hdf(tmpf.name, 'data', format='table')
print pd.read_hdf(tmpf.name, 'data', where=['index>363'])
```

5.5 使用 pandas 读写 Excel 文件

现实生活中，许多重要数据都是以 Excel 文件的形式存放的。当然，如果需要，也可以将其转换为可移植性更高的诸如 CSV 之类的格式。不过，利用 Python 来操作 Excel 文件会更加方便。在 Python 的世界里，为实现同一目标的项目通常不止一个，如提供 Excel I/O 操作功能的项目就是如此。只要安装了这些模块，就能让 pandas 具备读写 Excel 文件的能力，只是这些方面的说明文档不是很完备，其原因是 pandas 依赖的这些项目往往各自为战，并且发展极为迅猛。这些 pandas 程序包对于 Excel 文件也很挑剔，要求这些文件的后缀必须是`.xls`或者`.xlsx`；否则就会报错：

```
ValueError: No engine for filetype:''
```

好在这个问题非常容易解决，举例来说，当创建一个临时文件时，只提供合适的后缀即可。如果需要的多个模块一个都没有安装的话，就会收到如下所示的错误信息：

```
ImportError: No module named openpyxl.workbook
```

只要用下面的命令安装 openpyxl，就可以杜绝这样的错误提示；具体命令如下：

```
$ pip install openpyxl
```

通过下面的命令，可以查看软件版本情况：

```
$ pip freeze|grep openpyxl
openpyxl==2.0.3
```

模块 openpyxl 源于 PHPExcel，它提供了针对`.xlsx`文件的读写功能。

小技巧：

如果由于某种原因，无法使用`pip install`命令安装模块，就可以参考`http://pythonhosted.org/openpyxl/`页面上介绍的其他安装方式。

如果安装 openpyxl 后仍然遇到如下所示的错误提示：

```
ImportError: No module named style
```

则需要进一步安装 xlsxwriter，方法如下：

```
$ pip install xlsxwriter
```

同样，也可以查看 xlsxwriter 的版本，笔者安装的是 0.5.5 版本。

此外，模块 xlsxwriter 也需要读取`.xlsx`文件，所以我们很可能会看到如下所示的错误提示：

```
ImportError: No module named xlrd
```

这个模块也可以利用 pip 命令进行安装，具体如下：

```
$ pip install xlrd
$ pip freeze|grep xlrd
xlrd==0.9.3
```

模块 xlrd 能用来析取.xls 和.xlsx 文件中的数据。下面，我们先来生成用于填充 pandas 中 DataFrame 的随机数，然后用这个 DataFrame 创建一个 Excel 文件，接着再用 Excel 文件重建 DataFrame，并通过 mean()方法来计算其平均值。对于 Excel 文件的工作表，我们既可以为其指定一个从 0 开始计数的索引，也可以为其规定一个名称。以下代码取自本书代码包中的 pd_xls.py 文件：

```
import numpy as np
import pandas as pd
from tempfile import NamedTemporaryFile

np.random.seed(42)
a = np.random.randn(365, 4)

tmpf = NamedTemporaryFile(suffix='.xlsx')
df = pd.DataFrame(a)
print tmpf.name
df.to_excel(tmpf.name, sheet_name='Random Data')
print "Means\n", pd.read_excel(tmpf.name, 'Random Data').mean()
```

通过 to_excel()方法创建 Excel 文件，具体如下所示：

```
df.to_excel(tmpf.name, sheet_name='Random Data')
```

下面使用顶级 read_excel()函数来重建 DataFrame，代码如下：

```
print "Means\n", pd.read_excel(tmpf.name, 'Random Data').mean()
```

下面输出平均值：

```
/var/folders/k_/xx_xz6xj0hx627654s3vld440000gn/T/tmpeBEfnO.xlsx
Means
0   0.037860
1   0.024483
```

```
2    0.059836
3    0.058417
dtype: float64
```

5.6 使用 REST Web 服务和 JSON

表述性状态转移（Representational State Transfer，REST）Web 服务采用的是 REST 架构风格（详情请参考 http://en.wikipedia.org/wiki/Representational_state_transfer）。对于 HTTP（S）来说，可以使用 **GET**、**POST**、**PUT** 和 **DELETE** 方法，这些方法对应数据项的创建、请求、更新及删除操作。

使用 REST 风格的 API 时，数据项是通过诸如 http://example.com/resources 或者 http://example.com/resources/item42 之类的统一资源标识符（URI）进行标识的。虽然 REST 并非官方标准，但是其应用极为广泛，所以我们必须对它进行深入了解。Web 服务经常使用 **JavaScript 对象表示法（JavaScript Object Notation，JSON）**来交换数据；要想了解 JSON 的详细信息，请参考 http://en.wikipedia.org/wiki/JSON。使用这种格式时，数据会按照 JavaScript 表示法的要求进行加工。这种表示法类似于 Python 的列表和字典的语法。利用 JSON，通过组合列表和字典，可以定义任意复杂的数据。为了解释这一点，我们将使用一个相当于字典类型的 JSON 字符串为例进行说明，这个字符串用来提供某 IP 地址的地理位置信息。


```
{"country":"Netherlands","dma_code":"0","timezone":"Europe\/Amsterdam
","area_code":"0","ip":"46.19.37.108","asn":"AS196752","continent_cod
e":"EU","isp":"Tilaa
V.O.F.","longitude":5.75,"latitude":52.5,"country_code":"NL","country
_code3":"NLD"}
```

提示：

可以从 http://www.telize.com/geoip/46.19.37.108 页面获取这些数据。

以下是取自 json_demo.py 文件中的代码：

```
import json

json_str = '{"country":"Netherlands","dma_
code":"0","timezone":"Europe\/Amsterdam","area_code":"0","ip":"46.1
9.37.108","asn":"AS196752","continent_code":"EU","isp":"Tilaa V.O.
```

```
F.","longitude":5.75,"latitude":52.5,"country_code":"NL","country_
code3":"NLD"}'

data = json.loads(json_str)
print "Country", data["country"]
data["country"] = "Brazil"
print json.dumps(data)
```

Python 为我们提供了一个简单易用的标准 JSON API。下面展示用 `loads()`函数来解析 JSON 字符串：

```
data = json.loads(json_str)
```

下列代码可以用来访问变量 `country` 的值：

```
print "Country", data["country"]
```

上面代码的输出结果为：

```
Country Netherlands
```

修改变量 `country` 的取值，并利用该新 JSON 数据来创建一个字符串：

```
data["country"] = "Brazil"
printjson.dumps(data)
```

得到的这个 JSON 的 `country` 变量具有一个新值。与字典类似，这里数据项之间的顺序是任意的：


```
{"longitude": 5.75, "ip": "46.19.37.108", "isp": "Tilaa V.O.F.",
"area_code": "0", "dma_code": "0", "country_code3": "NLD",
"continent_code": "EU", "country_code": "NL", "country": "Brazil",
"latitude": 52.5, "timezone": "Europe/Amsterdam", "asn": "AS196752"}
```


5.7　使用 pandas 读写 JSON

利用上面例子中的 JSON 字符串，可以轻而易举地创建一个 pandas `Series`。pandas 提供的 `read_json()`函数，可以用来创建 pandas `Series` 或者 pandas `DataFrame` 数据结构。

以下示例代码取自本书代码包中的 pd_json.py 文件：

```
import pandas as pd
json_str = '{"country":"Netherlands","dma_
code":"0","timezone":"Europe\/Amsterdam","area_code":"0","ip":"46.1
9.37.108","asn":"AS196752","continent_code":"EU","isp":"Tilaa V.O.
F.","longitude":5.75,"latitude":52.5,"country_code":"NL","country_
code3":"NLD"}'

data = pd.read_json(json_str, typ='series')
print "Series\n", data

data["country"] = "Brazil"
print "New Series\n", data.to_json()
```

调用 read_json() 函数时，既可以向其传递一个 JSON 字符串，也可以为其指定一个 JSON 文件的路径。上面的例子中，我们是利用 JSON 字符串来创建 pandas Series 的：

```
data = pd.read_json(json_str, typ='series')
print "Series\n", data
```

在得到的 Series 中，键是按字母顺序排列的：

```
Series
area_code                   0
asn                  AS196752
continent_code             EU
country           Netherlands
country_code               NL
country_code3             NLD
dma_code                    0
ip               46.19.37.108
ispTilaa V.O.F.
latitude                 52.5
longitude                5.75
timezone     Europe/Amsterdam
dtype: object
```

再次修改 country 的值，并用 to_json() 方法将其从 pandas Series 转换成 JSON 字符串：

```
data["country"] = "Brazil"
print "New Series\n", data.to_json()
```

在这个新JSON字符串中，键的顺序被保留了下来，不过，country的值却变了：

```
New Series
{"area_code":"0","asn":"AS196752","continent_code":"EU","country":"Br
azil","country_code":"NL","country_code3":"NLD","dma_code":"0","ip":"
46.19.37.108","isp":"Tilaa
V.O.F.","latitude":52.5,"longitude":5.75,"timezone":"Europe\/Amsterda
m"}
```

5.8　解析RSS和Atom订阅

简易信息聚合（**Really Simple Syndication，RSS**）和Atom订阅常用于订阅博客和新闻，详细定义请参考http://en.wikipedia.org/wiki/RSS。虽然这两种订阅的类型不同，却都遵循发布订阅模式。比如，Packt出版公司网站就提供了书籍和文章方面的订阅功能，只要用户订阅后，就能与网站内容的最新更新保持同步。在Python的feedparser模块的帮助下，我们无需了解相关的技术细节，就能处理RSS和Atom订阅。要想安装这个feedparser模块，可以使用下列pip命令：

```
$ sudo pip install feedparser
$ pip freeze|grep feedparser
feedparser==5.1.3
```

解析完RSS文件后，就可以通过句点来访问基础数据了。下面代码将解析Packt Publishing网站的订阅源，并打印内容数量：

```
import feedparser as fp

rss = fp.parse("http://www.packtpub.com/rss.xml")

print "# Entries", len(rss.entries)
```

内容的数量如下所示，不过，每次运行程序时该数字都可能发生变化：

```
# Entries 50
```

可以显示含有Python这个单词的条目的标题和摘要，代码如下所示：

```
for i, entry in enumerate(rss.entries):
    if "Python" in entry.summary:
        print i, entry.title
        print entry.summary
```

就本次运行而言，结果如下所示。需要注意的是，运行该代码时，内容会有所不同；如果过滤条件限制太严格，还可能一条符合要求的内容也没有。

```
42 Create interactive plots with matplotlib using Pack&#039;t new
book and eBook
About the author: Alexandre Devert is a scientist. He is an
enthusiastic Python coder as well and never gets enough of it! He
used to teach data mining, software engineering, and research in
numerical optimization.
Matplotlib is part of the Scientific Python modules collection. It
provides a large library of customizable plots and a comprehensive
set of backends. It tries to make easy things easy and make hard
things possible. It can help users generate plots, add dimensions to
plots, and also make plots interactive with just a few lines of code.
Also, matplotlib integrates well with all common GUI modules.
```

以下代码取自本书代码包中的 rss.py 文件：

```
import feedparser as fp

rss = fp.parse("http://www.packtpub.com/rss.xml")

print "# Entries", len(rss.entries)

for i, entry in enumerate(rss.entries):
   if "Python" in entry.summary:
      print i, entry.title
      print entry.summary
```

5.9 使用 Beautiful Soup 解析 HTML

超文本标记语言（Hypertext Markup Language，HTML）是用于创建网页文档的一种基础性技术。HTML 由各种元素组成，而这些元素是由尖括号中的所谓标签组成的，如 <html>。标签通常是成对出现的，标签对中的第一个标签是开始标签，第二个标签是结束标签，这些标签以树状结构组织在一起。HTML 的相关规范草案于 1991 年由 Berners-Lee 公布，当时仅仅包括 18 个 HTML 元素。HTML 的正式定义出现在 1993 年，是由**国际互联网工程任务组（Internet Engineering Task Force，IETF）**颁布的。1995 年，IETF 发布 HTML 2.0 标准；2013 年，又发行了最新的 HTML 版本，即 HTML5。与 XHTML 和 XML 比较，HTML 不是一个非常严格的标准。

我们知道，现代浏览器容错性已经有了长足进步，另一方面，这也为Web页面中不符合标准的非结构化数据的滋生提供了温床。我们不仅可以将HTML视为一个硕大的字符串，同时，还可以运用正则表达式对其执行各种字符串操作。不过，这种方法仅适用于比较简单的项目。

工作中，我曾经接触过专业级别的网络信息搜集项目，经验证明我们需要更加先进的方法。在现实世界中，有时需要以编程的方式来提交 HTML 表单，尤其是在登录、切换页面和处理 Cookie 时。当我们从网页上抓取数据时，常见的问题是我们无法完全控制所抓取的页面，因此经常需要修改自己的代码。此外，有些网站的所有者不喜欢别人以编程的方式访问其内容，所以他们会处心积虑地设置各种障碍，有的甚至直接禁用这种访问方式。考虑到这些因素，我们应该优先考虑诸如 REST API 之类的信息搜集方法。

若结果只能通过抓取页面的方式来搜集信息，建议使用 Python 的 Beautiful Soup API。这个应用程序接口不仅可以从 HTML 文件中抽取数据，同时还支持 XML 文件。对于新的项目来说，建议使用 Beautiful Soup 4，因为 Beautiful Soup 3 目前已经停止开发了。可以使用如下所示的命令来安装 Beautiful Soup 4；`easy_install` 命令的用法与此类似：

```
$ pip install beautifulsoup4
$ pip freeze|grep beautifulsoup
beautifulsoup4==4.3.2
```

提示：

在 Debian 和 Ubuntu 系统中，该程序包的名称是 `python-bs4`。此外，还可以直接从 http://www.crummy.com/software/BeautifulSoup/download/4.x/下载软件的源代码，解压缩后，切换至源代码所在目录，这样就可以通过下面的命令来安装 Beautiful Soup 了：

```
$ python setup.py install
```

如果这种方法行不通，还可以把自己的代码跟 Beautiful Soup 直接封装到一起。为了演示如何解析 HTML，本书的方代码包中提供了一个名为 `loremIpsum.html` 的页面文件，该文件是 http://loripsum.net/的生成程序制作的。此后，我们对这个文件进行了一些修改。

文件的内容取自公元前一世纪西塞罗的拉丁文作品，这是创建网站模型的一种惯用形式。

图 5-1 中显示的是网页的上面部分：

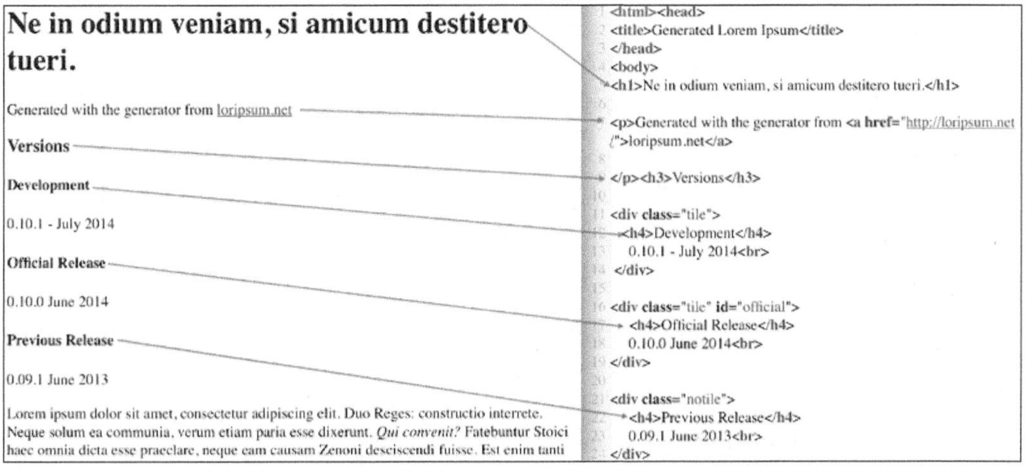

图 5-1

本例中用的工具是 Beautiful Soup 4 和 Python 常规的正则表达式程序库：

下面代码的作用是导入程序库：

```
from bs4 import BeautifulSoup
import re
```

然后打开 HTML 文件，并新建一个 `BeautifulSoup` 对象，具体代码如下所示：

```
soup = BeautifulSoup(open('loremIpsum.html'))
```

通过使用句点标记法，可以方便地访问第一个`<div>`元素，这个元素的作用是组织元素，并提供样式。访问第一个 `div` 元素的代码如下所示：

```
print "First div\n", soup.div
```

输出内容是一个 HTML 片段，其中可以看到第一个`<div>`标签及其所含内容：

```
First div
<div class="tile">
<h4>Development</h4>
    0.10.1 - July 2014<br/>
</div>
```

提示：

对于这个 div 元素来说，其类属性的值为 tile，这个属性的作用是为该元素指定 CSS 样式。**层叠样式表（Cascading Style Sheets，CSS）**是一种描述网页元素样式的语言。由于通过 CSS 类可以方便地控制 Web 页面的外观，因此 CSS 规范的应用极为广泛。有了 CSS，我们可以方便地定义元素的布局、字体和颜色，这对于内容和外观的隔离帮助很大。而内容和外观的隔离，又让设计工作变得更加简单、清晰。

我们可以像访问字典那样来访问标签的属性，下面以输出`<div>`标签的类属性的值为例进行说明：

```
print "First div class", soup.div['class']
First div class ['tile']
```

利用点号，可以访问任意深度的元素。下面以输出首个`<dfn>`标签中的文本为例进行说明：

```
print "First dfn text", soup.dl.dt.dfn.text
```

输出的是一行拉丁文字：

```
First dfn text Quareattende, quaeso.
```

有时，我们只对 HTML 页面中的超链接感兴趣，如我们可能只想知道哪些页面具有外向链接。在 HTML 文档中，链接是用`<a>`标签定义的，通过这个标签的 `href` 属性，就能找到外向链接的 URL。`BeautifulSoup` 类中有一个简单易用的 `find_all()`方法，后面将会经常用到；通过这个方法，我们可以找到文档中所有的超链接。

```
for link in soup.find_all('a'):
      print "Link text", link.string, "URL", link.get('href')
```

这里，我们从文档中找到了 3 个 URL 相同但文字相异的链接，如下所示：

```
Link text loripsum.net URL http://loripsum.net/
Link text Potera tautem inpune; URL http://loripsum.net/
Link text Is es profecto tu. URL http://loripsum.net/
```

`Find_all()`方法就介绍到这里，下面演示如何访问所有`<div>`标签中的内容：

```
for i, div in enumerate(soup('div')):
   print i, div.contents
```

属性 contents 中存放的是一个 HTML 元素列表：

```
0 [u'\n', <h4>Development</h4>, u'\n     0.10.1 - July
2014', <br/>, u'\n']
1 [u'\n', <h4>Official Release</h4>, u'\n     0.10.0 June
2014', <br/>, u'\n']
2 [u'\n', <h4>Previous Release</h4>, u'\n     0.09.1 June
2013', <br/>, u'\n']
```

为了便于查找，每个标签的 ID 都是唯一的。下面的代码将选取 ID 为 official 的那个<div>元素，并打印输出第 3 个元素：

```
official_div = soup.find_all("div", id="official")
print "Official Version",
official_div[0].contents[2].strip()
```

许多页面都是根据访问者的输入或者外部数据即时生成的，网上购物网站上的页面尤其如此。当我们跟动态网站打交道时，必须牢记所有标签的属性值随时都可能发生变化。对于大型网站来说，自动生成的 ID 会产生一个大型的字母数字字符串。因此，这时最好不要使用完全匹配方式进行查找，而要使用正则表达式。下面介绍如何通过模式匹配进行查找。上面的代码片段输出的内容是，在某个网站上查找一款软件产品时所返回的版本号和月份。

```
Official Version 0.10.0 June 2014
```

我们知道，class 是 Python 编程语言中的一个关键字。为查询标签的类属性，必须使用 class_ 作为匹配符。下面展示如何求已经定义了类属性的<div>标签的数量：

```
print "# elements with class",
len(soup.find_all(class_=True))
```

如你期望的那样，我们找到了 3 个标签：

```
# elements with class 3
```

下面计算带有“tile”类的<div>标签的数目：

```
tile_class = soup.find_all("div", class_="tile")
print "# Tile classes", len(tile_class)
```

实际上，文档中存在两个含有 tile 类的<div>标签，以及一个含有 notile 类的<div>标签，因此：

```
# Tile classes 2
```

下面定义一个匹配所有<div>标签的正则表达式：

```
print "# Divs with class containing tile",
len(soup.find_all("div", class_=re.compile("tile")))
```

这次找到了 3 个符合要求的标签：

```
# Divs with class containing tile 3
```

使用 CSS 时，可以利用模式来匹配文档中的元素，这些模式通常称为 CSS 选择器，相关说明文档请参考 http://www.w3.org/TR/selectors/。可以利用 BeautifulSoup 类提供的 CSS 选择器来选择页面元素。通过 select()函数，可以匹配带有 notile 类的<div>元素，如下所示：

```
print "Using CSS selector\n", soup.select('div.notile')
```

下面是输出内容：

```
Using CSS selector
[<div class="notile">
<h4>Previous Release</h4>
  0.09.1 June 2013<br/>
</div>]
```

HTML 有序列表看起来与项目编号列表非常接近，由一个<ol>标签和若干<li>标签组成，其中每个列表项对应一个<li>标签。就像 Python 的列表一样，select()函数返回的内容也可以进行切分。图 5-2 展示了有序列表。

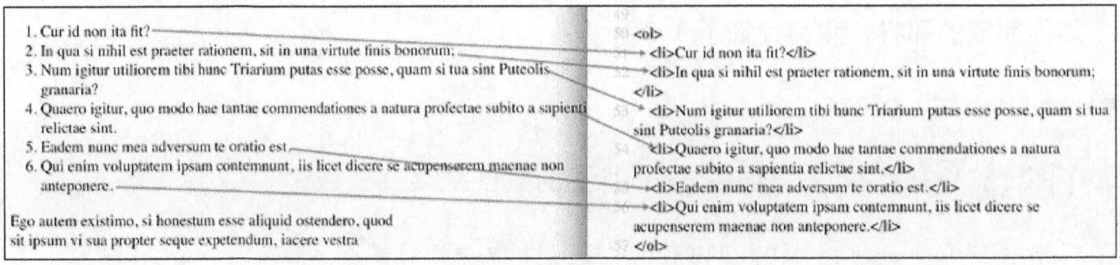

图 5-2

下面的代码将选择有序列表中的前两项内容：

```
print "Selecting ordered list list items\n",
soup.select("ol> li")[:2]
```

这两个列表项的内容如下所示：

```
Selecting ordered list list items
[<li>Cur id non ita fit?</li>, <li>In qua
si nihil est praeter rationem, sit in una virtute finis
bonorum;</li>]
```

利用 CSS 选择器的袖珍型语言，可以选择第二个列表项。注意，这里是从 1.开始算起的。具体代码如下所示：

```
print "Second list item in ordered list",
soup.select("ol>li:nth-of-type(2)")
```

下面是列表中的第二项内容，翻译成英语，大意是 “In which, if there is nothing contrary to reason, let him be the power of the end of the good things in one”：

```
Second list item in ordered list [<li>In qua
si nihil est praeter rationem, sit in una virtute finis
bonorum;</li>]
```

当用浏览器阅览页面时，可以通过特定的正则表达式来检索匹配的文本节点。下列的代码展示了如何借助 `text` 属性来找出所有包含字符串“`2014`”的文本节点：

```
print "Searching for text string",
soup.find_all(text=re.compile("2014"))
```

得到的文本节点如下所示：

```
Searching for text string [u'\n    0.10.1 - July 2014',
u'\n     0.10.0 June 2014']
```

上面对 `BeautifulSoup` 类的功能做了简要介绍，此外，Beautiful Soup 还能用于修改 HTML 和 XML 文档。它不仅能够用来排错，还能美化打印效果，以及处理不同的字符集。下面的示例代码取自 `soup_request.py` 文件：

```
from bs4 import BeautifulSoup
```

```
import re

soup = BeautifulSoup(open('loremIpsum.html'))

print "First div\n", soup.div
print "First div class", soup.div['class']

print "First dfn text", soup.dl.dt.dfn.text

for link in soup.find_all('a'):
    print "Link text", link.string, "URL", link.get('href')

# Omitting find_all
for i, div in enumerate(soup('div')):
    print i, div.contents

#Div with id=official
official_div = soup.find_all("div", id="official")
print "Official Version", official_div[0].contents[2].strip()

print "# elements with class", len(soup.find_all(class_=True))

tile_class = soup.find_all("div", class_="tile")
print "# Tile classes", len(tile_class)

print "# Divs with class containing tile", len(soup.find_all("div",
class_=re.compile("tile")))

print "Using CSS selector\n", soup.select('div.notile')
print "Selecting ordered list list items\n", soup.select("ol>
li")[:2]
print "Second list item in ordered list", soup.select("ol>li:nth-
of-type(2)")

print "Searching for text string", soup.find_all(text=re.
compile("2014"))
```

5.10 小结

本章介绍了检索、加工与存储不同格式数据的方法。这些格式包括 CSV、NumPy .npy、Python pickle、JSON、RSS 和 HTML 等格式。其中，我们用到了 NumPy pandas、json、feedparser 以及 Beautiful Soup 等程序库。

第 6 章“数据可视化”将为读者讲解利用 Python 现实数据可视化的重要主题。分析数据时，可视化是一种比较常见的任务。它能够展现数据中各个变量之间的关系。通过数据可视化技术，还可以形象地展示出数据的统计特性。

第 6 章 数据可视化

数据分析初始阶段，通常都要进行可视化处理。借助图示技术，就算枯燥的数值表，也可以展示出它婀娜的一面。数据可视化旨在直观展示信息的分析结果和构思，令某些抽象数据具象化，这些抽象数据包括数据测量单位的性质或数量。数据可视化与科学可视化和统计图示技术关系极为紧密。本章用到的程序库 matplotlib（注意，全部小写）是建立在 NumPy 之上的一个 Python 绘图库，它提供了一个面向对象的 API 和一个过程式类 MATLAB API，它们可以并行使用。matplotlib 使用的图库可以从 `http://matplotlib.org/gallery.html` 页面下载。下面给出本章涉及的主题。

- matplotlib 简单绘图。
- 对数图。
- 散点图。
- 图例和注解。
- 三维图。
- pandas 绘图。
- 时滞图。
- 自相关图。
- Plot.ly。

6.1 matplotlib 的子库

如果对本书代码包中的 pkg_check.py 文件稍作修改，就可以列出 matplotlib 的各个子库，结果如下所示：

```
matplotlib version 1.3.1
matplotlib.axes
matplotlib.backends
matplotlib.compat
matplotlib.delaunay DESCRIPTION :Author: Robert Kern
<robert.kern@gmail.com> :Copyright: Copyright 2005 Robert Kern.
:License: BSD-style license. See LICENSE.tx
matplotlib.projections
matplotlib.sphinxext
matplotlib.style
matplotlib.testing
matplotlib.tests
matplotlib.tri
```

这些子程序包的名称基本上不解自明，唯一需要说明的是，这里的后缀 backends 指的是最终结果的输出方式：既可以通过某种格式的文件输出结果，也可以通过图形用户界面输出到屏幕上。为完整起见，这里给出 pkg_check.py 文件中需要修改的代码：

```
import matplotlib as mpl

print "matplotlib version", mpl.__version__

print_desc("matplotlib", mpl.__path__)
```

6.2 matplotlib 绘图入门

第 1 章“Python 程序库入门”介绍了 matplotlib 和 IPython 的安装方法，如果需要，可以回头去看。matplotlib 采用了类似 MATLAB 的过程式 API，这种接口的易用性通常明显优于面向对象的 API，因此，我们首先会演示过程式 API 的使用方法。为了使用 matplotlib 来绘制基本图形，需要调用 matplotlib.pyplot 子库中的 plot() 函数。如果数据点

具有 x 和 y 坐标，就可以使用这个函数来绘制由这种数据点组成的单个或多个数据表的二维图像了。

此外，还可以通过格式化参数来指定虚线样式。plot()函数的格式选项和参数非常多，可以通过下面的命令查看：

```
$ ipython -pylab
In [1]: help(plot)
```

本例要使用两种样式来绘制线条，即实线（默认样式）和虚线。

下列演示代码取自本书代码包中的basic_plot.py文件：

```
import matplotlib.pyplot as plt
import numpy as np

x = np.linspace(0, 20)

plt.plot(x,  .5 + x)
plt.plot(x, 1 + 2 * x, '--')
plt.show()
```

为了画出上述线条，请执行下列步骤。

（1）首先，通过 NumPy 中的 linspace()函数指定横坐标，同时规定起点和终点分别为 0 和 20。

```
x = np.linspace(0, 20)
```

（2）通过下列代码画线：

```
plt.plot(x,  .5 + x)
plt.plot(x, 1 + 2 * x, '--')
```

（3）此时，既可以用 savefig()函数把图形保存到一个文件中，也可以通过 show()函数将图形显示到屏幕上。将图形显示到屏幕上所需的代码如下所示：

```
plt.show()
```

最终结果如图 6-1 所示。

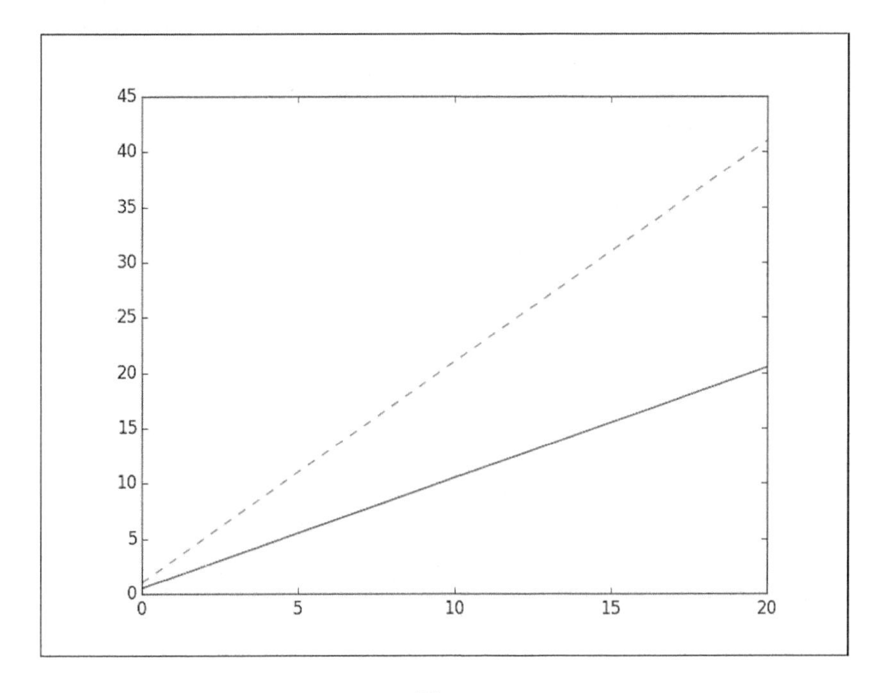

图 6-1

6.3 对数图

所谓**对数图**，实际上就是使用对数坐标绘制的图形。对于对数刻度来说，其间隔表示的是变量的值在数量级上的变化，这与线性刻度有很大的不同。对数图又分为两种不同的类型，其中一种称为双对数图，它的特点是两个坐标轴都采用对数刻度，对应的 matplotlib 函数是 `matplotlib.pyplot.loglog()`。半对数图的一个坐标轴采用线性标度，另一个坐标轴使用对数刻度，它对应的 matplotlib API 是 `semilogx()` 函数和 `semilogy()` 函数。在双对数图上，幂律表现为直线；在半对数图上，直线则代表的是指数律。

摩尔定律就是这样一种增长方式。当然，这不是一条物理定律，而是对经验观测值的一种刻画。摩尔定律是由戈登•摩尔（Gordon Moore）提出来的，大意为集成电路上晶体管的数目，约每两年增加一倍。`http://en.wikipedia.org/wiki/Transistor_count#Microprocessors` 页面上有一个数据表，记录了不同年份微处理器上晶体管的数量。

我们已经为这个数据表制作了一个 CSV 文件，名为 `transcount.csv`，其中仅含有年份和晶体管数目。此外，我们还需要计算晶体管数量的年度平均值。至于计算平均值和加载该文件的方法，可以由 pandas 代劳，如果需要，可以回顾第 4 章“pandas 入门”介绍的方法。求出数据表中晶体管数目的年度平均值后，就可以一条直线来拟合晶体管数量随年份的变化了。NumPy 中的 polyfit() 函数可以用多项式来拟合数据。

下列代码取自本书代码包中的 log_plots.py 文件：

```
import matplotlib.pyplot as plt
import numpy as np
import pandas as pd

df = pd.read_csv('transcount.csv')
df = df.groupby('year').aggregate(np.mean)
years = df.index.values
counts = df['trans_count'].values
poly = np.polyfit(years, np.log(counts), deg=1)
print "Poly", poly
plt.semilogy(years, counts, 'o')
plt.semilogy(years, np.exp(np.polyval(poly, years)))
plt.show()
```

下面介绍上面的代码。

（1）拟合数据，代码如下所示：

```
poly = np.polyfit(years, np.log(counts), deg=1)
print "Poly", poly
```

（2）经过拟合，得到一个 Polynomial 对象，该对象的详情可参考 http://docs.scipy.org/doc/numpy/reference/generated/numpy.polynomial.polynomial.Polynomial.html#numpy.polynomial.polynomial.Polynomial 页面的介绍。这个对象的字符串表示，实际上就是多项式系数的按次数降序排列，因此，最高次数项的系数在最前面。就我们的数据而言，得到的多项式系数如下所示：

```
Poly [  3.61559210e-01  -7.05783195e+02]
```

（3）NumPy 的 polyval() 函数可以用来对上面得到的多项式进行评估。下面为数据绘制图像，并通过 semilogy() 函数进行拟合。

```
plt.semilogy(years, counts, 'o')
plt.semilogy(years, np.exp(np.polyval(poly, years)))
```

这里，实线表示的是趋势线，实心圆表示的是数据点。最终结果如图 6-2 所示。

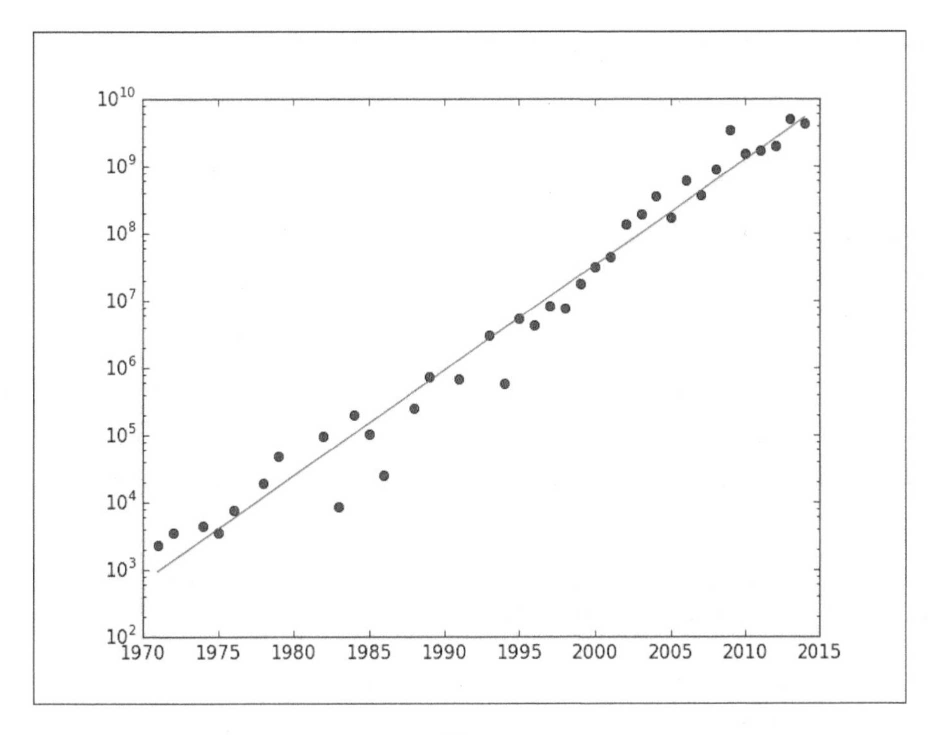

图 6-2

6.4 散点图

散点图可以形象展示直角坐标系中两个变量之间的关系。在散点图中，每个数据点的位置实际上就是两个变量的值。变量之间的任何关系都可以拿散点图来示意。上升趋势模式通常意味着正相关。**泡式图**是对散点图的一种扩展。在泡式图中，每个数据点都被一个气泡所包围，它由此得名；而第三个变量的值正好可以用来确定气泡的相对大小。

在 `http://en.wikipedia.org/wiki/Transistor_count#GPUs` 页面上，也有一个记录**图形处理单元（GPU）**晶体管数量的数据表。

GPU 是为了高效显示图像而专门设计的。得益于现代显卡的工作机制，GPU 能以高度并行的方式来处理数据。可以说，GPU 是计算技术新时代的弄潮儿。对于本书代码包中的 `gpu_transcount.csv` 文件，我们没有为它提供太多的数据点。处理缺失数据是泡式图经常要面对的一个问题，对于缺失数据，需要为其定义一个默认的气泡大小。下面，我们再次载入年度数据，并计算其平均值。然后，通过外部连接操作，按照年份对存放 CPU 和 GPU 晶体管数量的 `DataFrame` 进行合并。其中，`NaN` 值将被设为 0。需要注意的是，就本例而言是可以将 NaN 值设为 0 的，但是其他情况下却未必如此。所有这些功能，都已经在第 4 章“pandas 入门”中讲过了，如有需要，可以重新温习一下。为了绘制散点图和泡式图，可以借助 matplotlib API 提供的 scatter() 函数。要想查阅这个函数的相关说明文档，可以使用下列命令：

```
$ ipython -pylab
In [1]: help(scatter)
```

本例中，需要设置参数 s，这个参数与气泡的大小有关。另外，还有一个参数 c，用来指定气泡的颜色。令人遗憾的是，本书非彩色印刷，无法展示气泡的颜色，因此只有亲自运行示例代码，才能看到不同的颜色。这里的参数 alpha 的作用是，决定图中气泡的透明度。这个值在 0～1 之间，其中 0 代表完全透明，1 代表完全不透明。创建泡式图的代码如下：

```
plt.scatter(years, cnt_log, c= 200 * years, s=20 + 200 *
gpu_counts/gpu_counts.max(), alpha=0.5)
```

下列代码取自本书代码包中的 scatter_plot.py 文件：

```
import matplotlib.pyplot as plt
import numpy as np
import pandas as pd

df = pd.read_csv('transcount.csv')
df = df.groupby('year').aggregate(np.mean)

gpu = pd.read_csv('gpu_transcount.csv')
gpu = gpu.groupby('year').aggregate(np.mean)

df = pd.merge(df, gpu, how='outer', left_index=True, right_index=True)
df = df.replace(np.nan, 0)

print df
years = df.index.values
counts = df['trans_count'].values
gpu_counts = df['gpu_trans_count'].values
cnt_log = np.log(counts)
plt.scatter(years, cnt_log, c= 200 * years, s=20 + 200 * gpu_counts/
gpu_counts.max(), alpha=0.5)
plt.show()
```

最终结果如图 6-3 所示。

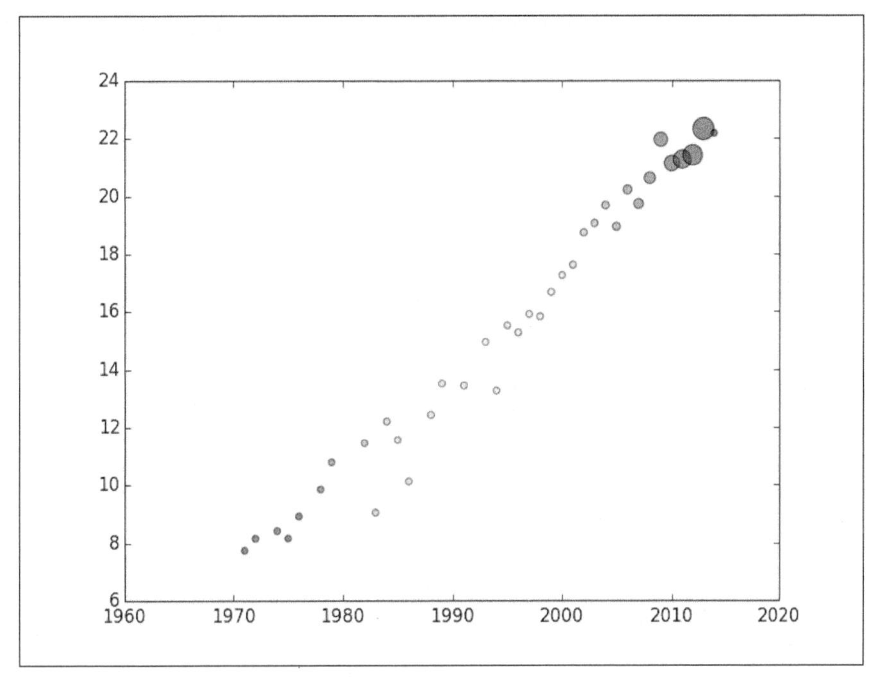

图 6-3

6.5 图例和注解

要想做出让人一眼就懂的“神图”，图例和注解肯定是少不了的。一般情况下，数据图都带有下列辅助信息。

- 用来描述图中各数据序列的图例。为此，可以使用 matplotlib 提供的 `legend()` 函数，来给每个数据序列提供相应的标签。
- 对图中要点的注解。为此，可以借助 matplotlib 提供的 `annotate()` 函数。matplotlib 生成的注解包括标签和箭头两个组成部分。这个函数提供了多个参数，用以描述标签和箭头样式以及其位置。如果想详细了解这些参数，调用 `help(annotate)` 函数即可。
- 横轴和纵轴的标签。这些标签可以通过 `xlabel()` 和 `ylabel()` 函数绘制出来。对于这两个函数，我们需要提供一个字符串来作为标签的文本，另外还要提供一些可选参数，如标签的字体大小等。
- 一个说明性质的标题，通常由 matplotlib 的 `title()` 函数来提供。一般来说，这个函数只要提供一个描述标题的字符串即可。

- 网格，对于轻松定位数据点非常有帮助。matplotlib 提供的 grid()函数可以用来决定是否启用网格。

下面对上例中的泡式图程序代码稍作修改，加入本章第二个例子中的直线。同时，还会为数据序列添加一个标签，相关代码如下所示：

```
plt.plot(years, np.polyval(poly, years), label='Fit')
plt.scatter(years, cnt_log, c= 200 * years, s=20 + 200 *
gpu_counts/gpu_counts.max(), alpha=0.5, label="Scatter Plot")
```

现在给数据集中的第一个 GPU 添加注释。为此，需要指定相关的数据点，为注解定义标签，指定箭头样式（见参数 arrowprops），同时还要确保把注解置于相应数据点之上。

```
gpu_start = gpu.index.values.min()
y_ann = np.log(df.at[gpu_start, 'trans_count'])
ann_str = "First GPU\n %d" % gpu_start
plt.annotate(ann_str, xy=(gpu_start, y_ann),
arrowprops=dict(arrowstyle="->"), xytext=(-30, +70),
textcoords='offset points')
```

要想阅读完整的代码，请参阅本书代码包中的 legend_annotations.py 文件。

```
import matplotlib.pyplot as plt
import numpy as np
import pandas as pd

df = pd.read_csv('transcount.csv')
df = df.groupby('year').aggregate(np.mean)

gpu = pd.read_csv('gpu_transcount.csv')
gpu = gpu.groupby('year').aggregate(np.mean)

df = pd.merge(df, gpu, how='outer', left_index=True, right_index=True)
df = df.replace(np.nan, 0)
years = df.index.values
counts = df['trans_count'].values
gpu_counts = df['gpu_trans_count'].values

poly = np.polyfit(years, np.log(counts), deg=1)
plt.plot(years, np.polyval(poly, years), label='Fit')

gpu_start = gpu.index.values.min()
y_ann = np.log(df.at[gpu_start, 'trans_count'])
ann_str = "First GPU\n %d" % gpu_start
```

```
plt.annotate(ann_str, xy=(gpu_start, y_ann), arrowprops=dict(arrowsty
le="->"), xytext=(-30, +70), textcoords='offset points')

cnt_log = np.log(counts)
plt.scatter(years, cnt_log, c= 200 * years, s=20 + 200 * gpu_counts/
gpu_counts.max(), alpha=0.5, label="Scatter Plot")
plt.legend(loc='upper left')
plt.grid()
plt.xlabel("Year")
plt.ylabel("Log Transistor Counts", fontsize=16)
plt.title("Moore's Law & Transistor Counts")
plt.show()
```

最终结果如图 6-4 所示。

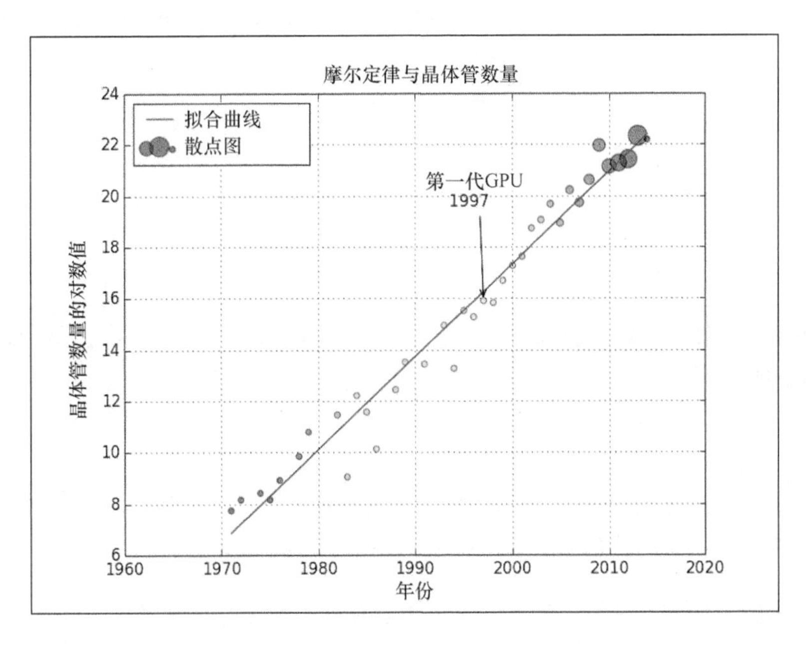

图 6-4

6.6 三维图

对数据可视化来说，二维图像只是家常便饭，要是想来点大餐，那就非三维图形莫属了。我负责开发了一个软件包，用它就可以绘制等高线图和三维图。如果你戴上一副特制眼镜的话，该软件绘图时，图像婉如是从你面前跃出来的一般。

Axes3D 是由 matplotlib API 提供的一个类，可以用来绘制三维图。通过讲解这个类的工作机制，就能够明白面向对象的 matplotlib API 的原理了。matplotlib 的 Figure 类是存放各种图像元素的顶级容器。

（1）首先，创建一个 Figure 对象，代码如下：

```
fig = plt.figure()
```

（2）利用 Figure 对象创建一个 Axes3D 对象：

```
ax = Axes3D(fig)
```

（3）这里，令 x 轴和 y 轴分别表示年份和 CPU 晶体管数量。同时，我们还需要利用存放年份和 CPU 晶体管数量的数组来创建坐标矩阵（coordinate matrices）。创建坐标矩阵时，可以借助 NumPy 中的 meshgrid() 函数。

```
X, Y = np.meshgrid(X, Y)
```

（4）通过 Axes3D 类的 plot_surface() 方法为数据绘制图像。

```
ax.plot_surface(X, Y, Z)
```

（5）根据面向对象 API 函数的命名约定，应该以 set_开头，以程序对应的函数名结尾，具体如下所示：

```
ax.set_xlabel('Year')
ax.set_ylabel('Log CPU transistor counts')
ax.set_zlabel('Log GPU transistor counts')
ax.set_title("Moore's Law & Transistor Counts")
```

下列代码取自本书代码包中的 three_dimensional.py 文件：

```
from mpl_toolkits.mplot3d.axes3d import Axes3D
import matplotlib.pyplot as plt
import numpy as np
import pandas as pd

df = pd.read_csv('transcount.csv')
df = df.groupby('year').aggregate(np.mean)

gpu = pd.read_csv('gpu_transcount.csv')
gpu = gpu.groupby('year').aggregate(np.mean)
```

```
df = pd.merge(df, gpu, how='outer', left_index=True, right_index=True)
df = df.replace(np.nan, 0)

fig = plt.figure()
ax = Axes3D(fig)
X = df.index.values
Y = np.log(df['trans_count'].values)
X, Y = np.meshgrid(X, Y)
Z = np.log(df['gpu_trans_count'].values)
ax.plot_surface(X, Y, Z)
ax.set_xlabel('Year')
ax.set_ylabel('Log CPU transistor counts')
ax.set_zlabel('Log GPU transistor counts')
ax.set_title("Moore's Law & Transistor Counts")
plt.show()
```

最终结果如图 6-5 所示。

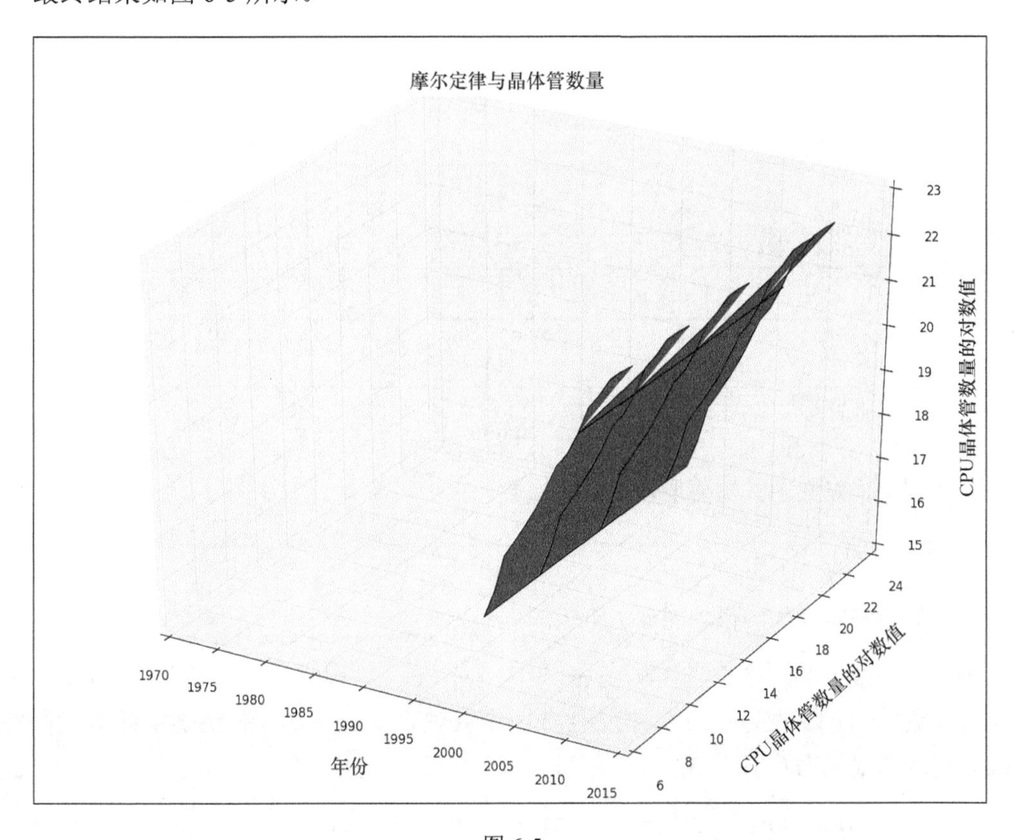

图 6-5

6.7 pandas 绘图

pandas 的 Series 类和 DataFrame 类中的 plot() 方法都封装了相关的 matplotlib 函数。如果不带任何参数，使用 plot() 方法绘制本章一直用的那个数据集，将会得到图 6-6 所示的图像。

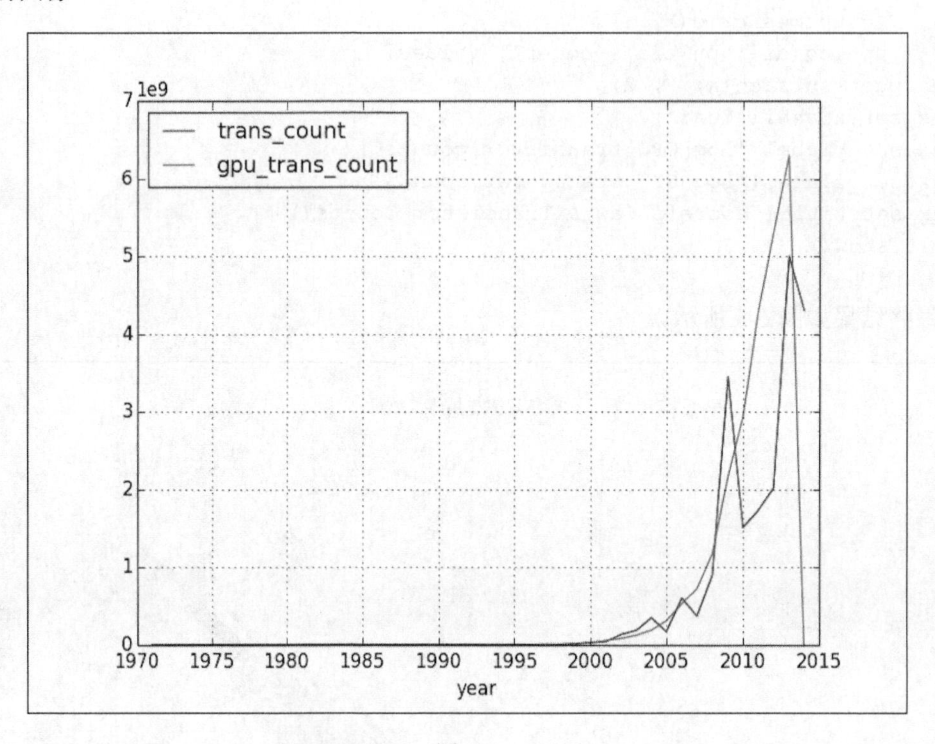

图 6-6

为了创建半对数图，需要增设 logy 参数：

```
df.plot(logy=True)
```

我们的数据生成的图像如图 6-7 所示。

为了创建散点图，需要把参数 kind 设为 scatter，同时，还要指定两个列。此外，如果将参数 loglog 设为 True，就会生成一个双对数（log-log）图。注意，下列代码要求 pandas 的版本最低为 0.13.0。

```
df[df['gpu_trans_count'] > 0].plot(kind='scatter',
x='trans_count', y='gpu_trans_count', loglog=True)
```

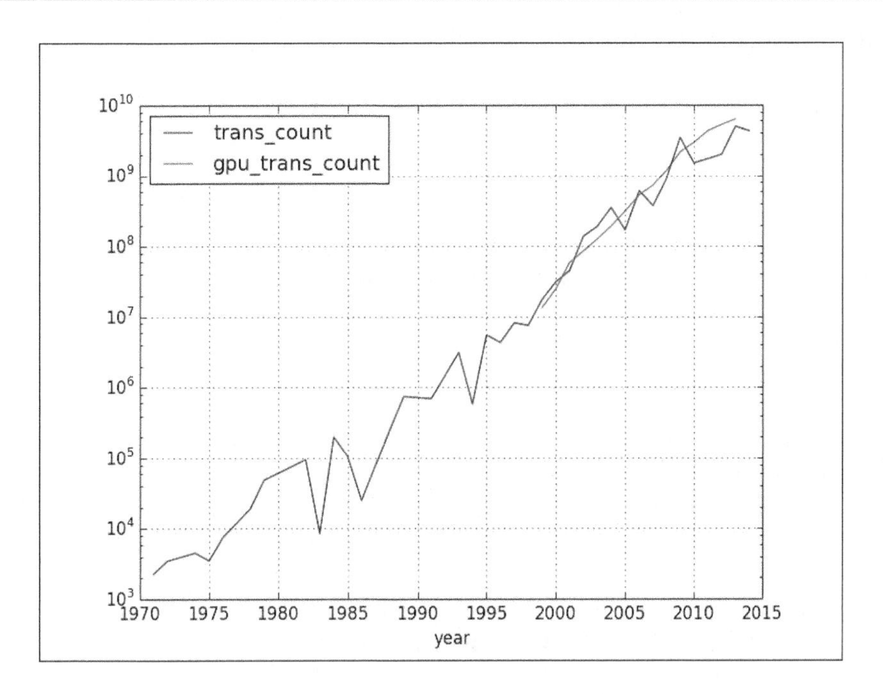

图 6-7

最终结果如图 6-8 所示。

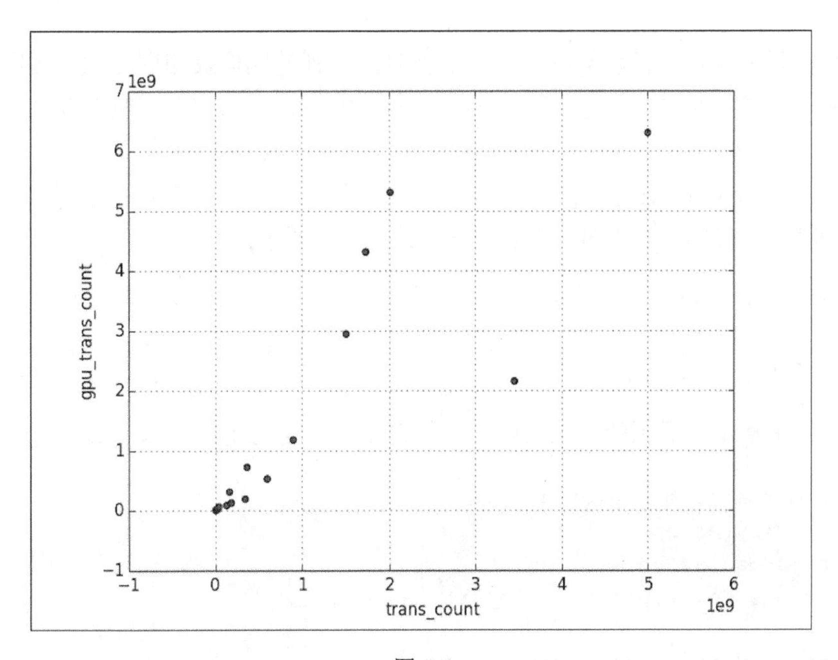

图 6-8

下面的代码取自本书代码包中的 pd_plotting.py 文件：

```
import matplotlib.pyplot as plt
import numpy as np
import pandas as pd

df = pd.read_csv('transcount.csv')
df = df.groupby('year').aggregate(np.mean)

gpu = pd.read_csv('gpu_transcount.csv')
gpu = gpu.groupby('year').aggregate(np.mean)

df = pd.merge(df, gpu, how='outer', left_index=True,
right_index=True)
df = df.replace(np.nan, 0)
df.plot()
df.plot(logy=True)
df[df['gpu_trans_count'] > 0].plot(kind='scatter',
x='trans_count', y='gpu_trans_count', loglog=True)
plt.show()
```

6.8 时滞图

时滞图实际上就是一幅散点图，只不过把时间序列的图像及相同序列在时间轴上后延的图像放在一起展示而已。举例来说，我们可以利用这种图来考察今年的 CPU 晶体管数量与上一年度 CPU 晶体管数量之间的相关性。我们可以利用 pandas 子库 pandas.tools.plotting 中的 lag_plot() 函数，来绘制时滞图。下面是绘制 CPU 晶体管数量时滞图的代码，这里时滞默认为 1，具体如下所示：

```
lag_plot(np.log(df['trans_count']))
```

最终结果如图 6-9 所示。

下面是用来演示时滞图的示例代码，它取自本书代码包中的 lag_plot.py 文件：

```
import matplotlib.pyplot as plt
import numpy as np
import pandas as pd
from pandas.tools.plotting import lag_plot

df = pd.read_csv('transcount.csv')
```

```
df = df.groupby('year').aggregate(np.mean)

gpu = pd.read_csv('gpu_transcount.csv')
gpu = gpu.groupby('year').aggregate(np.mean)

df = pd.merge(df, gpu, how='outer', left_index=True, right_index=True)
df = df.replace(np.nan, 0)
lag_plot(np.log(df['trans_count']))
plt.show()
```

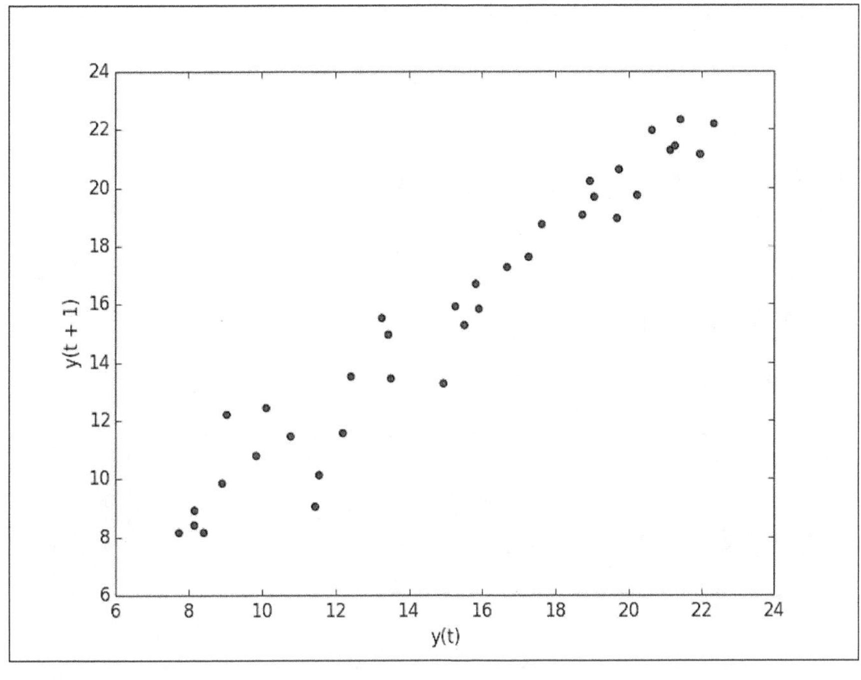

图 6-9

6.9 自相关图

自相关图描述的是时间序列数据在不同时间延迟情况下的自相关性。所谓自相关，就是一个时间序列与相同数据在不同时间延迟情况下的相互关系。利用 pandas 子库 pandas.tools.plotting 中的 autocorrelation_plot() 函数，就可以画出自相关图了。

下列演示代码取自本书代码包中的 autocorr_plot.py 文件：

```
import matplotlib.pyplot as plt
import numpy as np
```

```
import pandas as pd
from pandas.tools.plotting import autocorrelation_plot

df = pd.read_csv('transcount.csv')
df = df.groupby('year').aggregate(np.mean)

gpu = pd.read_csv('gpu_transcount.csv')
gpu = gpu.groupby('year').aggregate(np.mean)

df = pd.merge(df, gpu, how='outer', left_index=True, right_index=True)
df = df.replace(np.nan, 0)
autocorrelation_plot(np.log(df['trans_count']))
plt.show()
```

为CPU晶体管数量绘制的自相关图的代码如下所示：

```
autocorrelation_plot(np.log(df['trans_count']))
```

最终结果如图6-10所示。

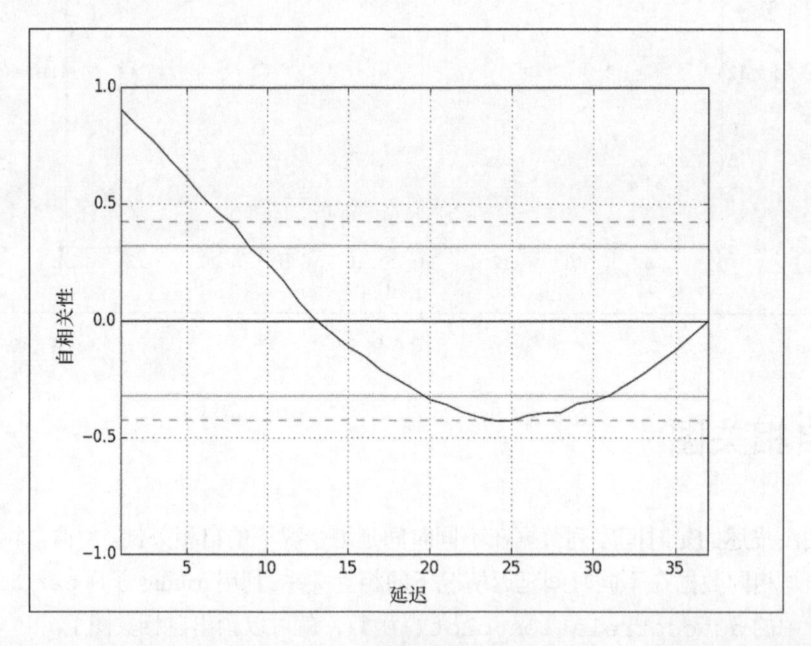

图6-10

从图6-10中可以看出，较之于时间上越远（即时间延迟越大）的数值，当前的数值与时间上越接近（即时间延迟越小）的数值的相关性越大；当时间延迟极大时，相关性衰减为0。

6.10 Plot.ly

Plot.ly 实际上是一个网站，目前处于 beta 测试阶段。它不仅提供了许多数据可视化的在线工具，同时还提供了可在用户机器上使用的对应 Python 库。可以通过 Web 接口或以本地方式导入并分析数据，并且还可以将分析结果公布到 Plot.ly 网站上面。团队内的各个成员可以通过这个网站轻松达到共享数据图像的目的，从而实现成员之间的协作，这也正是该网站的独到之处。本节将举例说明如何通过 Python API 来绘制箱形图。

箱形图是一种通过四分位数来形象展示数据集的特殊方法。如果把一个有序数据集分为 4 等份，那么第一个四分位数就是最小值区间的最大值。第二个四分位数是位于数据集中间位置的那个数值，又称“中位数”。第三个四分位数是位于中位数和最大值中间位置上的那个数值。箱形图的顶和底分别是第一个四分位数和第三个四分位数，而贯穿箱子的那条线则是中位数。箱子顶底上的那两根“须”，通常就是数据集的最大值和最小值。本节结束时，会提供一幅带有注释的箱形图，届时就会一目了然了。安装 Plot.ly API 的命令如下所示：

```
$ sudo pip install plotly
$ pip freeze|grep plotly
plotly==1.0.26
```

安装 API 后，注册获得一个 API 密钥。提供有效密钥后，可以通过下列代码登录：

```
api_key = getpass()

# Change the user to your own username
py.sign_in('username', api_key)
```

通过 Plot.ly API 创建箱形图的代码如下所示：

```
data = Data([Box(y=counts), Box(y=gpu_counts)])
plot_url = py.plot(data, filename='moore-law-scatter')
```

下列代码取自本书代码包中的 plot_ly.py 文件：

```
import plotly.plotly as py
from plotly.graph_objs import *
from getpass import getpass
import numpy as np
```

```
import pandas as pd

df = pd.read_csv('transcount.csv')
df = df.groupby('year').aggregate(np.mean)

gpu = pd.read_csv('gpu_transcount.csv')
gpu = gpu.groupby('year').aggregate(np.mean)

df = pd.merge(df, gpu, how='outer', left_index=True, right_index=True)
df = df.replace(np.nan, 0)

api_key = getpass()

# Change the user to your own username
py.sign_in('username', api_key)

counts = np.log(df['trans_count'].values)
gpu_counts = np.log(df['gpu_trans_count'].values)

data = Data([Box(y=counts), Box(y=gpu_counts)])
plot_url = py.plot(data, filename='moore-law-scatter')
print plot_url
```

最终结果如图6-11所示。

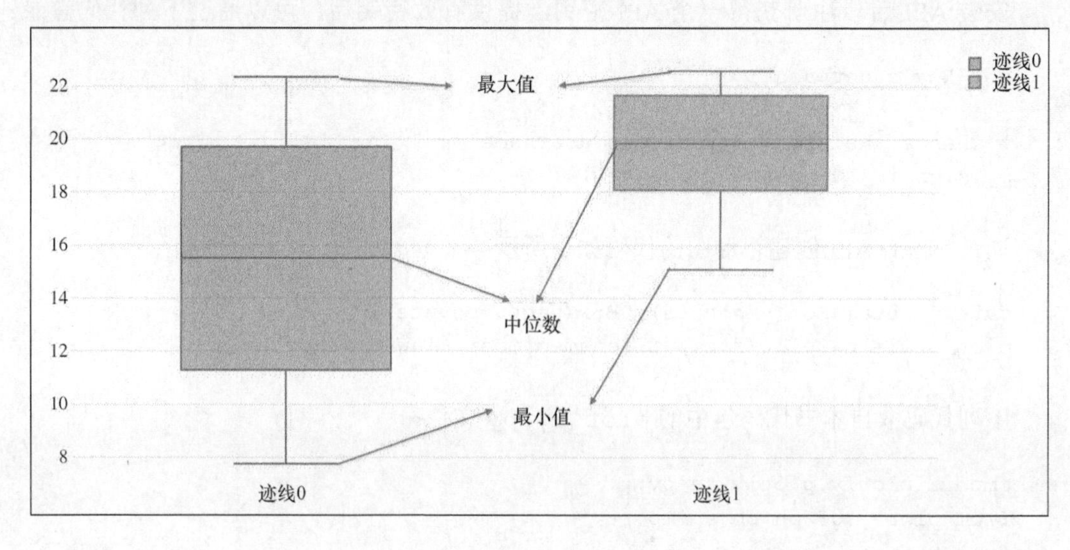

图6-11

6.11 小结

本章论述了基于 Python 的数据可视化，其中用到了 matplotlib、pandas 和 Plot.ly，同时还讲解了箱形图、散点图、泡式图、对数图、自相关图、时滞图、三维图、图例和注解等。

对数图是使用对数坐标绘制的图形；半对数图是一个坐标轴使用线性标度，另一个坐标轴使用对数标度画出的图形。散点图描绘的是两个变量之间的对应关系，而泡式图则是一种特殊的散点图。在泡式图中，第三个变量的值表示的是包围数据点的气泡的大小。自相关图描绘的是时间序列数据对于不同时间延迟的自相关性。箱型图是根据数据的四分位数来形象展示数据的一种可视化方法。

第 7 章“信号处理与时间序列”将介绍一种特殊类型的数据：时间序列。时间序列是一些按时间先后顺序排列形成的数据点，当然，这些数据点都提前按照时间戳做了标记。许多物理世界的测量数据都是以时间序列的形式存在的，并且一般都被视为信号，如声音信号、光信号或者电信号等。后续章节不仅会教大家如何过滤这些信号，而且还会介绍如何对时间序列进行建模。

第7章 信号处理与时间序列

信号处理是工程和应用数学领域的一个分支，主要用于分析模拟信号和数字信号随时间变化的变量。时间序列分析是信号处理技术的一个分支。时间序列是一个从首次测量开始的数据点的有序列表，数据采样的时间间隔通常是等间距的，如以日或年为间隔进行采样。进行时间序列分析时，数据值的顺序很重要，通常需要设法找出某个值与该序列中之前特定周期数上的另一个数据点或者一组数据点之间的关系。

本章以年度日斑周期数据为例介绍时间序列，这些数据可以从一个开源Python项目即statsmodels程序包中获得。这些例子要用到NumPy/SciPy、pandas和statsmodels库。

本章涉及以下主题。

- 移动平均值。
- 窗口函数。
- 协整。
- 自相关。
- 自回归模型。
- ARMA模型。
- 生成周期信号。
- 傅里叶分析。
- 谱分析。
- 过滤。

7.1 statsmodels 子库

若需安装 statsmodels 库，请执行以下命令：

```
$ pip install statsmodels
$ pip freeze|grep stat
statsmodels==0.6.0
```

打开代码包内的 pkg_check.py 文件，然后修改代码，令其显示 statsmodels 的子库后，能看到如下输出：

```
statmodels version 0.6.0.dev-3303360
statsmodels.base
statsmodels.compatnp
statsmodels.datasets
statsmodels.discrete
statsmodels.distributions
statsmodels.emplike
statsmodels.formula
statsmodels.genmod
statsmodels.graphics
statsmodels.interface
statsmodels.iolib
statsmodels.miscmodels
statsmodels.nonparametric DESCRIPTION For an overview of this module, see
docs/source/nonparametric.rst PACKAGE CONTENTS _kernel_base
_smoothers_lowess api bandwidths
statsmodels.regression
statsmodels.resampling
statsmodels.robust
statsmodels.sandbox
statsmodels.stats
statsmodels.tests
statsmodels.tools
statsmodels.tsa
```

7.2 移动平均值

研究时间序列时，经常会用到移动平均值。移动平均法需要规定一个窗口，它限定了每一眼能看到数据的数量，窗口每前移一个周期，其中的数据都要计算一次均值：

$$SMA = \frac{a_m + a_{m-1} + \cdots + a_{m-(n-1)}}{n}$$

不同类型的移动平均法主要区别在于求平均值时所用的权重，如指数移动平均法，权重随时间的变化以指数的形式递减。

$$EMA_n = EMA_{n-1} + \alpha(p_n - EMA_{n-1})$$

这意味着，数据值的位置越靠前，其对均值的影响力愈弱，有时这种特性正是我们所希望的。

以下代码来自于本书代码包中的 `moving_average.py` 文件，它将绘制以 11 年和 22 年为窗口的太阳黑子周期的简单移动平均值：

```
import matplotlib.pyplot as plt
import statsmodels.api as sm
from pandas.stats.moments import rolling_mean

data_loader = sm.datasets.sunspots.load_pandas()
df = data_loader.data
year_range = df["YEAR"].values
plt.plot(year_range, df["SUNACTIVITY"].values, label="Original")
plt.plot(year_range, rolling_mean(df, 11)["SUNACTIVITY"].values,
label="SMA 11")
plt.plot(year_range, rolling_mean(df, 22)["SUNACTIVITY"].values,
label="SMA 22")
plt.legend()
plt.show()
```

指数移动平均的指数式递减加权策略，可以通过下列 NumPy 代码实现：

```
weights = np.exp(np.linspace(-1., 0., N))
weights /= weights.sum()
```

简单移动平均值使用的是等量加权策略，相应代码如下所示：

```
def sma(arr, n):
  weights = np.ones(n) / n

  return np.convolve(weights, arr)[n-1:-n+1]
```

因为可以把数据载入到 pandas 的 `DataFrame` 中，这样其 `rolling_mean()` 函数使用起来会更加方便。下面使用 statsmodels 库加载数据，如下所示：

```
data_loader = sm.datasets.sunspots.load_pandas()
df = data_loader.data
```

最终结果如图 7-1 所示。

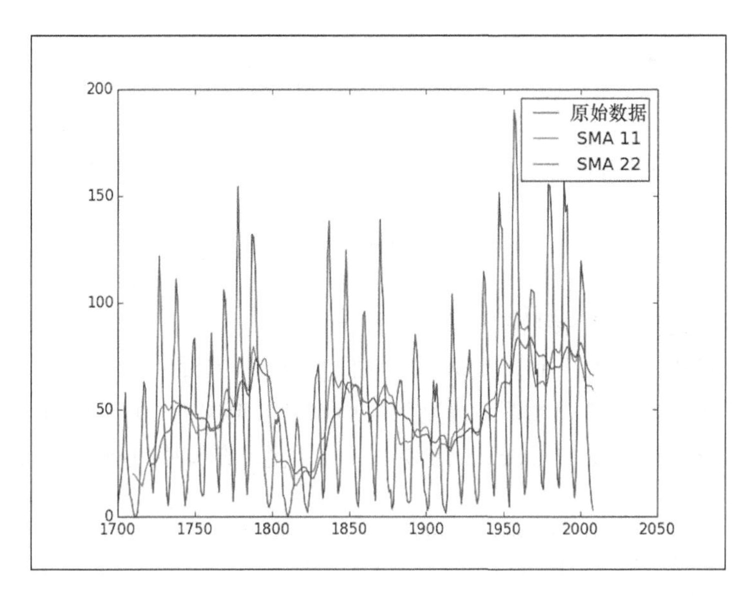

图 7-1

7.3 窗口函数

NumPy 提供了许多窗口例程，当像前面所说的那样滚动窗口时，可以用它们计算权重。

窗口函数是定义在一个区间（窗口）上的函数，超出定义域，函数值取零。我们可以使用它们来分析频谱、设计滤波器等，进一步的背景信息请参考 http://en.wikipedia org/wiki/Window_function。Boxcar 窗口是一种矩形窗口，公式如下所示：

```
w(n) = 1
```

三角形窗口的形状像一个三角形，其公式如下所示：

$$w(n) = 1 - \left| \frac{n - \frac{N-1}{2}}{\frac{L}{2}} \right|$$

上面的公式中，L 可以是 N、N+1 或者 N-1。最后介绍的窗口函数是钟形的**布莱克曼窗口（Bartlett window）**，定义如下所示：

$$w(n) = a_0 - a_1 \cos\left(\frac{2\pi n}{N-1}\right) + a_2 \cos\left(\frac{4\pi n}{N-1}\right)$$

$$a_0 = \frac{1-a}{2}; a_1 = \frac{1}{2}; a_2 = \frac{a}{2}$$

汉宁窗（Hanning window）是另外一种钟形窗口函数，定义如下所示：

$$w(n) = 0.5\left(1 - \cos\left(\frac{2\pi n}{N-1}\right)\right)$$

根据 pandas 的应用程序接口的规定，`rolling_window()`函数的 `win_type` 参数用来规定窗口函数的类型，另一个参数规定窗口的大小，通常设为 22，这是太阳黑子数据的中等周期（据研究，存在 3 个周期，分别为 11 年、22 年和 100 年）。下面的代码取自本书代码包中的 `window_functions.py` 文件，为了便于在图中进行比较，这里只取近 150 年的数据：

```
import matplotlib.pyplot as plt
import statsmodels.api as sm
from pandas.stats.moments import rolling_window
import pandas as pd

data_loader = sm.datasets.sunspots.load_pandas()
df = data_loader.data.tail(150)
df = pd.DataFrame({'SUNACTIVITY':df['SUNACTIVITY'].values},
index=df['YEAR'])
ax = df.plot()

def plot_window(win_type):
    df2 = rolling_window(df, 22, win_type)
    df2.columns = [win_type]
    df2.plot(ax=ax)

plot_window('boxcar')
plot_window('triang')
plot_window('blackman')
plot_window('hanning')
plot_window('bartlett')
plt.show()
```

最终结果如图 7-2 所示。

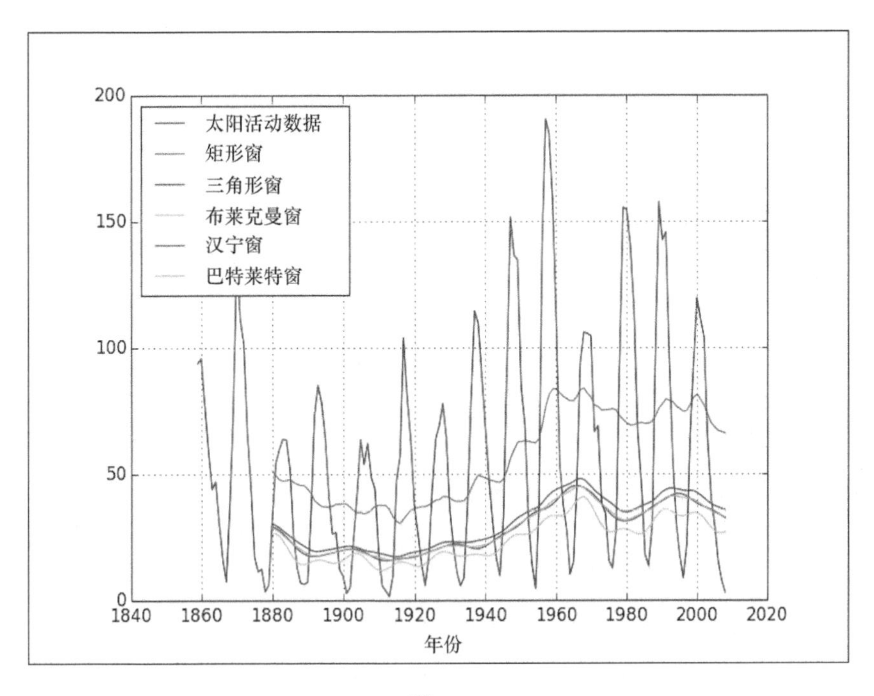

图 7-2

7.4 协整的定义

协整概念类似于关联概念，但是许多人认为，定义两个时间序列相关性时，协整是一种性能优越的衡量指标。如果两个时间序列 `x(t)` 和 `y(t)` 的线性组合是稳态的，那么就称这两个序列具有共整合性或协整性。在这种情况下，下面的方程式应该是稳态的：

```
y(t) - a x(t)
```

考虑醉汉与狗在一起散步的情形，相关性反映出他们是否在同一个方向上前进。协整性反映的则是一段时间之后人和狗之间的距离。下面利用随机生成的时间序列和真实数据来展示协整关系。**增广迪基-福勒检验（Augmented Dickey-Fuller test，ADF）**法（详情参阅 http://en.wikipedia.org/wiki /Augmented_Dickey%E2%80%93Fuller_test）可以测试时间序列中的单位根，也可用于确定时间序列的协整关系。

下面的代码取自本书代码包中的 `cointegration.py` 文件：

```
import statsmodels.api as sm
from pandas.stats.moments import rolling_window
import pandas as pd
import statsmodels.tsa.stattools as ts
import numpy as np

def calc_adf(x, y):
    result = sm.OLS(x, y).fit()
    return ts.adfuller(result.resid)

data_loader = sm.datasets.sunspots.load_pandas()
data = data_loader.data.values
N = len(data)

t = np.linspace(-2 * np.pi, 2 * np.pi, N)
sine = np.sin(np.sin(t))
print "Self ADF", calc_adf(sine, sine)

noise = np.random.normal(0, .01, N)
print "ADF sine with noise", calc_adf(sine, sine + noise)

cosine = 100 * np.cos(t) + 10
print "ADF sine vs cosine with noise", calc_adf(sine, cosine +
noise)

print "Sine vs sunspots", calc_adf(sine, data)
```

下面开始展示协整性。

1. 定义用来计算ADF统计量的函数

```
def calc_adf(x, y):
    result = stat.OLS(x, y).fit()
    return ts.adfuller(result.resid)
```

2. 太阳黑子数据载入NumPy数组

```
data_loader = sm.datasets.sunspots.load_pandas()
data = data_loader.data.values
N = len(data)
```

3．计算正弦值，并求出该值与其自身的协整关系

```
t = np.linspace(-2 * np.pi, 2 * np.pi, N)
sine = np.sin(np.sin(t))
print "Self ADF", calc_adf(sine, sine)
```

以上代码将打印如下内容：

```
Self ADF (-5.0383000037165746e-16, 0.95853208606005591, 0,
308, {'5%': -2.8709700936076912, '1%': -3.4517611601803702,
'10%': -2.5717944160060719}, -21533.113655477719)
```

输出的第一个值是对 ADF 的度量，第二个值是 p 值，这里的 p 值是很高的。接下来是时间延迟和样本量，最后是一个词典，给出了这个样本量的 t 分布值。

4．下面给正弦波信号添加噪音，看它们是如何影响该信号的：

```
noise = np.random.normal(0, .01, N)
print "ADF sine with noise", calc_adf(sine, sine + noise)
```

混入噪音后，会得到如下所示的结果：

```
ADF sine with noise (-7.4535502402193075,
5.5885761455106898e-11, 3, 305, {'5%': -2.8710633193086648,
'1%': -3.4519735736206991, '10%': -2.5718441306100512}, -
1855.0243977703672)
```

p 值出现明显下降。ADF 指标的值为-7.45，低于字典中所有的临界值，所有这些都是拒绝协整的有力证据。

5．下面生成一个幅值和偏移量更大的余弦波，并混入噪音：

```
cosine = 100 * np.cos(t) + 10
print "ADF sine vs cosine with noise", calc_adf(sine,
cosine + noise)
```

下面是我们得到的值：

```
ADF sine vs cosine with noise (-17.927224617871534,
2.8918612252729532e-30, 16, 292, {'5%': -2.8714895534256861,
'1%': -3.4529449243622383, '10%': -2.5720714378870331},
-11017.837238220782)
```

同样，证据有力地表明拒绝协整。正弦和太阳黑子之间的协整检验结果如下所示：

```
Sine vs sunspots (-6.7242691810701016, 3.4210811915549028e-09, 16,
292, {'5%': -2.8714895534256861, '1%': -3.4529449243622383, '10%':
-2.5720714378870331}, -1102.5867415291168)
```

这里所用的两个时间序列对的置信水平大体相当，都与数据点的数量有关，但是变化不大，总结见表7-1。

表7-1

序列对	统计量	p值	5%	1%	10%	拒绝
正弦与正弦	-5.03E-16	0.95	-2.87	-3.45	-2.57	No
正弦与含噪声的正弦	-7.45	5.58E-11	-2.87	-3.45	-2.57	Yes
正弦与含噪声的余弦	-17.92	2.89E-30	-2.87	-3.45	-2.57	Yes
正弦与太阳黑子	-6.72	3.42E-09	-2.87	-3.45	-2.57	Yes

7.5 自相关

自相关是数据集内部的相关性，可用来指明趋势。

提示：

对于给定的时间序列，只要知道其均值和标准差，就可以用期望值算子来定义时间 *s* 和 *t* 的自相关。

$$\frac{E[(x_t - \mu_t)(x_s - \mu_s)]}{\sigma_t - \sigma_s}$$

本质上，就是把相关性公式应用于一个时间序列及其同一个时间序列的滞后部分。

举例来说，如果后延一个周期，就可以检测前一个值是否影响当前值。当然，如果是真的，那么计算出的自相关的取值自然会相当高。

第6章“数据可视化”曾经用pandas函数绘制过自相关图形。本例中将使用NumPy库的 `correlate()` 函数来计算太阳黑子周期实际的自相关值。最后，对取得的数值进行正则化处理。

NumPy 库的 correlate()函数用法如下所示：

```
y = data - np.mean(data)
norm = np.sum(y ** 2)
correlated = np.correlate(y, y, mode='full')/norm
```

此外，我们对关联度最高值的索引也很感兴趣，这些索引可用 NumPy 的 argsort()函数取得，它返回的是数组排序后对应的下标。

```
print np.argsort(res)[-5:]
```

下面是自相关程度最高的值的下标：

```
[ 9 11 10  1  0]
```

自相关的最大值对应于零延迟，即信号与其自身的相关性；次最大值对应于一个周期的延迟，即 10 年。以下代码取自本书代码包的 autocorrelation.py 文件：

```
import numpy as np
import pandas as pd
import statsmodels.api as sm
import matplotlib.pyplot as plt
from pandas.tools.plotting import autocorrelation_plot

data_loader = sm.datasets.sunspots.load_pandas()
data = data_loader.data["SUNACTIVITY"].values
y = data - np.mean(data)
norm = np.sum(y ** 2)
correlated = np.correlate(y, y, mode='full')/norm
res = correlated[len(correlated)/2:]

print np.argsort(res)[-5:]
plt.plot(res)
plt.grid(True)
plt.xlabel("Lag")
plt.ylabel("Autocorrelation")
plt.show()
autocorrelation_plot(data)
plt.show()
```

最终结果如图 7-3 所示。

可以将图 7-3 与下面 pandas 绘制的图 7-4 做比较。

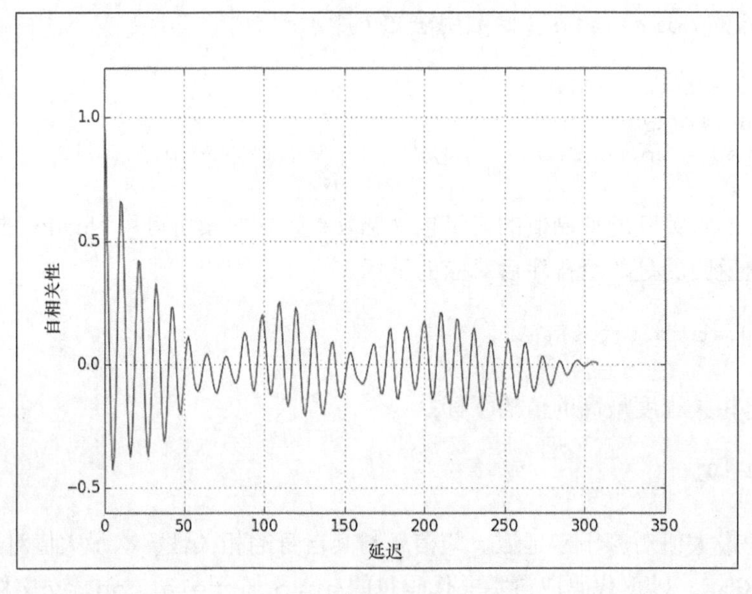

图 7-3

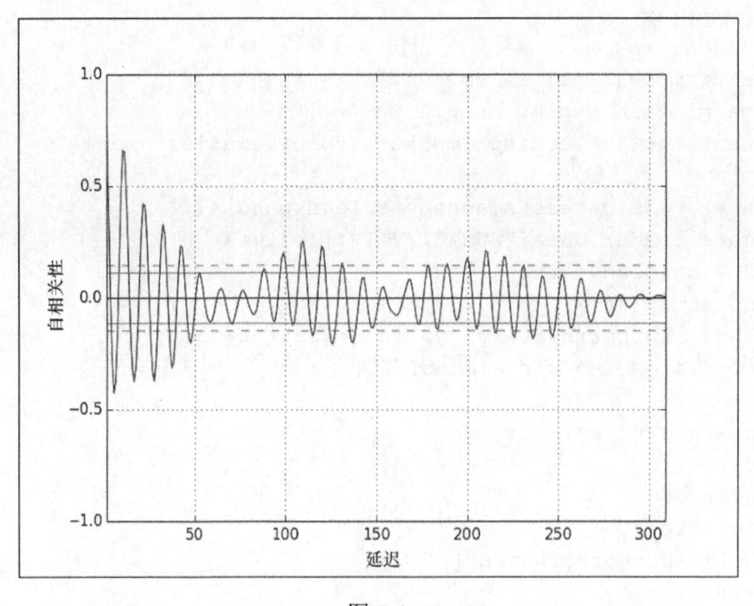

图 7-4

7.6　自回归模型

自回归模型可用于预测时间序列将来的值。使用该模型时，通常假定一个随机变量的值依赖于它前面的值。另外，该模型还假定前后值之间的关系是线性的，我们要做的就是拟合数据，以便给数据找到适当的参数。

提示：

自回归模型的数学公式如下：

$$x_t = c + \sum_{i=1}^{p} a_i x_{t-i} + \epsilon_t$$

上面公式中，c是常量，最后一项是随机分量，又名白噪声。

这给我们提出了一个很常见的线性回归问题，但从实用性考虑，保持模型的简单性是十分重要的，因此只保留必要的滞后分量。按机器学习的专业术语来说，这些叫做特征。处理回归问题时，Python 的机器学习库 scikit-learn 就算不是最好的，也是一个上乘之选。第 10 章“预测性分析与机器学习”将会用到这个 API。

进行回归分析时，常常遇到过拟合的问题：这个问题常常出现在对样本的拟合程度非常理想的情况下，这时一旦引入新的数据点，其表现立马变差。对付这个问题的标准解决方案是进行交叉验证，或者使用没有过拟合问题的算法。利用这种方法，只将一部分样本用于模型参数的估算，其余数据用于该模型的测试和评估。这实际上是一种简化的解释，现实中有更复杂的交叉验证方案，其中很多已在 scikit-learn 中得到支持。为了评估该模型，需要计算适当的评价指标。这种评价指标不仅很多，并且随着从业人员对其理解的不断调整，这些指标的定义也在不断变化。我们可以借助书本或 Wikipedia 找到这些指标的定义，但是请记住，预测或者拟合的评估方法不是一门精确的科学。事实上，指标如此多，只能表明谁也说服不了谁。

下面通过 `scipy.optimize.leastsq()` 函数来搭建模型，该函数使用的前两个滞后分量我们在之前已经见过。此外，还可以选择一个线性代数函数作为替代。可是，`leastsq()` 函数具有更大的灵活性，让我们几乎可以规定任意类型的模型。搭建模型的代码如下所示：

```
def model(p, x1, x10):
   p1, p10 = p
   return p1 * x1 + p10 * x10

def error(p, data, x1, x10):
   return data - model(p, x1, x10)
```

拟合模型时，需要给参数表赋初值，并将其传递给 `leastsq()` 函数，具体如下所示：

```
def fit(data):
   p0 = [.5, 0.5]
```

```
    params = leastsq(error, p0, args=(data[10:], data[9:-1],
data[:-10]))[0]
    return params
```

下面在部分数据上训练该模型：

```
cutoff = .9 * len(sunspots)
params = fit(sunspots[:cutoff])
print "Params", params
```

以下是得到的参数：

```
Params [ 0.67172672  0.33626295]
```

有了这些参数，就可以绘出预测值，并计算各个指标。下面是得到的指标值：

```
Root mean square error 22.8148122613
Mean absolute error 17.6515446503
Mean absolute percentage error 60.7817800736
Symmetric Mean absolute percentage error 34.9843386176
Coefficient of determination 0.799940292779
```

最终结果如图 7-5 所示。

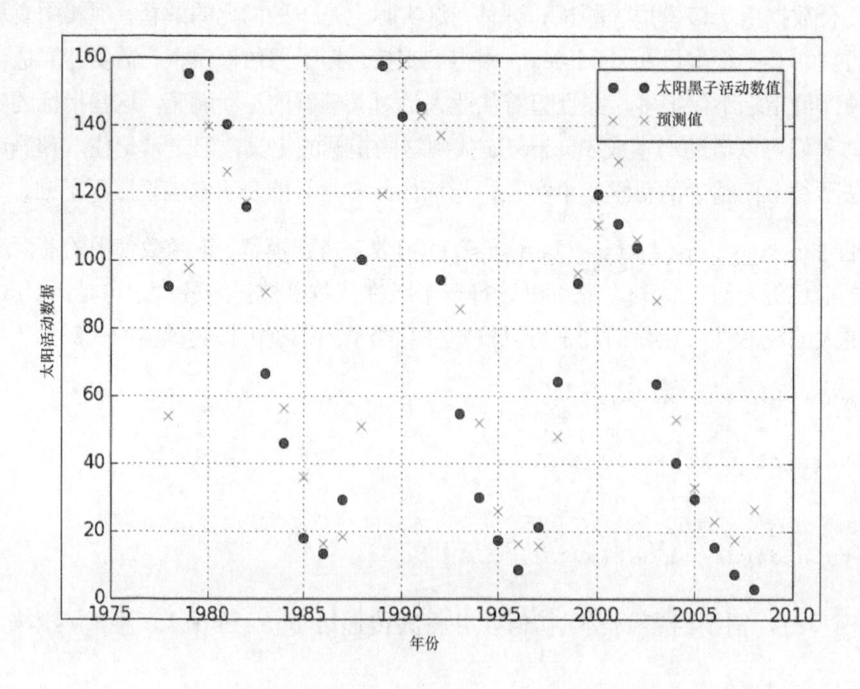

图 7-5

许多预测看起来几乎命中，而另一些则相去甚远。总的来说，拟合效果不是很理想，但也不算很烂，就算介于两者之间吧。

以下代码取自本书代码包中的 ar.py 文件：

```
from scipy.optimize import leastsq
import statsmodels.api as sm
import matplotlib.pyplot as plt
import numpy as np

def model(p, x1, x10):
   p1, p10 = p
   return p1 * x1 + p10 * x10

def error(p, data, x1, x10):
   return data - model(p, x1, x10)

def fit(data):
   p0 = [.5, 0.5]

   params = leastsq(error, p0, args=(data[10:], data[9:-1],
data[:-10]))[0]
   return params

data_loader = sm.datasets.sunspots.load_pandas()
sunspots = data_loader.data["SUNACTIVITY"].values

cutoff = .9 * len(sunspots)
params = fit(sunspots[:cutoff])
print "Params", params

pred = params[0] * sunspots[cutoff-1:-1] + params[1] *
sunspots[cutoff-10:-10]
actual = sunspots[cutoff:]
print "Root mean square error", np.sqrt(np.mean((actual - pred) **
2))
print "Mean absolute error", np.mean(np.abs(actual - pred))
print "Mean absolute percentage error", 100 *
np.mean(np.abs(actual - pred)/actual)
mid = (actual + pred)/2
print "Symmetric Mean absolute percentage error", 100 *
np.mean(np.abs(actual - pred)/mid)
print "Coefficient of determination", 1 - ((actual - pred) **
```

```
2).sum()/ ((actual - actual.mean()) ** 2).sum()
year_range = data_loader.data["YEAR"].values[cutoff:]
plt.plot(year_range, actual, 'o', label="Sunspots")
plt.plot(year_range, pred, 'x', label="Prediction")
plt.grid(True)
plt.xlabel("YEAR")
plt.ylabel("SUNACTIVITY")
plt.legend()
plt.show()
```

7.7 ARMA 模型

ARMA 模型由自回归模型和移动平均模型（请参考 http://en.wikipedia.org/iki/Autoregressive%E2%80%93moving-average_model）结合而成，常用于时间序列的预测。使用移动平均模型时，通常假定随机变量为噪声分量的线性组合与时间序列的均值之和。

提示：

自回归模型和移动平均模型可以具有不同的阶数。一般来说,我们能够定义一个具有 p 个自回归项和 q 个移动平均项的 ARMA 模型，如下所示：

$$x_t = c + \sum_{i=1}^{p} a_i x_{t-i} + \sum_{i=1}^{p} b_i \varepsilon_{t-i} + \in_t$$

正如自回归模型公式那样,上面的公式中也含有常数部分和白噪声部分。然而，这里还要设法拟合后面的噪声部分。

幸运的是，我们可以使用 statsmodelssm.tsa.ARMA()例程进行此类分析。下面使用 ARMA(10,1)模型来拟合数据，代码如下：

```
model = sm.tsa.ARMA(df, (10,1)).fit()
```

进行预测（statsmodels 模块使用了许多字符串）：

```
prediction = model.predict('1975', str(years[-1]), dynamic=True)
```

最终结果如图 7-6 所示。

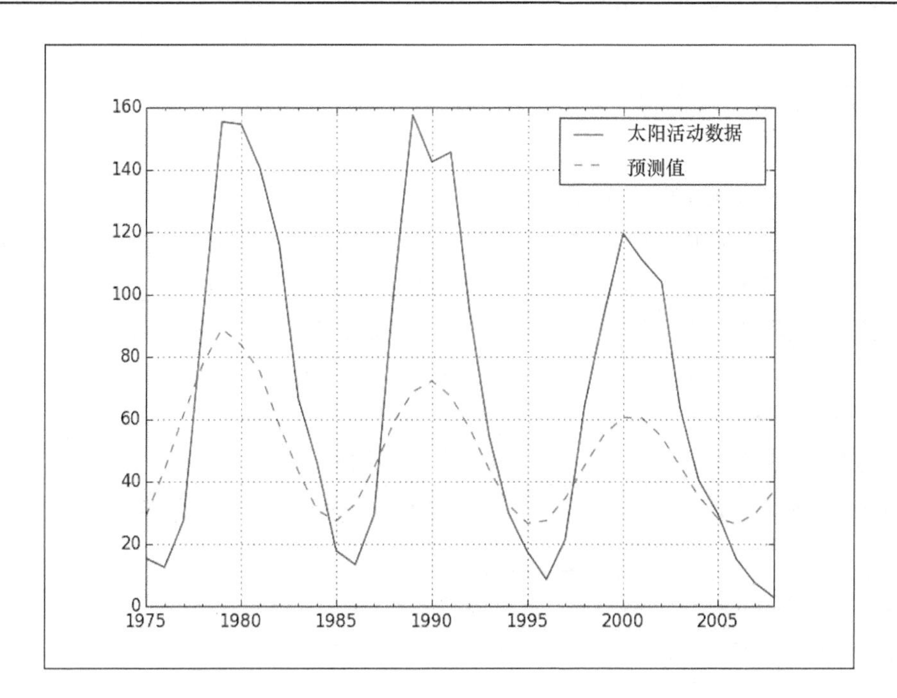

图 7-6

坦白地说，拟合效果很差，原因是该模型对数据过拟合了。在上一节中，这个简单模型的表现要更好一些。下面的示例代码来自本书代码包中的 arma.py 文件。

```
import pandas as pd
import matplotlib.pyplot as plt
import statsmodels.api as sm
import datetime

data_loader = sm.datasets.sunspots.load_pandas()
df = data_loader.data
years = df["YEAR"].values.astype(int)
df.index = pd.Index(sm.tsa.datetools.dates_from_range(str(years[0]),
str(years[-1])))
del df["YEAR"]

model = sm.tsa.ARMA(df, (10,1)).fit()
prediction = model.predict('1975', str(years[-1]), dynamic=True)

df['1975':].plot()
prediction.plot(style='--', label='Prediction')
plt.legend()
plt.show()
```

7.8 生成周期信号

许多自然现象就像精确的时钟一样，具有规律性，并且值得信赖。而有些自然现象，则会表现出一些看上去非常规则的模式。通过**希尔伯特-黄变换（Hilbert-Huang transform）**（更多介绍请参考 http://en.wikipedia.org/wiki/Hilbert%E2%80%93Huang_transform），一个科学家小组发现太阳黑子活动具有 3 个不同的周期。这 3 个周期的持续时间大致为 11 年、22 年和 100 年。一般情况下，我们使用正弦函数之类的三角函数来模拟周期信号。当然，这些函数我们在中学时就学过了。对于本例来说，这些知识就足够了。因为这里有 3 个周期，所以看上去通过 3 个正弦函数线性组合成一个模型比较合理。这种方法只需要对自回归模型的代码稍作修改。下列代码取自本书代码包中的 `periodic.py` 文件：

```
from scipy.optimize import leastsq
import statsmodels.api as sm
import matplotlib.pyplot as plt
import numpy as np

def model(p, t):
   C, p1, f1, phi1 , p2, f2, phi2, p3, f3, phi3 = p
   return C + p1 * np.sin(f1 * t + phi1) + p2 * np.sin(f2 * t +
phi2) +p3 * np.sin(f3 * t + phi3)

def error(p, y, t):
   return y - model(p, t)

def fit(y, t):
   p0 = [y.mean(), 0, 2 * np.pi/11, 0, 0, 2 * np.pi/22, 0, 0, 2 *
np.pi/100, 0]
   params = leastsq(error, p0, args=(y, t))[0]
   return params

data_loader = sm.datasets.sunspots.load_pandas()
sunspots = data_loader.data["SUNACTIVITY"].values
years = data_loader.data["YEAR"].values

cutoff = .9 * len(sunspots)
params = fit(sunspots[:cutoff], years[:cutoff])
```

```
print "Params", params

pred = model(params, years[cutoff:])
actual = sunspots[cutoff:]
print "Root mean square error", np.sqrt(np.mean((actual - pred) **
2))
print "Mean absolute error", np.mean(np.abs(actual - pred))
print "Mean absolute percentage error", 100 *
np.mean(np.abs(actual - pred)/actual)
mid = (actual + pred)/2
print "Symmetric Mean absolute percentage error", 100 *
np.mean(np.abs(actual - pred)/mid)
print "Coefficient of determination", 1 - ((actual - pred) **
2).sum()/ ((actual - actual.mean()) ** 2).sum()
year_range = data_loader.data["YEAR"].values[cutoff:]
plt.plot(year_range, actual, 'o', label="Sunspots")
plt.plot(year_range, pred, 'x', label="Prediction")
plt.grid(True)
plt.xlabel("YEAR")
plt.ylabel("SUNACTIVITY")
plt.legend()
plt.show()
```

输出内容如下所示：

```
Params [ 47.18800285  28.89947419   0.56827284   6.51168446
4.55214999
   0.29372077 -14.30926648 -18.16524041   0.06574835  -4.37789602]
Root mean square error 59.5619175499
Mean absolute error 44.5814573306
Mean absolute percentage error 65.1639657495
Symmetric Mean absolute percentage error 78.4477263927
Coefficient of determination -0.363525210982
```

第一行展示的是模型的相关系数。这里的平均绝对误差是 44，表示各个预测值与真实值之间平均相差多大。为了更好地拟合数据，判定系数尽量接近 1。可是，实际上得到的判定系数却是一个负值，这离我们的要求相去甚远。最终结果如图 7-7 所示。

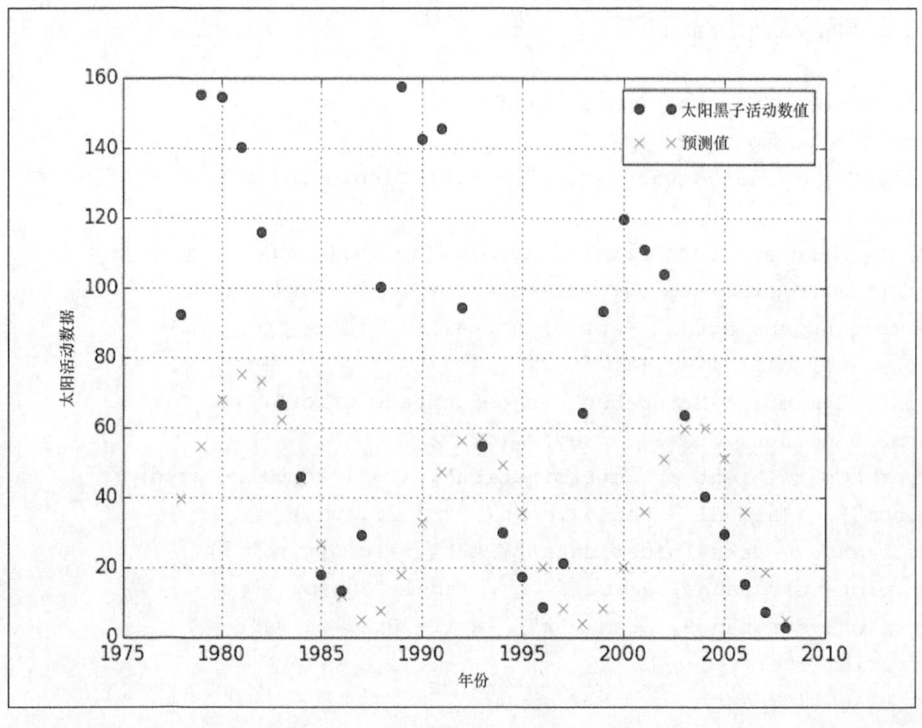

图 7-7

7.9 傅里叶分析

傅里叶分析是建立在以数学家 Joseph Fourier 命名的**傅里叶级数**之上的一种数学方法。傅里叶级数是一种表示函数的数学方法，它通常使用正弦函数和余弦函数构成的无穷级数来表示函数。这些函数既可以是实值函数，也可以是虚值函数。

$$\sum_{t=-\infty}^{\infty} \chi[t]\mathrm{e}^{-i\omega t}$$

对于傅里叶分析来说，最高效的算法非快速傅里叶变换（Fast Fourier Transform，FFT）莫属。这个算法已经被 SciPy 与 NumPy 这两个库实现了。

当应用于时间序列数据时，傅里叶分析能够将数据从时域映射到频域上面，从而得到一个频谱。对于某些谐波来说，它们会在频谱的特定频率上表现为一些尖峰。例如，乐谱就是由代表不同频率的音符构成的，其中 A 音符的声高为 440Hz。实际上，A 音符代表的就是敲击音叉时所产生的声音。借助钢琴之类的乐器，我们不仅可以演奏出 A 音符，还可以演奏出其他音符。白噪声是由许多不同频率的信号构成的，并且这些信号的功率一样。

白光也是由不同频率的所有可见光混合而成的，这些可见光的功率也是一样的。

在下面的代码中，我们要导入两个函数（具体参阅 fourier.py 文件）：

```
from scipy.fftpack import rfft
from scipy.fftpack import fftshift
```

其中，rfft()函数可以对实值数据进行 FFT。此外，还可以使用 FFT()函数，但是它用于实值数据集时，会发出警告。函数 fftshift()可以把 0 频分量（数据的平均值）移动到频谱中央，这样看起来会更舒服一些。为了便于理解，下面以正弦波为例进行讲解。首先，创建一个正弦波，然后对其实施 FFT，具体代码如下所示：

```
t = np.linspace(-2 * np.pi, 2 * np.pi, len(sunspots))
mid = np.ptp(sunspots)/2
sine = mid + mid * np.sin(np.sin(t))

sine_fft = np.abs(fftshift(rfft(sine)))
print "Index of max sine FFT", np.argsort(sine_fft)[-5:]
```

下面输出的是对应于最大振幅的相应索引：

```
Index of max sine FFT [160 157 166 158 154]
```

对太阳黑子数据进行 FFT：

```
transformed = np.abs(fftshift(rfft(sunspots)))
print "Indices of max sunspots FFT", np.argsort(transformed)[-5:]
```

通过下列索引可以看出，频谱中有 5 个大峰值：

```
Indices of max sunspots FFT [205 212 215 209 154]
```

我们看到，这里 154 处也有一个最大峰值。最终结果如图 7-8 所示。

下面的代码取自本书代码包中的 fourier.py 文件：

```
import numpy as np
import statsmodels.api as sm
import matplotlib.pyplot as plt
from scipy.fftpack import rfft
from scipy.fftpack import fftshift

data_loader = sm.datasets.sunspots.load_pandas()
sunspots = data_loader.data["SUNACTIVITY"].values

t = np.linspace(-2 * np.pi, 2 * np.pi, len(sunspots))
```

```
mid = np.ptp(sunspots)/2
sine = mid + mid * np.sin(np.sin(t))

sine_fft = np.abs(fftshift(rfft(sine)))
print "Index of max sine FFT", np.argsort(sine_fft)[-5:]

transformed = np.abs(fftshift(rfft(sunspots)))
print "Indices of max sunspots FFT", np.argsort(transformed)[-5:]

plt.subplot(311)
plt.plot(sunspots, label="Sunspots")
plt.plot(sine, lw=2, label="Sine")
plt.grid(True)
plt.legend()
plt.subplot(312)
plt.plot(transformed, label="Transformed Sunspots")
plt.grid(True)
plt.legend()
plt.subplot(313)
plt.plot(sine_fft, lw=2, label="Transformed Sine")
plt.grid(True)
plt.legend()
plt.show()
```

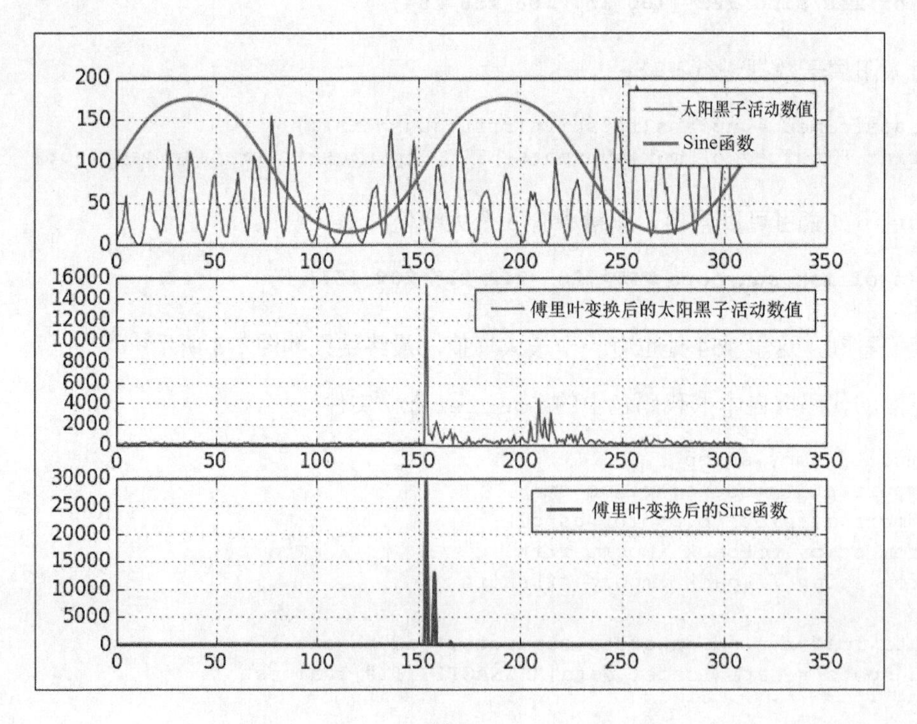

图 7-8

7.10 谱分析

在上一节中，我们绘制了数据集的振幅频谱。而物理信号的**功率频谱**可以直观展现出该信号的能量分布。对于前面的代码，我们稍作修改就能用来绘制功率频谱。具体做法是将某些值取平方，具体如下所示：

```
plt.plot(transformed ** 2, label="Power Spectrum")
```

相位谱可以为我们直观展示相位，即正弦函数的起始角，相应代码如下所示：

```
plt.plot(np.angle(transformed), label="Phase Spectrum")
```

最终结果如图 7-9 所示。

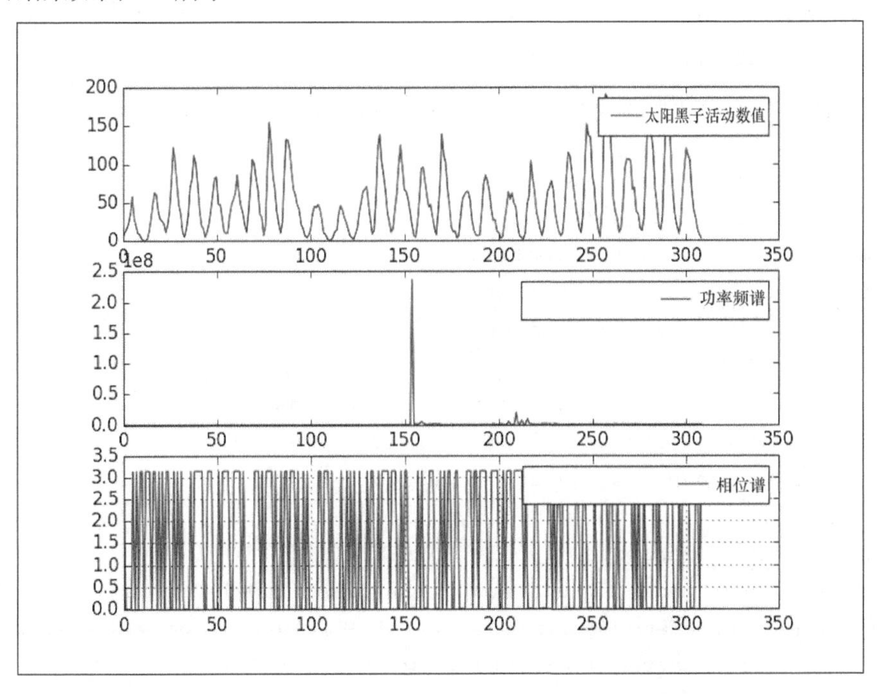

图 7-9

至于完整的代码，请参阅本书代码包中的 spectrum.py 文件。

7.11 滤波

滤波是一种信号处理技术，可以对信号的某些部分进行删减或抑制。应用 FFT 后，就可以对高频或低频进行过滤或者设法删除白噪声了。白噪声是功率频谱为常数的一个随机信号，因此，它不包含任何有用信息。scipy.Signal 程序包为滤波提供了许多相应的实用程序。下面的例子将展示部分函数的使用方法。

- **中值滤波器（Median Filter）**可以用来计算滚动窗口中数据的中值，具体请参考 http://en.wikipedia.org/wiki/Median_filter。这个滤波器是由 medfilt() 函数实现的，可以通过可选参数来指定窗口大小。
- **Wiener 滤波器**能够通过统计数值来删除噪音，详情可参考 http://en.wikipedia.org/wiki/Wiener_filter。对于一个滤波器 g(t) 与一个信号 s(t)，可以通过 (g * [s + n]) (t) 来计算其卷积。这个滤波器是通过 wiener() 实现的，它同样也有一个指定窗口大小的可选参数。
- **detrend 滤波器**可以用来删除趋势。它可以是一个线性或者不变趋势。这个滤波器是由 detrend() 函数实现的。

下列代码取自本书代码包中的 filtering.py 文件：

```
import statsmodels.api as sm
import matplotlib.pyplot as plt
from scipy.signal import medfilt
from scipy.signal import wiener
from scipy.signal import detrend

data_loader = sm.datasets.sunspots.load_pandas()
sunspots = data_loader.data["SUNACTIVITY"].values
years = data_loader.data["YEAR"].values

plt.plot(years, sunspots, label="SUNACTIVITY")
plt.plot(years, medfilt(sunspots, 11), lw=2, label="Median")
plt.plot(years, wiener(sunspots, 11), '--', lw=2, label="Wiener")
plt.plot(years, detrend(sunspots), lw=3, label="Detrend")
plt.xlabel("YEAR")
plt.grid(True)
plt.legend()
plt.show()
```

最终结果如图 7-10 所示。

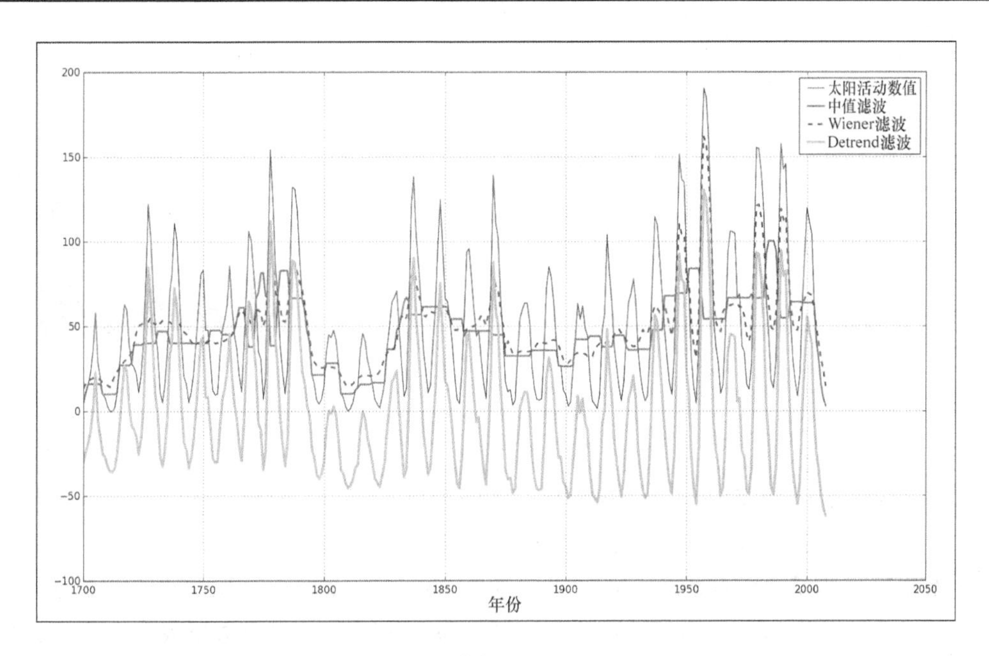

图 7-10

7.12 小结

本章的时间序列示例使用了年度太阳黑子周期数据。

我们介绍了一个比较常见的问题的解决方法，即在同一个时间序列中找出一个值与固定周期数之前的另一个数据点或者一组数据点之间的关系。

对于移动平均法，需要指定一个窗口来明确规定向前可以看到的数据，此后，窗口每一次前移一个周期，都要计算一次窗口内数据的平均值。在 pandas 的应用程序接口中，`rolling_window()`函数为我们提供了许多窗口函数的功能，其中字符串参数 `win_type` 取不同的值，就对应着不同的窗口函数。

协整类似于相关性，是一个度量两个时间序列之间的关系的指标。进行回归分析时，我们常常遇到过拟合的问题。这个问题表现为，模型对于样本拟合的效果非常理想，但是当引入新数据点后，效果就变得很糟糕。为了对模型进行评估，可以求取适当的评价指标。

对于数据分析而言，数据库是一个非常重要的工具。自从 20 世纪 70 年代开始，关系型数据库便开始流行起来。现在，NoSQL 数据库已经变成一个可行的替代方案。第 8 章“应用数据库”将会介绍各种相关的数据库（包括关系型与 NoSQL 数据库）及其应用程序接口。

第8章 应用数据库

如果日常需要跟数据打交道，迟早是要接触到数据库的。因此，本章将介绍各种数据库及其应用编程接口。这里所说的数据库包括关系型数据库以及非关系型（NoSQL）数据库。**关系型数据库**是由数据表汇集而成的，更重要的是，这些数据表中的数据是按照数据项之间的关系进行组织的。当然，这里所说的关系，也可以是某个数据表中的行数据与其他数据表中的行数据之间的关系。关系型数据库不仅涉及数据表之间的关系：首先，它要处理同一个数据表中不同列之间的关系(很明显，一个数据表内的各列毫无疑问是相关的)；其次，它还要处理数据表之间的关系。

伴随着大数据和 Web 应用的流行，**非关系型（Not Only SQL，NoSQL）**数据库也开始野蛮生长。NoSQL 系统将成为类 SQL 事实上的标准。NoSQL 数据库的主旨在于，使用比关系模型更为灵活的方式来存储数据。这就可能意味着，无需数据库模式或者灵活的数据库模式。当然，灵活性和速度也是有代价的，如无法始终保证事务的一致性。NoSQL 数据库可以利用面向列的方法以字典的形式来储存数据，这些数据对象包括文档、对象、图、元组，甚至这些对象的组合体。本章将要介绍的主题如下所示。

- 基于 sqlite3 的轻量级访问。
- 通过 pandas 访问数据库。
- SQLAlchemy 的安装与配置。
- 通过 SQLAlchemy 填充数据库。
- 通过 SQLAlchemy 查询数据库。
- Pony ORM。

- Dataset：懒人数据库。
- PyMongo 与 MongoDB。
- 利用 Redis 存储数据。
- Apache Cassandra。

8.1 基于 sqlite3 的轻量级访问

SQLite 是一款非常流行的关系型数据库，由于它非常轻盈，因此被大量应用程序广泛采纳，如 Mozilla Firefox 等浏览器。`sqlite3` 是 Python 标准发行版自带的一个模块，可以用于处理 SQLite 数据库。使用 `sqlite3` 模块时，数据库既可以存放到文件中，也可以保留在内存中。本例采用后一种方式。下面导入 `sqlite3`，具体代码如下所示：

```
import sqlite3
```

首先，连接数据库。如果希望把数据库存到文件中，那么必须提供一个文件名。否则，可以通过下列方式将数据库留在内存中：

```
with sqlite3.connect(":memory:") as con:
```

上面使用了 Python 的 `with` 语句。需要注意的是，这个语句依赖于特定上下文管理器类的`__exit__()`方法的存在。如果使用了这个语句，就无需显式关闭数据库连接了。这是因为上下文管理器会自动替我们关闭连接。连接到数据库后，还需要一个游标。游标在数据库中的作用，至少从概念上来讲，类似于文本编辑器中的光标。注意，这个游标也需要由我们来关闭。

下面开始创建游标，代码如下：

```
c = con.cursor()
```

现在，可以直接创建数据表了。通常，必须首先创建一个数据库，或数据库专家已经替我们建立了一个数据库。在本章中，你不仅需要了解 Python，而且还得懂 SQL。**SQL** 是一种专门用来查询和操作数据库的语言。限于篇幅，这里不可能对 SQL 进行详尽的介绍。不过，只要稍作努力，读者就能够掌握基本的 SQL，如可以访问 `http://www.w3schools.com/sql/`进行了解。为了创建数据表，我们需要向游标传递一个 SQL 字符串，具体如下所示：

```
c.execute('''CREATE TABLE sensors
              (date text, city text, code text, sensor_id real,
temperature real)''')
```

上面的代码会创建一个包含很多列的数据表，具体名称为 sensors。在上面的字符串中，text 和 real 用来表明字符串和数值的类型。通过上面的代码，就能创建一个可用的数据表了。如果创建过程发生错误，就会收到相应的出错提示。列出数据库中数据表的方法与数据库本身紧密相关。通常，有一个或一组专门的数据表来存放用户数据表的元数据。下面列出 SQLite 数据表，具体如下所示：

```
for table in c.execute("SELECT name FROM sqlite_master WHERE type
= 'table'"):
      print "Table", table[0]
```

正如所料，我们将得到如下所示的输出：

```
Table sensors
```

现在，我们要插入并查询一些随机数据，具体如下所示：

```
c.execute("INSERT INTO sensors VALUES ('2016-11-
05','Utrecht','Red',42,15.14)")
c.execute("SELECT * FROM sensors")
print c.fetchone()
```

下面输出插入的记录：

```
(u'2016-11-05', u'Utrecht', u'Red', 42.0, 15.14)
```

当不再需要某个数据表时，就可以将其删除了。需要注意的是，删除是一项非常危险的操作，因此，必须绝对肯定再也用不到这个数据表了。因为数据表一旦被删，就无法恢复了，除非之前已经做好了备份。下面的代码将删除数据表，并显示删除操作执行后所剩数据表的数量，具体如下所示：

```
con.execute("DROP TABLE sensors")

print "# of tables", c.execute("SELECT COUNT(*) FROM sqlite_master
WHERE type = 'table'").fetchone()[0]
```

输出内容如下所示：

```
# of tables 0
```

下列代码取自本书代码包中的 sqlite_demo.py 文件：

```
import sqlite3

with sqlite3.connect(":memory:") as con:
    c = con.cursor()
    c.execute('''CREATE TABLE sensors
                 (date text, city text, code text, sensor_id real,
temperature real)''')

    for table in c.execute("SELECT name FROM sqlite_master WHERE
type = 'table'"):
        print "Table", table[0]

    c.execute("INSERT INTO sensors VALUES ('2016-11-
05','Utrecht','Red',42,15.14)")
    c.execute("SELECT * FROM sensors")
    print c.fetchone()
    con.execute("DROP TABLE sensors")

    print "# of tables", c.execute("SELECT COUNT(*) FROM
sqlite_master WHERE type = 'table'").fetchone()[0]

    c.close()
```

8.2 通过 pandas 访问数据库

我们可以向 pandas 提供一个数据库连接，如前面例子中的连接或 SQLAlchemy 连接。关于 SQLAlchemy 连接，我们将在本章后面部分进行讲解。正如第 7 章“信号处理与时间序列”那样，这里也要用到 statsmodels 模块的太阳黑子活动数据。为了加载数据，可以使用下列代码。

（1）创建元组列表，以构建 pandas DataFrame：

```
rows = [tuple(x) for x in df.values]
```

与之前的示例不同，这里要创建的是一个未规定数据类型的数据表，代码如下所示：

```
con.execute("CREATE TABLE sunspots(year, sunactivity)")
```

（2）我们知道，executemany()方法可以执行多条语句。就本例而言，我们要插入一些记录，这些记录来自元组列表。下面将这些数据行插入数据表，并显示行数：

```
con.executemany("INSERT INTO sunspots(year, sunactivity)
VALUES (?, ?)", rows)
c.execute("SELECT COUNT(*) FROM sunspots")
print c.fetchone()
```

数据表的行数如下所示：

```
(309,)
```

（3）execute()函数返回结果中的 rowcount 属性存放的是受影响的数据行的数量。这个属性有点古怪，并且与 SQLite 版本密切相关。另外，就像上面代码中看到的那样，SQL 查询是无歧义的。下面删除事件数大于 20 的记录，代码如下所示：

```
print "Deleted", con.execute("DELETE FROM sunspots where
sunactivity > 20").rowcount, "rows"
```

结果如下所示：

```
Deleted 217 rows
```

（4）如果把数据库连接至 pandas，就可以利用 read_sql()函数来执行查询并返回 pandas DataFrame 了。下面选择前 1732 条记录，代码如下所示：

```
print read_sql("SELECT * FROM sunspots where year < 1732",
con)
```

最终得到如下所示的 pandas DataFrame：

```
    year  sunactivity
0   1700            5
1   1701           11
2   1702           16
3   1707           20
4   1708           10
5   1709            8
6   1710            3
7   1711            0
8   1712            0
9   1713            2
10  1714           11
```

```
11  1723          11

[12 rows x 2 columns]
```

下列代码取自本书代码包中的 `panda_access.py` 文件：

```
import statsmodels.api as sm
from pandas.io.sql import read_sql
import sqlite3

with sqlite3.connect(":memory:") as con:
    c = con.cursor()

    data_loader = sm.datasets.sunspots.load_pandas()
    df = data_loader.data
    rows = [tuple(x) for x in df.values]

    con.execute("CREATE TABLE sunspots(year, sunactivity)")
    con.executemany("INSERT INTO sunspots(year, sunactivity)
VALUES (?, ?)", rows)
    c.execute("SELECT COUNT(*) FROM sunspots")
    print c.fetchone()
    print "Deleted", con.execute("DELETE FROM sunspots where
sunactivity > 20").rowcount, "rows"

    print read_sql("SELECT * FROM sunspots where year < 1732",
con)
    con.execute("DROP TABLE sunspots")

    c.close()
```

8.3 SQLAlchemy

SQLAlchemy 以基于设计模式（design pattern）的**对象关系映射（ORM）**而闻名。也就是说，它可以把 Python 的类映射为数据库的数据表。实际上，这意味着添加了一个额外的抽象层，因此，我们需要使用 SQLAlchemy 应用程序接口来跟数据库打交道，而非使用 SQL 命令。使用 SQLAlchemy 的好处是，它能够在幕后替我们处理各种细节。不过，凡事有利皆有弊，使用 SQLAlchemy 的缺点是不得不学习其应用程序接口，同时，性能也会有所下降。本节将学习如何安装 SQLAlchemy，以及如何通过 SQLAlchemy 填充和查询数据库。

8.3.1 SQLAlchemy 的安装和配置

下面是安装 SQLAlchemy 所需的命令：

```
$ pip install sqlalchemy
```

在写作本书时，SQLAlchemy 的最新版本是 0.9.6。SQLAlchemy 的下载地址为 `http://www.sqlalchemy.org/download.html`，从这个页面可以找到 SQLAlchemy 的安装程序和代码仓库。

此外，SQLAlchemy 还有一个支持页面，详细地址为 `http://www.sqlalchemy.org/support.html`。只要对 `pkg_check.py` 脚本稍作修改，就可以让它显示 SQLAlchemy 的各个模块：

```
sqlalchemy version 0.9.6
sqlalchemy.connectors DESCRIPTION # connectors/__init__.py #
Copyright (C) 2005-2014 the SQLAlchemy authors and contributors <see
AUTHORS file> # # This module is

sqlalchemy.databases DESCRIPTION Include imports from the
sqlalchemy.dialects package for backwards compatibility with pre 0.6
versions. PACKAGE CONTENTS DATA __

sqlalchemy.dialects DESCRIPTION # dialects/__init__.py # Copyright
(C) 2005-2014 the SQLAlchemy authors and contributors <see AUTHORS
file> # # This module is p
sqlalchemy.engine DESCRIPTION The engine package defines the basic
components used to interface DB-API modules with higher-level
statement construction, conne

sqlalchemy.event DESCRIPTION # event/__init__.py # Copyright (C)
2005-2014 the SQLAlchemy authors and contributors <see AUTHORS file>
# # This module is part

sqlalchemy.ext DESCRIPTION # ext/__init__.py # Copyright (C) 2005-
2014 the SQLAlchemy authors and contributors <see AUTHORS file> # #
This module is part o
sqlalchemy.orm DESCRIPTION See the SQLAlchemy object relational
tutorial and mapper configuration documentation for an overview of
how this module is used.

sqlalchemy.sql DESCRIPTION # sql/__init__.py # Copyright (C) 2005-
```

```
2014 the SQLAlchemy authors and contributors <see AUTHORS file> # #
This module is part o

sqlalchemy.testing DESCRIPTION # testing/__init__.py # Copyright (C)
2005-2014 the SQLAlchemy authors and contributors <see AUTHORS file>
# # This module is pa

sqlalchemy.util DESCRIPTION # util/__init__.py # Copyright (C) 2005-
2014 the SQLAlchemy authors and contributors <see AUTHORS file> # #
This module is part
```

使用 SQLAlchemy 时，需要定义一个超类，代码如下：

```
from sqlalchemy.ext.declarative import declarative_base
Base = declarative_base()
```

本小节及后面几节中会使用一个带有两个数据表的小型数据库，其中第一个数据表是关于观测站的，第二个数据表是描述观测站内的传感器的。每个观测站可以有 0 个、1 个或者多个传感器。其中，每个观测站都有一个整数 ID，这些数字是由数据库自动生成的。此外，每个观测站都有一个名称，而且这个名称是唯一的，也是强制性的。

同时，每个传感器也有自己的整数 ID。我们将记录传感器的最后一次观察值。这个值可以是观测值的倍数。具体情况可以参考本书代码包中的 `alchemy_entities.py` 代码。注意，不必直接运行 `alchemy_entities.py` 本身，因为它是供其他脚本使用的。`alchemy_entities.py` 文件中的代码如下所示：

```
from sqlalchemy import Column, ForeignKey, Integer, String, Float
from sqlalchemy.ext.declarative import declarative_base
from sqlalchemy.orm import relationship
from sqlalchemy import create_engine
from sqlalchemy import UniqueConstraint

Base = declarative_base()
class Station(Base):
    __tablename__ = 'station'
    id = Column(Integer, primary_key=True)
    name = Column(String(14), nullable=False, unique=True)

    def __repr__(self):
        return "Id=%d name=%s" %(self.id, self.name)

class Sensor(Base):
    __tablename__ = 'sensor'
```

```
    id = Column(Integer, primary_key=True)
    last = Column(Integer)
    multiplier = Column(Float)
    station_id = Column(Integer, ForeignKey('station.id'))
    station = relationship(Station)

    def __repr__(self):
        return "Id=%d last=%d multiplier=%.1f station_id=%d"
%(self.id, self.last, self.multiplier, self.station_id)

if __name__ == "__main__":
    print "This script is used by another script. Run python
alchemy_query.py"
```

8.3.2 通过 SQLAlchemy 填充数据库

数据表的创建将在下一节介绍。本节先来准备一个脚本，以便用来填充数据库。注意，不用直接运行这个脚本，因为它是供下一节中的脚本使用的。通过 DBSession 对象，可以向数据表中插入数据。当然，还需要一个引擎。不过，引擎的创建方法也留到下一节介绍。

1. 创建 DBSession 对象，代码如下：

```
Base.metadata.bind = engine

DBSession = sessionmaker(bind=engine)
session = DBSession()
```

2. 创建两个观测站：

```
de_bilt = Station(name='De Bilt')
session.add(de_bilt)
session.add(Station(name='Utrecht'))
session.commit()
print "Station", de_bilt
```

在我们提交这个会话前，这些数据行是不会被插入的。下面是与第一个观测站有关的输出：

```
Station Id=1 name=De Bilt
```

3. 同样，我们还要插入传感器记录，代码如下：

```
temp_sensor = Sensor(last=20, multiplier=.1,
station=de_bilt)
session.add(temp_sensor)
```

```
session.commit()
print "Sensor", temp_sensor
```

这个传感器位于第一个观察站中，所以，我们将得到如下所示的输出内容：

```
Sensor Id=1 last=20 multiplier=0.1 station_id=1
```

数据库填充代码可以在本书代码包中的 populate_db.py 文件中找到。同样，这个脚本也无需直接运行，它也是供其他脚本使用的。填充代码如下所示：

```
from sqlalchemy import create_engine
from sqlalchemy.orm import sessionmaker

from alchemy_entities import Base, Sensor, Station

def populate(engine):
    Base.metadata.bind = engine

    DBSession = sessionmaker(bind=engine)
    session = DBSession()

    de_bilt = Station(name='De Bilt')
    session.add(de_bilt)
    session.add(Station(name='Utrecht'))
    session.commit()
    print "Station", de_bilt

    temp_sensor = Sensor(last=20, multiplier=.1, station=de_bilt)
    session.add(temp_sensor)
    session.commit()
    print "Sensor", temp_sensor

if __name__ == "__main__":
    print "This script is used by another script. Run python
alchemy_query.py"
```

8.3.3 通过 SQLAlchemy 查询数据库

下面通过 URI 来创建引擎，代码如下：

```
engine = create_engine('sqlite:///demo.db')
```

通过这个 URI，我们规定要使用的引擎为 SQLite，同时指出要把数据存放到文件 demo.db 中。然后，利用刚才创建的引擎来创建两个数据表，即 station 和 sensor。

相应代码如下所示：

```
Base.metadata.create_all(engine)
```

对于 SQLAlchemy 查询，我们也需要一个 DBSession 对象，这个对象前面一节已经介绍过了。

下面选择数据表 station 中的第一行数据：

```
station = session.query(Station).first()
```

下面代码用于选择所有观测站，具体如下所示：

```
print "Query 1", session.query(Station).all()
```

下面是输出结果：

```
Query 1 [Id=1 name=De Bilt, Id=2 name=Utrecht]
```

选择所有传感器，代码如下：

```
print "Query 2", session.query(Sensor).all()
```

下面是输出结果：

```
Query 2 [Id=1 last=20 multiplier=0.1 station_id=1]
```

下面，选择第一个观测站的第一个传感器，具体代码如下所示：

```
print "Query 3",
session.query(Sensor).filter(Sensor.station ==
station).one()
```

下面是输出结果：

```
Query 3 Id=1 last=20 multiplier=0.1 station_id=1
```

还可以使用 pandas 的 read_sql()方法进行查询，具体如下所示：

```
print read_sql("SELECT * FROM station",
engine.raw_connection())
```

得到的结果如下所示：

```
  id    name
```

```
0   1  De Bilt
1   2  Utrecht

[2 rows x 2 columns]
```

下面代码取自本书代码包中的 `alchemy_query.py` 文件：

```
from alchemy_entities import Base, Sensor, Station
from populate_db import populate
from sqlalchemy import create_engine
from sqlalchemy.orm import sessionmaker
import os
from pandas.io.sql import read_sql

engine = create_engine('sqlite:///demo.db')
Base.metadata.create_all(engine)
populate(engine)
Base.metadata.bind = engine
DBSession = sessionmaker()
DBSession.bind = engine
session = DBSession()

station = session.query(Station).first()

print "Query 1", session.query(Station).all()
print "Query 2", session.query(Sensor).all()
print "Query 3", session.query(Sensor).filter(Sensor.station ==
station).one()
print read_sql("SELECT * FROM station", engine.raw_connection())

try:
    os.remove('demo.db')
    print "Deleted demo.db"
except OSError:
    pass
```

8.4 Pony ORM

Pony ORM 是 Python 编程语言下的另一款 ORM 程序包。Pony ORM 是用纯 Python 编写的，它还能自动进行查询优化，同时，还提供了一个图形用户界面的数据库模式编辑器。此外，它还支持自动事务处理、自动缓存和组合关键字（Composite Keys）。有了 Pony ORM，就可以通过 Python 的生成器表达式来查询数据库了。当然，这些生成器最终都会转换为 SQL。

安装这个程序库的命令如下所示：

```
$ sudo pip install pony
$ pip freeze|grep pony
pony==0.5.1
```

本例中将用到这个程序包，因此需要将其导入。下面的导入代码取自本书代码包中的 pony_ride.py 文件：

```
from pony.orm import Database, db_session
from pandas.io.sql import write_frame
import statsmodels.api as sm
```

下面来创建一个 in-memory 型的 SQLite 数据库：

```
db = Database('sqlite', ':memory:')
```

下面通过 pandas 的 write_frame()函数来加载太阳黑子数据，并将其写入数据库。具体代码如下所示：

```
with db_session:
    data_loader = sm.datasets.sunspots.load_pandas()
    df = data_loader.data
    write_frame(df, "sunspots", db.get_connection())
    print db.select("count(*) FROM sunspots")
```

这个太阳黑子数据表的行数如下所示：

```
[309]
```

8.5 Dataset：懒人数据库

Dataset 是一个 Python 库，实际上就是 SQLAlchemy 的一个包装器。这个库的开发主旨是尽量做到易于使用，也就是尽量让懒人满意。

安装 dataset 的命令如下所示：

```
$ sudo pip install dataset
$ pip freeze|grep dataset
dataset==0.5.4
```

创建并连接一个 in-memory 型的 SQLite 数据库，代码如下所示：

```
import dataset
db = dataset.connect('sqlite:///:memory:')
```

创建一个名为 books 的数据表，代码如下所示：

```
table = db["books"]
```

事实上，在数据库中这个表尚未创建，因为我们还没有为其指定任何列。我们只是创建了一个相关的对象。调用 insert() 方法时，会自动创建数据表模式。同时，向 insert() 方法传递含有书名的字典，具体代码如下所示：

```
table.insert(dict(title="NumPy Beginner's Guide",
author='Ivan Idris'))
table.insert(dict(title="NumPy Cookbook", author='Ivan
Idris'))
table.insert(dict(title="Learning NumPy", author='Ivan
Idris'))
```

当然，这都是一些好书！此外，pandas 的 read_sql() 函数也可以用来查询这个数据表：

```
print read_sql('SELECT * FROM books',
db.executable.raw_connection())
```

以下是输出结果：

```
   id      author                   title
0   1  Ivan Idris  NumPy Beginner's Guide
1   2  Ivan Idris          NumPy Cookbook
2   3  Ivan Idris          Learning NumPy

[3 rows x 3 columns]
```

现在，加载太阳黑子数据，并输出前五行数据的内容，具体代码如下所示：

```
write_frame(df, "sunspots", db.executable.raw_connection())
table = db['sunspots']

for row in table.find(_limit=5):
   print row
```

得到的输出结果如下所示：

```
OrderedDict([(u'YEAR', 1700.0), (u'SUNACTIVITY', 5.0)])
OrderedDict([(u'YEAR', 1701.0), (u'SUNACTIVITY', 11.0)])
OrderedDict([(u'YEAR', 1702.0), (u'SUNACTIVITY', 16.0)])
OrderedDict([(u'YEAR', 1703.0), (u'SUNACTIVITY', 23.0)])
OrderedDict([(u'YEAR', 1704.0), (u'SUNACTIVITY', 36.0)])
```

只需下面一行代码，就能轻松展示数据库中的数据表：

```
print "Tables", db.tables
```

以下是上述代码的输出结果：

```
Tables [u'books', 'sunspots']
```

以下代码取自本书代码包中的 dataset_demo.py 文件：

```
import dataset
from pandas.io.sql import read_sql
from pandas.io.sql import write_frame
import statsmodels.api as sm

db = dataset.connect('sqlite:///:memory:')
table = db["books"]
table.insert(dict(title="NumPy Beginner's Guide", author='Ivan
Idris'))
table.insert(dict(title="NumPy Cookbook", author='Ivan Idris'))
table.insert(dict(title="Learning NumPy", author='Ivan Idris'))
print read_sql('SELECT * FROM books', db.executable.raw_connection())

data_loader = sm.datasets.sunspots.load_pandas()
df = data_loader.data
write_frame(df, "sunspots", db.executable.raw_connection())
table = db['sunspots']

for row in table.find(_limit=5):
   print row

print "Tables", db.tables
```

8.6 PyMongo 与 MongoDB

MongoDB 是一个面向文档的 NoSQL 数据库，其名称取自 humongous 一词，即硕大无比之意。其中，文档将以类似 JSON 的 BSON 格式进行存储。可以从 http://www.mongodb.org/downloads 页面下载 MongoDB。安装过程非常简单，只需将压缩文件解压即可。创作本书时，这个程序库的版本为 2.6.3。在这个版本的 bin 目录下面，有一个名为 mongod 的文件，用来启动服务器。MongoDB 位于/data/db 目录下面，该目录就是存储数据的地方。当然，可以通过下列命令来指定其他目录：

```
$ mkdir /tmp/db
```

进入存放数据库二进制可执行代码的目录，并启动数据库，具体命令如下所示：

```
./mongod --dbpath /tmp/db
```

这个进程需要一直运行，这样我们才能查询数据库。

PyMongo 是 MongoDB 的 Python 驱动程序，这个程序的安装方法如下所示：

```
$ sudo pip install pymongo
$ pip freeze|grep pymongo
pymongo==2.7.1
```

与 MongoDB 的测试数据库建立连接，具体代码如下所示：

```
from pymongo import MongoClient
client = MongoClient()
db = client.test_database
```

别忘了，我们是可以利用 pandas DataFrame 来创建 JSON 的。下面来创建 JSON，并将其存于 MongoDB 中，代码如下：

```
data_loader = sm.datasets.sunspots.load_pandas()
df = data_loader.data
rows = json.loads(df.T.to_json()).values()
db.sunspots.insert(rows)
```

现在，我们来查询刚才创建的文档：

```
cursor = db['sunspots'].find({})
df =  pd.DataFrame(list(cursor))
print df
```

这将打印输出整个 pandas DataFrame。下列代码取自本书代码包中的 mongo_demo.py 文件。

```
from pymongo import MongoClient
import statsmodels.api as sm
import json
import pandas as pd

client = MongoClient()
db = client.test_database

data_loader = sm.datasets.sunspots.load_pandas()
df = data_loader.data
rows = json.loads(df.T.to_json()).values()
db.sunspots.insert(rows)

cursor = db['sunspots'].find({})
df =  pd.DataFrame(list(cursor))
print df

db.drop_collection('sunspots')
```

8.7 利用 Redis 存储数据

Redis 是一个 in-memory 型的键-值数据库，由 C 语言编写而成。Redis 这个名称源自 **REmote DIctionary Server**，即远程字典服务器。处于内存存储模式时，Redis 的速度快得惊人，并且读写操作的速度几乎一样快。Redis 遵循发布订阅模式，并且通过 Lua 脚本来处理存储过程。发布订阅模式通过客户端可订阅的信道来接收消息。创作本书时的 Redis 最新版本为 2.8.12。我们可以从 ttp://redis.io/页面下载 Redis。之后，将下载的文件解压，就可以通过以下命令来编译代码，从而得到所需的二进制文件了，具体如下所示：

```
$ make
```

运行服务器，命令如下所示：

```
$ src/redis-server
```

下面开始安装一个 Python 驱动程序，具体命令如下所示：

```
$ sudo pip install redis
$ pip freeze|grep redis
redis==2.10.1
```

Redis 的使用非常简便，只要把它当作一个庞大的字典即可。不过，Redis 也有自身的局限性。有时，它的易用性仅仅体现在将复杂的对象存储为 JSON 字符串或其他格式。这正是我们联合使用 pandas `DataFrame` 的原因。下面，我们与 Redis 建立连接，代码如下：

```
r = redis.StrictRedis()
```

通过 JSON 字符串创建一个键-值对，具体代码如下所示：

```
r.set('sunspots', data)
```

通过下列代码检索数据：

```
blob = r.get('sunspots')
```

下面的代码非常简单，它们取自本书代码包中的 `redis_demo.py` 文件：

```
import redis
import statsmodels.api as sm
import pandas as pd

r = redis.StrictRedis()
data_loader = sm.datasets.sunspots.load_pandas()
df = data_loader.data
data = df.T.to_json()
r.set('sunspots', data)
blob = r.get('sunspots')
print pd.read_json(blob)
```

8.8 Apache Cassandra

Apache Cassandra 是结合了键-值和传统关系型数据库特性的混合型数据库。对于传统的关系型数据库而言，数据表中的列是固定的。可是，对于 Cassandra 来说，同一个数据表中的各行可以具有不同的列。从这个角度看，Cassandra 是一种面向列的数据库，因为它允许各行灵活使用不同的模式。这个数据库中的各列，都是按照所谓的**列族（Column Family）**进行组织的，这里的列族相当于关系型数据库中的数据表。Cassandra 数据库已经摒弃了各种连接和子查询操作。Cassandra可以通过http://cassandra.apache.org/download/页面下载。创作本书时，这个数据库的最新版本是 2.0.9。Cassandra 的入门知识，可参考http://wiki.apache.org/cassandra/GettingStarted页面。

从命令行运行服务器，命令如下：

```
$ bin/cassandra -f
```

运行上面命令时，有可能收到下面的出错信息：

```
Cassandra 2.0 and later require Java 7 or later.
```

跟 Python 一样，Java 也是一种高级程序语言。Java 7 实际上就是 1.7 版本，所以前者只是一个营销噱头而已。如果安装了 Java，就可以通过下列命令来检查其版本号：

```
$ java -version
java version "1.7.0_60"
```

提示：
对于大部分操作系统来说，可以从 http://www.oracle.com/technetwork/java/javase/downloads/index.html 页面下载相应的 Java 安装包。需要注意的是，这里 Mac OS X 除外。
在 Mac 机器上面安装 Java 的方法，请参考 Http://docs.oracle.com/javase/7/docs/webnotes/install/mac/mac-jdk.html 页面上的介绍。因为这是一本关于 Python 的书籍，所以 Java 的安装就不做深入讲解了。如果需要，大家只需在网上简单搜索一下，就能找到相应的答案了。

可以创建 conf/cassandra.yaml 中列出的目录，或者进行如下所示的调整：

```
data_file_directories:
/tmp/lib/cassandra/data
commitlog_directory: /tmp/lib/cassandra/commitlog
saved_caches_directory: /tmp/lib/cassandra/saved_caches
```

如果不想保存某些数据，可以考虑下列命令：

```
$ mkdir -p /tmp/lib/cassandra/data
$ mkdir -p /tmp/lib/cassandra/commitlog
$ mkdir -p /tmp/lib/cassandra/saved_caches
```

下面安装 Python 驱动程序，具体命令如下所示：

```
$ sudo pip install cassandra-driver
$ pip freeze|grep cassandra-driver
cassandra-driver==2.0.2
```

你有可能遇到如下所示的出错信息：

```
The required version of setuptools (>=0.9.6) is not
available,
    and can't be installed while this script is running.
Please
    install a more recent version first, using
    'easy_install -U setuptools'.
```

这些内容的含义看起来非常明了，毋须解释。

下面开始编写代码。首先，与集群建立连接，并创建一个会话，代码如下所示：

```
cluster = Cluster()
session = cluster.connect()
```

在 Cassandra 中，有一个所谓的 **keyspace** 的概念，它实际上就是用来存放数据表的一个容器。Cassandra 建立了自己的查询语言，名为 **Cassandra 查询语言（Cassandra Query Language，CQL）**。CQL 的用法与 SQL 类似。下面创建 keyspace，并设置使用该 keyspace 的会话，具体代码如下所示：

```
session.execute("CREATE KEYSPACE IF NOT EXISTS mykeyspace
WITH REPLICATION = { 'class' : 'SimpleStrategy',
'replication_factor' : 1 };")
session.set_keyspace('mykeyspace')
```

现在，创建一个数据表来存放太阳黑子数据，代码如下所示：

```
session.execute("CREATE TABLE IF NOT EXISTS sunspots (year
decimal PRIMARY KEY, sunactivity decimal);")
```

（1）创建一条语句，该语句将在循环语句中把元组作为数据行来插入，代码如下：

```
query = SimpleStatement(
    "INSERT INTO sunspots (year, sunactivity) VALUES (%s, 
%s)",
    consistency_level=ConsistencyLevel.QUORUM)
```

（2）下列代码用于插入数据：

```
for row in rows:
    session.execute(query, row)
```

（3）取得数据表中数据的行数：

```
print session.execute("SELECT COUNT(*) FROM sunspots")
```

输出的行数如下所示：

```
[Row(count=309)]
```

（4）删除 keyspace，关闭集群：

```
session.execute('DROP KEYSPACE mykeyspace')
cluster.shutdown()
```

下列代码取自本书代码包中的 cassandra_demo.py 文件：

```
from cassandra import ConsistencyLevel
from cassandra.cluster import Cluster
from cassandra.query import SimpleStatement
import statsmodels.api as sm

cluster = Cluster()
session = cluster.connect()
session.execute("CREATE KEYSPACE IF NOT EXISTS mykeyspace WITH
REPLICATION = { 'class' : 'SimpleStrategy', 'replication_factor' :
1 };")
session.set_keyspace('mykeyspace')
session.execute("CREATE TABLE IF NOT EXISTS sunspots (year decimal
PRIMARY KEY, sunactivity decimal);")

query = SimpleStatement(
```

```
    "INSERT INTO sunspots (year, sunactivity) VALUES (%s, %s)",
    consistency_level=ConsistencyLevel.QUORUM)

data_loader = sm.datasets.sunspots.load_pandas()
df = data_loader.data
rows = [tuple(x) for x in df.values]
for row in rows:
    session.execute(query, row)

print session.execute("SELECT COUNT(*) FROM sunspots")

session.execute('DROP KEYSPACE mykeyspace')
cluster.shutdown()
```

8.9 小结

可以把年度太阳黑子周期数据存储在不同的数据库中，包括关系型数据库和 NoSQL 数据库。

这里所谓的关系，不仅限于数据表之间的关系：首先，它与一个数据表内部各列之间的关系有关；其次，它还涉及数据表之间的关系。

实际上，可以通过 Python 的标准模块 sqlite3 来跟 SQLite 数据库打交道。我们可以通过 pandas 与 SQLite 数据库或 SQLAlchemy 数据库来建立连接。

SQLAlchemy 以其基于设计模式的 ORM 而闻名天下，通过这个库，可以把 Python 的类映射为数据库的数据表。实际上，ORM 模式是一种通用的架构模式，因此同样适用于其他各种面向对象程序设计语言。SQLAlchemy 将使用数据库的各种技术细节剥离出去，有了它，我们甚至连 SQL 都不用写了。

MongoDB 是一个面向文档的数据仓库，可以存放巨量的数据。

进入 in-memory 模式后，Redis 不仅运行速度极快，而且写操作也几乎与读操作一样快。Redis 是一个键-值型数据仓库，功能上与 Python 的字典相仿。

Apache Cassandra 不仅具有键-值数据库的特性，同时还具备传统的关系型数据库特性。这是一种面向列的数据库，它的各个列都以列族的形式组织在一起，这里的列族相当于关系型数据库中的数据表。在 Apache Cassandra 数据库中，数据行已经摆脱了特定列组合的束缚。

第 9 章“分析文本数据和社交媒体”将介绍纯文本数据的分析技术，因为纯文本数据在各个组织和互联网上随处可见。一般来说，纯文本数据的非结构化程度都很高，与处理已经清洗并制表的数据相比，分析纯文本数据需要使用一些截然不同的方法。为了分析这类数据，我们需要借助另一个开源 Python 程序包，即 NLTK。NLTK 发展得已经非常完备，并且自身备有相应的数据集。

第 9 章
分析文本数据和社交媒体

第 8 章讨论了结构化数据的分析，主要涉及列表格式的数据。实际上，在目前可用的数据中，纯文本才是最常见的一种格式。文本分析需要用到词频分布分析、模式识别、标注、链接和关联分析(link and association analysis)、情感分析和可视化等。这里将借助**Python 自然语言工具包（The Python Natural Language Toolkit，NLTK）**来分析文本。NLTK 自身带有一个文本样本集，这个样本集名为 corpora。

此外，本章还会举例说明网络分析。本章涉及的主题如下所示。

- 安装 NLTK。
- 滤除停用字、姓名和数字。
- 词袋模型。
- 词频分析。
- 朴素贝叶斯分类。
- 情感分析。
- 创建词云。
- 社交网络分析。

9.1 安装 NLTK

NLTK 是一个用来分析自然语言文本（如英文句子）的 Python 应用程序接口。NLTK 起源于 2001 年，最初是设计用来进行教学的。

安装NLTK的具体命令如下所示：

```
$ sudo pip install nltk
$ pip freeze|grep nltk
nltk==2.0.4
```

像往常一样，我们会通过修改pkg_check.py文件来检查安装情况。

这里需要如下所示的导入语句：

```
import nltk
```

如果一切正常，会得到如下所示的输出内容：

```
nltk version 2.0.4
nltk.app DESCRIPTION chartparser: Chart Parser chunkparser: Regular-
Expression Chunk Parser collocations: Find collocations in text
concordance: Part
nltk.ccg DESCRIPTION For more information see
nltk/doc/contrib/ccg/ccg.pdf PACKAGE CONTENTS api chart combinator
lexicon DATA BackwardApplication<n
nltk.chat DESCRIPTION A class for simple chatbots. These perform
simple pattern matching on sentences typed by users, and respond with
automatically g
nltk.chunk DESCRIPTION Classes and interfaces for identifying non-
overlapping linguistic groups (such as base noun phrases) in
unrestricted text. This
nltk.classify DESCRIPTION Classes and interfaces for labeling tokens
with category labels (or "class labels"). Typically, labels are
represented with stri
nltk.cluster DESCRIPTION This module contains a number of basic
clustering algorithms. Clustering describes the task of discovering
groups of similar ite
nltk.corpus
nltk.draw DESCRIPTION # Natural Language Toolkit: graphical
representations package # # Copyright (C) 2001-2012 NLTK Project #
Author: Edward Loper<e
nltk.examples
nltk.inference
nltk.metrics DESCRIPTION Classes and methods for scoring processing
modules. PACKAGE CONTENTS agreement association confusionmatrix
```

```
distance scores segme
nltk.misc DESCRIPTION # Natural Language Toolkit: Miscellaneous
modules # # Copyright (C) 2001-2012 NLTK Project # Author: Steven
Bird <sb@csse.unimel
nltk.model DESCRIPTION # Natural Language Toolkit: Language Models #
# Copyright (C) 2001-2012 NLTK Project # Author: Steven Bird
<sb@csse.unimelb.edu.
nltk.parse DESCRIPTION Classes and interfaces for producing tree
structures that represent the internal organization of a text. This
task is known as "
nltk.sem DESCRIPTION This package contains classes for representing
semantic structure in formulas of first-order logic and for
evaluating such formu
nltk.stem DESCRIPTION Interfaces used to remove morphological affixes
from words, leaving only the word stem. Stemming algorithms aim to
remove those
nltk.tag DESCRIPTION This package contains classes and interfaces for
part-of-speech tagging, or simply "tagging". A "tag" is a case-
sensitive string
nltk.test DESCRIPTION Unit tests for the NLTK modules. These tests
are intended to ensure that changes that we make to NLTK's code don't
accidentally
nltk.tokenize DESCRIPTION Tokenizers divide strings into lists of
substrings. For example, tokenizers can be used to find the list of
sentences or words I
```

至此，我们的安装仍未彻底完成，还需要下载 NLTK 的语料库。这次的下载量非常大，大约有 1.8GB。不过，我们不必一次性下载全部语料库。但是，除非你精确知道所需的语料库，否则，还是全部下载下来为妙。从 Python 的 Shell 命令界面下载语料库的命令如下所示：

```
$ python
>>> import nltk
>>> nltk.download()
```

这时将会出现一个图形用户界面应用程序，我们可以利用它来指定保存语料库的目标文件夹，以及需要下载的语料库。如果对 NLTK 不熟悉，最省事的做法就是选择缺省选项，然后将这些内容全部下载下来。本章需要用到停用字、姓名、影评和 Gutenberg 语料库。

9.2 滤除停用字、姓名和数字

进行文本分析时，我们经常需要对停用字（Stopwords）进行剔除。这里所谓的停用字，就是那些非常常见，但是没有多大信息含量的词。NLTK 为很多语种都提供了停用字语料库。下面加载英语停用字语料，并输出部分单词：

```
sw = set(nltk.corpus.stopwords.words('english'))
print "Stop words", list(sw)[:7]
```

下面是输出的部分常用字：

```
Stop words ['all', 'just', 'being', 'over', 'both', 'through',
'yourselves']
```

注意，这个语料库中的所有单词都是小写形式的。

此外，NLTK 还提供了一个 **Gutenberg** 语料库。Gutenberg 项目是一个数字图书馆计划，旨在搜集大量版权已过期的图书，供人们在互联网上免费阅读，其地址为 http://www.gutenberg.org/。

下面加载 Gutenberg 语料库，并输出部分文件的名称：

```
gb = nltk.corpus.gutenberg
print "Gutenberg files", gb.fileids()[-5:]
```

下面是输出的某些书籍的名称，其中有些你可能比较熟悉：

```
Gutenberg files ['milton-paradise.txt', 'shakespeare-caesar.txt',
'shakespeare-hamlet.txt', 'shakespeare-macbeth.txt', 'whitman-
leaves.txt']
```

现在，从 milton-paradise.txt 文件中提取前两句内容，供下面滤掉用。下面给出具体代码：

```
text_sent = gb.sents("milton-paradise.txt")[:2]
print "Unfiltered", text_sent
```

下面是输出的句子：

```
Unfiltered [['[', 'Paradise', 'Lost', 'by', 'John', 'Milton',
'1667', ']'], ['Book', 'I']]
```

现在，过滤掉下面的停用字：

```
for sent in text_sent:
    filtered = [w for w in sent if w.lower() not in sw]
    print "Filtered", filtered
```

对于第一句，过滤后变成：

```
Filtered ['[', 'Paradise', 'Lost', 'John', 'Milton', '1667', ']']
```

注意，与之前相比，单词 by 已经被过滤掉了，因为它出现在停用字语料库中了。有时，我们希望将文本中的数字和姓名也删掉。可以根据**词性（Part of Speech，POS）**标签来删除某些单词。在这个标注方案中，数字对应着**基数（Cardinal Number，CD）**标签。

姓名对应着单数形式的**专有名词（the proper noun singular，NNP）**标签。标注是基于启发式方法进行处理的，当然，这不可能非常精确。当然，这个主题过于宏大，恐怕需要整本书来进行描述，详见前言部分。过滤文本时，可以使用 pos_tag() 函数获取文本内所含的标签，具体如下所示：

```
tagged = nltk.pos_tag(filtered)
print "Tagged", tagged
```

对于我们的文本，将得到如下所示的各种标签：

```
Tagged [('[', 'NN'), ('Paradise', 'NNP'), ('Lost', 'NNP'), ('John',
'NNP'), ('Milton', 'NNP'), ('1667', 'CD'), (')', 'CD')]
```

上面的 pos_tag() 函数将返回一个元组列表，其中各元组的第二个元素就是文本对应的标签。可见，一些单词虽然被标注为 NNP，但是它们并非如此。这里所谓的启发式方法，就是如果单词的第一个字母是大写的，那么就将其标注为 NNP。如果将上面的文本全部转换为小写，那么就会得到不同的结果。实际上，我们很容易就能利用 NNP 和 CD 标签来删除列表中的单词，这个留给读者自行练习。下列代码取自本书代码包中的 filtering.py 文件：

```
import nltk

sw = set(nltk.corpus.stopwords.words('english'))
```

```
print "Stop words", list(sw)[:7]

gb = nltk.corpus.gutenberg
print "Gutenberg files", gb.fileids()[-5:]
text_sent = gb.sents("milton-paradise.txt")[:2]
print "Unfiltered", text_sent

for sent in text_sent:
    filtered = [w for w in sent if w.lower() not in sw]
    print "Filtered", filtered
    tagged = nltk.pos_tag(filtered)
    print "Tagged", tagged

    words= []
    for word in tagged:
        if word[1] != 'NNP' and word[1] != 'CD':
            words.append(word[0])

    print words
```

9.3 词袋模型

所谓词袋模型，即它认为一篇文档是由其中的词构成的一个集合（即袋子），词与词之间没有顺序以及先后的关系。对于文档中的每个单词，我们都要计算它出现的次数，即单词计数（word counts），据此，我们可以进行类似垃圾邮件识别之类的统计分析。

如果有一批文档，那么每个唯一字（unique word）都可以视为语料库中的一个特征。这里所谓的“特征”，可以理解为参数或者变量。利用所有的单词计数，可以为每个文档建立一个特征向量；其中，这里的“向量”一词借用的是其数学含义。如果一个单词存在于语料库中，但是不存在于文档中，那么这个特征的值就为0。令人惊讶的是，NLTK至今尚未提供可以方便创建特征向量的实用程序。不过，可以借用Python机器学习库scikit-learn中的`CountVectorizer`类来轻松创建特征向量。第10章“预测性分析与机器学习”将对scikit-learn进行更详尽的介绍。

首先，安装scikit-learn，命令如下所示：

```
$ pip scikit-learn
$ pip freeze|grep learn
scikit-learn==0.15.0
```

下面，从 NLTK 的 Gutenberg 语料库加载两个文本文档，具体代码如下所示：

```
hamlet = gb.raw("shakespeare-hamlet.txt")
macbeth = gb.raw("shakespeare-macbeth.txt")
```

现在我们去掉英语停用词，并创建特征向量，具体代码如下所示：

```
cv = CountVectorizer(stop_words='english')
print "Feature vector", cv.fit_transform([hamlet,
macbeth]).toarray()
```

下面是两个文档对应的特征向量：

```
Feature vector [[ 1  0  1 ..., 14  0  1]
 [ 0  1  0 ...,  1  1  0]]
```

下面，输出部分特征（唯一字）值：

```
print "Features", cv.get_feature_names()[:5]
```

这些特征是按字母顺序排序的：

```
Features [u'1599', u'1603', u'abhominably', u'abhorred', u'abide']
```

下列代码取自本书代码包中的 `bag_words.py` 文件：

```
import nltk
from sklearn.feature_extraction.text import CountVectorizer

gb = nltk.corpus.gutenberg
hamlet = gb.raw("shakespeare-hamlet.txt")
macbeth = gb.raw("shakespeare-macbeth.txt")

cv = CountVectorizer(stop_words='english')
print "Feature vector", cv.fit_transform([hamlet, macbeth]).toarray()
print "Features", cv.get_feature_names()[:5]
```

9.4 词频分析

NLTK 提供的 `FreqDist` 类可以用来将单词封装成字典，并计算给定单词列表中各个单词出现的次数。下面，我们来加载 Gutenberg 项目中莎士比亚的 *Julius Caesar* 中的文本。

首先，把停用词和标点符号剔除掉，具体代码如下所示：

```
punctuation = set(string.punctuation)
filtered = [w.lower() for w in words if w.lower() not in sw and
w.lower() not in punctuation]
```

然后，创建一个 FreqDist 对象，并输出频率最高的键和值，代码如下：

```
fd = nltk.FreqDist(filtered)
print "Words", fd.keys()[:5]
print "Counts", fd.values()[:5]
```

输出的键和值如下所示：

```
Words ['d', 'caesar', 'brutus', 'bru', 'haue']
Counts [215, 190, 161, 153, 148]
```

很明显，这个列表中的第一个字并非英语单词，因此需要添加一种启发式搜索（Heuristic）方法，只选择最少含有 2 个字符的单词。对于 NLTK 提供的 FreqDist 类，我们既可以使用类似于字典的访问方法，也可以使用更便利的其他方法。下面，我们要提取最常出现的单词，以及对应的出现次数。

```
print "Max", fd.max()
print "Count", fd['d']
```

对应下面的结果，你肯定不会感到吃惊：

```
Max d
Count 215
```

目前，我们只是针对单个单词构成的词汇进行了分析，不过，可以推而广之，将分析扩展到含有两个单词和 3 个单词的词汇上，对于后面这两种，我们分别称之为双字词和三字词。对于这两种分析，分别有对应的函数，即 bigrams() 函数和 trigrams() 函数。现在，再次进行文本分析，不过，这次针对的是双字词。

```
fd = nltk.FreqDist(nltk.bigrams(filtered))
print "Bigrams", fd.keys()[:5]
print "Counts", fd.values()[:5]
print "Bigram Max", fd.max()
print "Bigram count", fd[('let', 'vs')]
```

结果如下所示：

```
Bigrams [('let', 'vs'), ('wee', 'l'), ('mark', 'antony'), ('marke',
'antony'), ('st', 'thou')]
Counts [16, 15, 13, 12, 12]
Bigram Max ('let', 'vs')
Bigram count 16
```

下列代码取自本书代码包中的 frequencies.py 文件：

```
import nltk
import string

gb = nltk.corpus.gutenberg
words = gb.words("shakespeare-caesar.txt")

sw = set(nltk.corpus.stopwords.words('english'))
punctuation = set(string.punctuation)
filtered = [w.lower() for w in words if w.lower() not in sw and
w.lower() not in punctuation]
fd = nltk.FreqDist(filtered)
print "Words", fd.keys()[:5]
print "Counts", fd.values()[:5]
print "Max", fd.max()
print "Count", fd['d']

fd = nltk.FreqDist(nltk.bigrams(filtered))
print "Bigrams", fd.keys()[:5]
print "Counts", fd.values()[:5]
print "Bigram Max", fd.max()
print "Bigram count", fd[('let', 'vs')]
```

9.5 朴素贝叶斯分类

分类算法是机器学习算法中的一种，用来判断给定数据项所属的类别，即种类或类型。比如，可以根据某些特征来分辨一部电影属于哪个流派，等等。这样，流派就是我们要预测的类别。第 10 章“预测性分析与机器学习”还会对机器学习做进一步介绍。此刻，我们要讨论的是一个名为**朴素贝叶斯分类**的流行算法，它常常用于进行文本文档的研究。

朴素贝叶斯分类是一个概率算法，它基于概率与数理统计中的贝叶斯定理。贝叶斯定理给出了如何利用新证据修正某事件发生的概率的方法。例如，假设一个袋子里装有一些巧克力和其他物品，但是这些我们没法看到。这时，我们可以用 $P(D)$ 表示从袋子中掏出一块深色巧克力的概率。同时，我们用 $P(C)$ 代表掏出一块巧克力的概率。当然，因为全概率是 1，所以 $P(D)$ 和 $P(C)$ 的最大取值也只能是 1。贝叶斯定理指出，后验概率与先验概率和相似度的乘积成正比，具体公式如下所示：

$$P(D|C) = \frac{P(D|C)P(D)}{P(C)}$$

上面公式中，$P(D|C)$ 是在事件 C 发生的情况下事件 D 发生的可能性。在我们还没有掏出任何物品之前，$P(D) = 0.5$，因为我们尚未获得任何信息。实际应用这个公式时，必须知道 $P(C|D)$ 和 $P(C)$，或者能够间接求出这两个概率。

朴素贝叶斯分类之所以称为**朴素**，是因为它简单假设特征之间是相互独立的。实践中，朴素贝叶斯分类的效果通常都会很好，说明这个假设得到了一定程度的保证。近来，人们发现这个假设之所以有意义，理论上是有依据的。不过，由于机器学习领域发展迅猛，现在已经发明了多种效果更佳的算法。

下面，我们将利用停用词或标点符号对单词进行分类。这里，将字长作为一个特征，因为停用词和标点符号往往都比较短。

为此，需要定义如下所示的函数：

```
def word_features(word):
    return {'len': len(word)}

def isStopword(word):
    return word in sw or word in punctuation
```

下面，对取自古登堡项目的 shakespeare-caesar.txt 中的单词进行标注，以区分是否为停用词，具体代码如下所示：

```
labeled_words = ([(word.lower(), isStopword(word.lower())) for
word in words])
random.seed(42)
random.shuffle(labeled_words)
print labeled_words[:5]
```

下面显示了 5 个标注后的单词：

```
[('was', True), ('greeke', False), ('cause', False), ('but', True),
('house', False)]
```

对于每个单词，我们可以求出其长度：

```
featuresets = [(word_features(n), word) for (n, word) in
labeled_words]
```

前几章介绍过拟合，以及通过训练数据集和测试数据集的交叉验证来避免这种情况的方法。下面将要训练一个朴素贝叶斯分类器，其中 90%的单词用于训练，剩下的 10%用于测试。首先，创建训练数据集和测试数据集，并针对数据展开训练，具体代码如下所示：

```
cutoff = int(.9 * len(featuresets))
train_set, test_set = featuresets[:cutoff], featuresets[cutoff:]
classifier = nltk.NaiveBayesClassifier.train(train_set)
```

如今，拿出一些单词，检查该分类器的效果。

```
classifier = nltk.NaiveBayesClassifier.train(train_set)
print "'behold' class",
classifier.classify(word_features('behold'))
print "'the' class", classifier.classify(word_features('the'))
```

幸运的是，这些单词的分类完全正确：

```
'behold' class False
'the' class True
```

然后，根据测试数据集来计算分类器的准确性，具体代码如下所示：

```
print "Accuracy", nltk.classify.accuracy(classifier, test_set)
```

这个分类器的准确度非常高，几乎达到 85%。下面来看哪些特征的贡献最大：

```
print classifier.show_most_informative_features(5)
```

结果显示，在分类过程中字长的作用最大：

```
len = 7              False : True   =     62.7 : 1.0
len = 6              False : True   =     49.1 : 1.0
len = 1               True : False  =     12.0 : 1.0
len = 2               True : False  =     10.7 : 1.0
len = 5              False : True   =     10.4 : 1.0
```

下列代码取自本书代码包中的 naive_classification.py 文件：

```
import nltk
import string
import random

sw = set(nltk.corpus.stopwords.words('english'))
punctuation = set(string.punctuation)

def word_features(word):
   return {'len': len(word)}

def isStopword(word):
    return word in sw or word in punctuation

gb = nltk.corpus.gutenberg
words = gb.words("shakespeare-caesar.txt")

labeled_words = ([(word.lower(), isStopword(word.lower())) for
word in words])
random.seed(42)
random.shuffle(labeled_words)
print labeled_words[:5]

featuresets = [(word_features(n), word) for (n, word) in
labeled_words]
cutoff = int(.9 * len(featuresets))
train_set, test_set = featuresets[:cutoff], featuresets[cutoff:]
classifier = nltk.NaiveBayesClassifier.train(train_set)
print "'behold' class",
classifier.classify(word_features('behold'))
print "'the' class", classifier.classify(word_features('the'))

print "Accuracy", nltk.classify.accuracy(classifier, test_set)
print classifier.show_most_informative_features(5)
```

9.6 情感分析

随着社交媒体、产品评论网站及论坛的兴起，用来自动抽取意见的**观点挖掘或情感分析**也随之变成一个炙手可热的新研究领域。通常情况下，我们希望知道某个意见的性质是正面的、中立的，还是负面的。当然，这种类型的分类我们前面就曾遇到过。也就是说，我们有大量的分类算法可用。还有一个方法就是，通过半自动的（经过某些人工编辑）方法来编制一个单词列表，每个单词赋予一个情感分，即一个数值（如单词“good”的情感分为 5，而单词“bad”的情感分为-5）。如果有了这样一张表，就可以给文本文档中的所有单词打分，从而得出一个情感总分。当然，类别的数量可以大于 3，如五星级评级方案。

我们会应用朴素贝叶斯分类方法对 NLTK 的影评语料库进行分析，从而将影评分为正面的或负面的评价。首先，加载影评语料库，并过滤掉停用词和标点符号。这些步骤在此略过，因为之前就介绍过了。也可以考虑更精细的过滤方案。不过，需要注意的是，如果过滤得过火了，就会影响准确性。下面通过 `categories()` 方法对影评文档进行标注，具体代码如下所示：

```
labeled_docs = [(list(movie_reviews.words(fid)), cat)
        for cat in movie_reviews.categories()
        for fid in movie_reviews.fileids(cat)]
```

完整的语料库拥有数以万计的唯一字，这些唯一字都可以用作特征，不过，这样做会极大地影响效率。这里，我们选用词频最高的前 5%的单词作为特征：

```
words = FreqDist(filtered)
N = int(.05 * len(words.keys()))
word_features = words.keys()[:N]
```

对于每个文档，可以通过一些方法来提取特征，其中包括以下方法。

- 检查给定文档是否含有某个单词。
- 求出某个单词在给定文档中出现的次数。
- 正则化单词计数，以使得正则化后的最大单词计数小于或等于 1。
- 将上面的数值加 1，然后取对数。这里之所以加 1，是为了防止对 0 取对数。
- 利用上面的数值组成一个度量指标。

俗话说“条条大路通罗马”。不过，其中肯定不乏有些道路能够让我们更安全，也能更快地到达罗马。下面定义一个函数，该函数会使用原始单词计数来作为度量指标，具体代码为如下。

```
def doc_features(doc):
    doc_words = FreqDist(w for w in doc if not isStopWord(w))
    features = {}
```

```
    for word in word_features:
        features['count (%s)' % word] = (doc_words.get(word, 0))
    return features
```

现在，可以训练我们的分类器了，具体方法与前面的例子相似。这里，准确性达到78%，这个成绩已经相当不错了，非常接近情感分析成绩的上限。因为据研究发现，即便是人类，也无法对给定文档的表达出的感情的看法达成一致，具体可以参考 http://mashable.com/2010/04/19/sentiment-analysis/。因此，要想让情感分析软件获得满分是不可能的事情。

下面给出包含信息量最大的特征：

```
       count (wonderful) = 2              pos : neg    =     14.7 : 1.0
     count (outstanding) = 1              pos : neg    =     11.2 : 1.0
             count (bad) = 5              neg : pos    =     10.8 : 1.0
          count (stupid) = 2              neg : pos    =     10.8 : 1.0
          count (boring) = 2              neg : pos    =     10.4 : 1.0
          count (nature) = 2              pos : neg    =      8.5 : 1.0
       count (different) = 2              pos : neg    =      8.3 : 1.0
             count (bad) = 6              neg : pos    =      8.2 : 1.0
      count (apparently) = 2              neg : pos    =      8.0 : 1.0
            count (life) = 5              pos : neg    =      7.6 : 1.0
```

如果仔细检查这个列表，很容易发现有一些褒义词，如“wonderful（妙不可言的）”和“outstanding（杰出的）”。而单词“bad（恶劣的）”“stupid（愚蠢的）”和“boring（无趣的）”则很明显是一些贬义词。要是有兴趣，读者也可以分析剩下的那些特征，这将作为一个作业留给读者自己完成。以下代码取自本书代码包中的 sentiment.py 文件：

```
import random
from nltk.corpus import movie_reviews
from nltk.corpus import stopwords
from nltk import FreqDist
from nltk import NaiveBayesClassifier
from nltk.classify import accuracy
import string

labeled_docs = [(list(movie_reviews.words(fid)), cat)
        for cat in movie_reviews.categories()
        for fid in movie_reviews.fileids(cat)]
random.seed(42)
```

```
random.shuffle(labeled_docs)

review_words = movie_reviews.words()
print "# Review Words", len(review_words)

sw = set(stopwords.words('english'))
punctuation = set(string.punctuation)

def isStopWord(word):
    return word in sw or word in punctuation

filtered = [w.lower() for w in review_words if not isStopWord(w.
lower())]
print "# After filter", len(filtered)
words = FreqDist(filtered)
N = int(.05 * len(words.keys()))
word_features = words.keys()[:N]

def doc_features(doc):
    doc_words = FreqDist(w for w in doc if not isStopWord(w))
    features = {}
    for word in word_features:
        features['count (%s)' % word] = (doc_words.get(word, 0))
    return features

featuresets = [(doc_features(d), c) for (d,c) in labeled_docs]
train_set, test_set = featuresets[200:], featuresets[:200]
classifier = NaiveBayesClassifier.train(train_set)
print "Accuracy", accuracy(classifier, test_set)

print classifier.show_most_informative_features()
```

9.7 创建词云

阅读本书前，你也许已在 **Wordle** 或其他地方见过词云了。如果没见过也不要紧，因为你可以在本章看个够了。虽然 Python 有两个程序库都可以用来生成词云，不过，它们生成的词云的效果尚不能与 Wordle 网站的效果相媲美。所以，不妨利用 Wordle 网站的 `http://www.wordle.net/advanced` 页面来创建词云。利用 Wordle 生成词云时，需要提供一个单词列表及其对应的权值，具体格式如下所示：

```
Word1 : weight
Word2 : weight
```

现在，对前面例子中的代码稍作修改，让它输出这个字表。这里，我们将使用词频来作为度量指标，选取词频排名靠前的单词。实际上，这里不需要任何新的代码，具体可以参考本书代码包中的 cloud.py 文件：

```
from nltk.corpus import movie_reviews
from nltk.corpus import stopwords
from nltk import FreqDist
import string

sw = set(stopwords.words('english'))
punctuation = set(string.punctuation)

def isStopWord(word):
    return word in sw or word in punctuation

review_words = movie_reviews.words()
filtered = [w.lower() for w in review_words if not isStopWord(w.
lower())]

words = FreqDist(filtered)
N = int(.01 * len(words.keys()))
tags = words.keys()[:N]

for tag in tags:
    print tag, ':', words[tag]
```

将上面代码的输出结果复制粘贴到上面提到的 Wordle 页面，就能得到如下所示的词云了。

仔细研究这个词云，会发现它远非完美，还有很大的改进空间。因此，我们不妨做进一步的尝试。

- **进一步过滤**：我们应当剔除包含数字符号和姓名的那些单词。这时，可以借助于 NLTK 的 names 语料库。此外，对于在所有语料库中仅现身一次的那些单词，也可以置之不理，因为它们不大可能提供足够有价值的信息。
- **使用更好的度量指标**：词频和逆文档频率（**The Term Frequency-Inverse Document Frequency，TF-IDF**）看起来是一个不错的选择。

度量指标 TF-IDF 可以通过对语料库中的单词进行排名，并据此赋予这些单词相应的权重。这个权重的值与单词在特定文档中出现的次数即词频成正比。同时，它还与语料库中含有该单词的文档数量成反比，即逆文档频率。TF-IDF 的值为词频和逆文档频率之积。如果需要自己动手实现 TF-IDF，那么还必须考虑对数标定处理。幸运的是，实际上我们根本无需考虑这些实现方面的细节，因为 scikit-learn 已经为我们准备好了一个 TfidfVectorizer 类，它有效地实现了 TF-IDF。该类能够生成一个稀疏的 SciPy 矩阵，用术语来说就是一个文档矩阵，这个矩阵存放的是单词和文档的每种可能组合的 TF-IDF 值。因此，对于一个含有 2000 个文档和 25000 个不重复的词的语料库，可以得到一个 2000×25000 的矩阵。由于大部分矩阵值都为 0，因此，作为一个稀疏矩阵来处理比较省劲。对每个单词来说，其最终的排名权重可以通过对其 TF-IDF 值求和来得到。

下面通过 isalpha()方法和姓名语料库来改善过滤效果，具体代码如下所示：

```
all_names = set([name.lower() for name in names.words()])

def isStopWord(word):
    return (word in sw or word in punctuation) or not
word.isalpha() or word in all_names
```

下面创建一个 NLTK 的 FreqDist 类，从而过滤掉那些只出现一次的单词。对于 TfidfVectorizer 类，需要为其提供一个字符串列表来指出语料库中的各个文档。

下面创建这个列表，代码如下所示：

```
for fid in movie_reviews.fileids():
    texts.append(" ".join([w.lower() for w in movie_reviews.words(fid)
if not isStopWord(w.lower()) and words[w.lower()] > 1]))
```

创建向量化程序，为了保险起见，令其忽略停用词：

```
vectorizer = TfidfVectorizer(stop_words='english')
```

Create the sparse term-document matrix:

```
matrix = vectorizer.fit_transform(texts)
```

为每个单词的 TF-IDF 值求和，并将结果存放到 NumPy 数组中：

```
sums = np.array(matrix.sum(axis=0)).ravel()
```

下面，通过单词的排名权值来创建一个 pandas DataFrame，并进行相应的排序，具体代码如下所示：

```
ranks = []

for word, val in itertools.izip(vectorizer.get_feature_names(), sums):
    ranks.append((word, val))

    df = pd.DataFrame(ranks, columns=["term", "tfidf"])
    df = df.sort(['tfidf'])
    print df.head()
```

排名最低的值将被输出，同时供将来过滤用：

```
term    tfidf
8742             greys    0.03035
2793       cannibalize    0.03035
2408           briefer    0.03035
19977  superintendent    0.03035
14022            ology    0.03035
```

接下来，输出排名靠前的单词，这样就可以利用 Wordle 网站生成如下所示的词云了。

令人遗憾的是，必须亲自运行代码，才能看到上面词云中的不同色彩。相较于单调的词频而言，TF-IDF 度量指标更富于变化，因此我们就能得到更加丰富的色彩。此外，这样还能使得云雾中的单词看起来联系更加紧密。下列代码取自本书代码包中的 cloud.py 文件。

```
from nltk.corpus import movie_reviews
from nltk.corpus import stopwords
from nltk.corpus import names
from nltk import FreqDist
from sklearn.feature_extraction.text import TfidfVectorizer
import itertools
import pandas as pd
import numpy as np
import string

sw = set(stopwords.words('english'))
punctuation = set(string.punctuation)
all_names = set([name.lower() for name in names.words()])

def isStopWord(word):
    return (word in sw or word in punctuation) or not word.isalpha()
or word in all_names

review_words = movie_reviews.words()
filtered = [w.lower() for w in review_words if not isStopWord(w.
lower())]

words = FreqDist(filtered)

texts = []
```

```
for fid in movie_reviews.fileids():
    texts.append(" ".join([w.lower() for w in movie_reviews.words(fid)
if not isStopWord(w.lower()) and words[w.lower()] > 1]))

vectorizer = TfidfVectorizer(stop_words='english')
matrix = vectorizer.fit_transform(texts)
sums = np.array(matrix.sum(axis=0)).ravel()

ranks = []

for word, val in itertools.izip(vectorizer.get_feature_names(), sums):
    ranks.append((word, val))

df = pd.DataFrame(ranks, columns=["term", "tfidf"])
df = df.sort(['tfidf'])
print df.head()

N = int(.01 * len(df))
df = df.tail(N)

for term, tfidf in itertools.izip(df["term"].values, df["tfidf"].
values):
    print term, ":", tfidf
```

9.8 社交网络分析

所谓社交网络分析，实际上就是利用网络理论来研究社会关系。其中，网络中的节点代表的是网络中的参与者。节点之间的连线代表的是参与者之间的相互关系。

严格来讲，这应该称为一个图。本书仅介绍如何利用流行的 Python 库 NetworkX 来分析简单的图。这里，通过 Python 库 matplotlib 来对这些网络图进行可视化。

为了安装 NetworkX，可以使用如下所示的命令：

```
$ pip install networkx
$ pip freeze|grep networkx
networkx==1.9
```

下面导入 NetworkX，并指定一个简单的别名：

```
import networkx as nx
```

NetworkX 提供了许多示例图，下面将其列出，具体代码如下所示：

```
print [s for s in dir(nx) if s.endswith('graph')]
```

下面，导入 davis_southern_women_graph，并绘制出各个节点的度的柱状图，代码如下：

```
G = nx.davis_southern_women_graph()
plt.figure(1)
plt.hist(nx.degree(G).values())
```

最终得到如图 9-1 所示的柱状图。

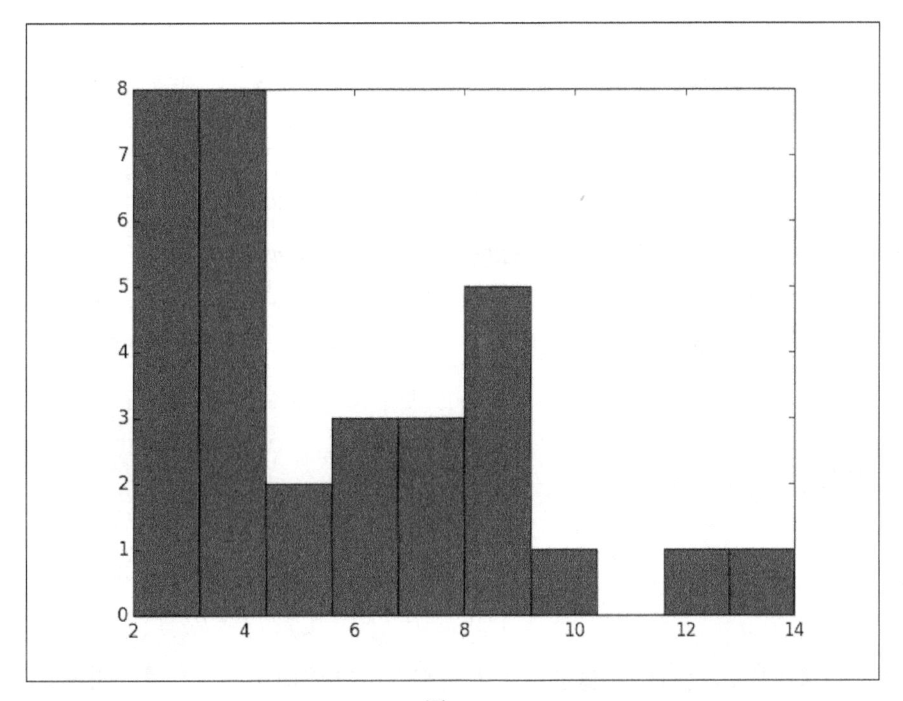

图 9-1

下面来绘制带有节点标签的网络图，所需命令如下所示：

```
plt.figure(2)
pos = nx.spring_layout(G)
nx.draw(G, node_size=9)
nx.draw_networkx_labels(G, pos)
plt.show()
```

得到的图形如图 9-2 所示。

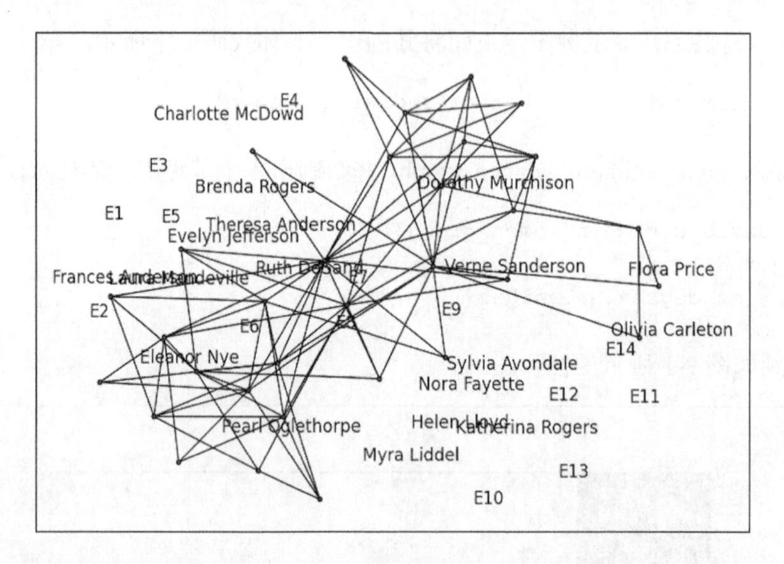

图 9-2

虽然这个例子很短，但是对于简单体验 NetworkX 的功能特性来说已经足够了。可以借助 NetworkX 来探索、可观化和分析社交媒体网络，如 Twitter、Facebook 以及 LinkedIn 等。当然，本小节讲述的方法不仅适用于社交网络，实际上，所有类似的网络图都可以使用 NetworkX 来处理。

9.9 小结

本章讲述了文本分析方面的知识。首先，我们给出了文本分析中剔除停用词的一个最佳实践。

介绍词袋模型时，我们还创建了一个词袋来存放文档内出现的单词。此外，我们还根据所有的单词计数，为每个文档生成了一个特征向量。

分类算法是机器学习算法中的一种，用来给特定事物进行分类。朴素贝叶斯分类是一种概率算法，它基于概率与数理统计中的贝叶斯定理。其中，贝叶斯定理指出，后验概率与先验概率和相似度之积成正比。

第 10 章将对机器学习进行更深入的介绍，因为这是一个充满了无限希望的研究领域。也许有一天，它将完全替代人类劳动力。届时，以气象数据为例，来说明 Python 机器学习库 scikit-learn 的具体使用方法。

第 10 章 预测性分析与机器学习

预测性分析与机器学习是两个新兴的热门研究领域。这里所谓的新，一方面是相对于其他领域而言的，另一方面也反映出我们对这两个领域取得突飞猛进的热切期待。甚至有人预言，机器学习的发展速度将日益加快，因此，几十年内，人工就会被智能机器所替代，详情见 http://en.wikipedia.org/wiki/Technological_singularity 页面。当然，就目前的发展现状来看，这只是一个遥远的乌托邦而已：即使是进行非常简单的判断，如判断网络图片中是否含有猫或狗等，都需要大量的运算和数据作为支撑。预测性分析则需要借助各种各样的技术，包括机器学习，才能做出有用的判断。例如，某客户是否有能力偿还其贷款，或者某位女性客户是否有孕在身，详情请参考 http://www.forbes.com/sites/kashmirhill/2012/02/16/how-target-figured-out-a-teen-girl-was-pregnant-before-her-father-did/页面的介绍。

为了完成这些预测，需要从海量数据中提取特征。关于特征，我们之前也曾经提到过，它们又被称为预测变量。进行预测时，特征通常用于输入变量。实质上，特征可以从数据中提取，然后要做的是，找到一个函数，将特征映射到目标上。当然，这个目标可能是已知的，也可能是未知的。寻找合适的函数一般很难，为此，通常需要把多种不同的算法和模型组合在一起，也就是所谓的集成。集成的输出结果可以是一组模型投票决出的结果，也可以是所有结果的一个折中。但是，我们还可以使用另外一种更加高级的算法来获得最终结果。虽然我们不会在本章使用集成技术，但是大家还是有必要记住这种技术的。

实际上，在前面的章节中我们已经接触过机器学习算法了，朴素贝叶斯分类算法便是其中之一。可以将机器学习分为下列几种类型。

- **监督学习**：要求为训练数据提供标签。比如，如果想对垃圾邮件进行分类，那么必须提供垃圾邮件和正常电子邮件的相应样本。

- **无监督学习**：这类机器学习算法不需要人工输入。它能够自行发现数据中存在的模式，如大型数据集中的聚类等。
- **强化学习**：这种类型的学习技术无需进行辅导，但是需要提供一些反馈信息。例如，一台电脑可以跟它自己下棋，或者玩 1983 的《战争游戏》电影（详情参见 `http://en.wikipedia.org/wiki/WarGames` 页面）中的井字游戏和热核战争游戏。

下面以天气预报为例进行说明。本章会大量用到一个 Python 程序库，即 scikit-learn。虽然这个程序库提供了许多聚类分析算法、回归算法和分类算法，但是，还有一些机器学习算法未包含在 scikit-learn 中，因此，我们还需要用到其他一些 API。本章涉及的主题如下所示。

- scikit-learn 概貌。
- 预处理。
- 基于逻辑回归的分类。
- 基于支持向量机的分类。
- 基于 ElasticNetCV 的回归分析。
- 支持向量回归。
- 基于相似性传播（affinity propagation）的聚类分析。
- 均值漂移算法。
- 遗传算法。
- 神经网络。
- 决策树算法。

10.1 scikit-learn 概貌

在第 9 章“分析文本数据和社交媒体”中，我们已经安装了 scikit-learn。通过本书代码包中的 `pkg_check.py` 文件，可以打印输出 scikit-learn 模块的相关信息，如下所示。

```
sklearn version 0.15.0
sklearn.__check_build DESCRIPTION Module to give helpful messages to the
user that did not compile the scikit properly. PACKAGE CONTENTS _check_
```

```
build setup FUNCTI
sklearn.cluster DESCRIPTION The :mod:`sklearn.cluster` module gathers
popular unsupervised clustering algorithms. PACKAGE CONTENTS _feature_
agglomeration _h
sklearn.covariance DESCRIPTION The :mod:`sklearn.covariance` module
includes methods and algorithms to robustly estimate the covariance of
features given a set
sklearn.cross_decomposition
sklearn.datasets DESCRIPTION The :mod:`sklearn.datasets` module includes
utilities to load datasets, including methods to load and fetch popular
reference da
sklearn.decomposition DESCRIPTION The :mod:`sklearn.decomposition` module
includes matrix decomposition algorithms, including among others PCA, NMF
or ICA. Most o
sklearn.ensemble DESCRIPTION The :mod:`sklearn.ensemble` module includes
ensemble-based methods for classification and regression. PACKAGE
CONTENTS _gradient
sklearn.externals
sklearn.feature_extraction DESCRIPTION The :mod:`sklearn.feature_
extraction` module deals with feature extraction from raw data. It
currently includes methods to extra
sklearn.feature_selection DESCRIPTION The :mod:`sklearn.feature_
selection` module implements feature selection algorithms. It currently
includes univariate filter sel
sklearn.gaussian_process DESCRIPTION The :mod:`sklearn.gaussian_process`
module implements scalar Gaussian Process based predictions. PACKAGE
CONTENTS correlation_mo
sklearn.linear_model DESCRIPTION The :mod:`sklearn.linear_model` module
implements generalized linear models. It includes Ridge regression,
Bayesian Regression,
sklearn.manifold
sklearn.metrics DESCRIPTION The :mod:`sklearn.metrics` module includes
score functions, performance metrics and pairwise metrics and distance
computations.
sklearn.mixture
sklearn.neighbors DESCRIPTION The :mod:`sklearn.neighbors` module
implements the k-nearest neighbors algorithm. PACKAGE CONTENTS ball_tree
base classification
sklearn.neural_network DESCRIPTION The :mod:`sklearn.neural_network`
module includes models based on neural networks. PACKAGE CONTENTS rbm
CLASSES sklearn.base.Bas
sklearn.preprocessing DESCRIPTION The :mod:`sklearn.preprocessing` module
includes scaling, centering, normalization, binarization and imputation
```

```
methods. PACKAGE
sklearn.semi_supervised DESCRIPTION The :mod:`sklearn.semi_supervised`
module implements semi-supervised learning algorithms. These algorithms
utilized small amount
sklearn.svm
sklearn.tests
sklearn.tree DESCRIPTION The :mod:`sklearn.tree` module includes decision
tree-based models for classification and regression. PACKAGE CONTENTS
_tree _ut
sklearn.utils
```

目前，它的神经网络模块还不是很完善，因此，建议大家使用其他的神经网络程序库。注意，这里有一个预处理模块，下面将详细介绍。

10.2 预处理

在上一章中，我们已经做过一次数据预处理了，即过滤掉剔除字（Stopwords）。一些机器学习算法对某些数据比较头疼，因为这些数据不服从高斯分布，即不满足数学期望为 0、标准方差为 1 的条件。模块 `sklearn.preprocessing` 从而应运而生，本节将详细介绍这个模块的使用方法。我们会针对来自荷兰皇家气象学会的气象数据进行预处理。比尔特（DE BILT）气象研究中心的原始数据下载地址为 `http://www.knmi.nl/climatology/daily_data/datafiles3/260/etmgeg_260.zip`。我们所要的数据只是原始数据文件中的一列而已，这一列记录的是日降雨量。我们需要的数据将使用第 5 章“数据的检索、加工与存储”中介绍的`.npy` 格式来存放。下面把数据加载到一个 NumPy 数组中。这些整数值必须全部乘以 0.1，从而得到以毫米为单位的日降水量。

该数据有一个很诡异的地方，那就是凡是小于 0.05mm 的数值，都将用作-1。因此，我们把这些数值全部设为 0.025，即 0.05 的一半。在原始数据中，如果某一天的降雨量低于这些数值，那么这一天将不会记录在案。对于这样的缺失数据，我们将完全忽略。我们可以那么做，因为本来缺失的数据点就非常多，所以也不差这一点半点。例如，本世纪初大约缺失一年的数据，同时本世纪后面许多天的数据也是缺失的。在 `preprocessing` 模块中，它的 `Imputer` 类提供了许多处理缺失数据的默认策略。不过，这些策略对于本节讨论的内容而言，好像不太应景。数据分析如同一扇透视数据的窗口，一扇通向知识的窗口。数据的清洗和填补可以使我们的窗口看起来更加清爽。可是，我们应该注意不要过于扭曲原始数据。

这里的机器学习样本的主要特征是一个数组，用来存放表示一年中各天（1～366）日期的数值。这些可以帮助解释季节影响因素。

期望值、标准差和**安德森—达林（Anderson-Darling）检验**结果（详情请参阅第 3 章“统计学与线性代数”）如下所示：

```
Rain mean 2.17919594267
Rain variance 18.803443919
Anderson rain (inf, array([ 0.576,  0.656,  0.787,  0.918,  1.092]),
array([ 15. ,  10. ,   5. ,   2.5,   1. ]))
```

透过以上输出内容，可以得出可靠的结论，该数据不满足数学期望为 0 标准方差为 1 的要求，因此它不符合正态分布。在这个数据集中，0 值占比很大，说明在这些天没有下雨。大的降雨量已经越来越罕见（这倒是一件好事）。由于数据分布情况完全不对称，因此，这不是一个高斯分布。下面通过 scale() 函数对数据进行缩放处理，具体代码如下所示：

```
scaled = preprocessing.scale(rain)
```

如今，数学期望和标准方差已经满足要求，只是数据的分布还是不对称：

```
Scaled mean 3.41301602808e-17
Scaled variance 1.0
Anderson scaled (inf, array([ 0.576,  0.656,  0.787,  0.918,
1.092]), array([ 15. ,  10. ,   5. ,   2.5,   1. ]))
```

有时，我们需要把特征值由数值型转换为布尔型。例如，进行文本分析时就经常需要进行此类变换，以简化计算。这时，可以借助 binarize() 函数进行类型转换，如下所示：

```
binarized = preprocessing.binarize(rain)
print np.unique(binarized), binarized.sum()
```

默认情况下，这将生成一个新数组；此外，我们还让它进行了某些运算。默认的阈值为 0。也就是说，正值用 1 替代，负值用 0 替代。

```
[ 0.  1.] 24594.0
```

进行分类时，类 LabelBinarizer 可以用整数来标注类别：

```
lb = preprocessing.LabelBinarizer()
lb.fit(rain.astype(int))
print lb.classes_
```

上述代码的输出为 0～62 之间的一组整数。下列代码取自本书代码包中的 preproc.py 文件：输出内容是0～62之间的一组整数。

```
import numpy as np
from sklearn import preprocessing
from scipy.stats import anderson

rain = np.load('rain.npy')
rain = .1 * rain
rain[rain < 0] = .05/2
print "Rain mean", rain.mean()
print "Rain variance", rain.var()
print "Anderson rain", anderson(rain)

scaled = preprocessing.scale(rain)
print "Scaled mean", scaled.mean()
print "Scaled variance", scaled.var()
print "Anderson scaled", anderson(scaled)

binarized = preprocessing.binarize(rain)
print np.unique(binarized), binarized.sum()

lb = preprocessing.LabelBinarizer()
lb.fit(rain.astype(int))
print lb.classes_
```

10.3 基于逻辑回归的分类

逻辑回归是一种分类算法，更多介绍请参考 http://en.wikipedia.org/wiki/Logistic_ regression 页面。这种算法可以用于预测事件发生的概率，或者某事物属于某一类别的概率。对于多元分类问题，可以将其简化为二元分类问题。在最简单的情形下，某一类别的概率高，则意味着另一个类别的概率低。逻辑回归是以 logistic 函数为基础的，该函数的取值介于 0～1 中间，这与概率值正好吻合。因此，可以利用 logistic 函数将任意值转换为一个概率。

为了使用逻辑回归进行分类，需要定义一个相应的函数。下面开始创建分类器对象，代码如下：

```
clf = LogisticRegression(random_state=12)
```

参数 random_state 的作用，类似为随机数生成器指定的种子。之前已经讲过，交叉验证在避免过拟合方面有着非常重要的作用。**k-折交叉验证**是一种交叉验证技术，它会把数据集随机分为 *k*（一个小整数）份，每一份称为一个**包**。在这 *k* 次迭代过程中，每个包会有 1 次被用于验证，其余 9 次用于训练。对于 scikit-learn 来说，它每个类的默认 *k* 值都是 3，但是，通常需要将这个值设置得更大一些，如 5 或 10。迭代的结果可以在最后进行合并。对于 k-折交叉验证，scikit-learn 专门提供了一个 KFold 类。为了创建一个具有 10 个包的 KFold 对象，可以使用下列代码：

```
kf = KFold(len(y), n_folds=10)
```

然后，使用 fit() 函数训练数据，代码如下：

```
clf.fit(x[train], y[train])
```

为了衡量分类的准确性，可以使用 score() 方法，具体如下所示：

```
scores.append(clf.score(x[test], y[test]))
```

在这个例子中，可以日期和日降雨量作为特征。下面使用这些特征来构造一个数组，代码如下：

```
x = np.vstack((dates[:-1], rain[:-1]))
```

因为要进行分类，所以首先要定义无降雨天，即降雨量为 0；然后用-1 表示有微弱降雨的小雨天；最后剩下的就是雨天。把这三种类别与数据值的符号关联起来：

```
y = np.sign(rain[1:])
```

据此，得到的平均准确率为 57%。在 scikit-learn 的数据集上，我们的平均准确率为 41%，代码具体参考本书代码包中的 log_regress.py 文件：

```
from sklearn.linear_model import LogisticRegression
from sklearn.cross_validation import KFold
from sklearn import datasets
```

```
import numpy as np

def classify(x, y):
    clf = LogisticRegression(random_state=12)
    scores = []
    kf = KFold(len(y), n_folds=10)
    for train,test in kf:
      clf.fit(x[train], y[train])
      scores.append(clf.score(x[test], y[test]))

    print np.mean(scores)

rain = np.load('rain.npy')
dates = np.load('doy.npy')

x = np.vstack((dates[:-1], rain[:-1]))
y = np.sign(rain[1:])
classify(x.T, y)

#iris example
iris = datasets.load_iris()
x = iris.data[:, :2]
y = iris.target
classify(x, y)
```

10.4 基于支持向量机的分类

支持向量机（Support Vector Machines，SVM）不仅可以用来进行回归分析，如**支持向量回归（Support Vector Regression，SVR）**，而且还可以用来进行分类。支持向量机算法是 Vladimir Vapnik 于 1993 年发明出来的，详情参考 http://en.wikipedia.org/wiki/Support_vector_machine 页面的介绍。

SVM 可以把数据点映射到多维空间的数据点，这种映射是通过**核函数**来完成的。这里的核函数既可以是线性的，也可以是非线性的。这样，分类问题就简化为寻找一个将空间一分为二的超平面，或者是能够将数据点恰如其分地划分到不同空间（类别）的多个超平面。利用超平面进行分类是一件非常困难的事情，因为这会引出**软间隔**的概念。软间隔用来表示对错误分类的容忍度，通常由一个用 C 表示的常量给出。另一个重要的参数就是核函数的类型，有如下几种。

- 线性函数。
- 多项式函数。
- 径向基函数。
- Sigmoid 函数。

网格搜索法可以用来寻找合适的参数，这是一种系统性的方法，即尝试所有可能的参数组合。为了进行网格搜索，可以借助 scikit-learn 提供的 `GridSearchCV` 类。使用这个类时，可以通过字典来提供分类器或回归器的类型对象。字典的键就是我们将要调整的参数，而字典的值就是需要尝试的参数值的相应列表。对于用来进行分类和回归分析的那些类，scikit-learn API 都有对应的、为其提供了添加交叉验证功能的类。不过，默认情况下，交叉验证功能都未启用。创建一个 `GridSearchCV` 对象，代码如下：

```
clf = GridSearchCV(SVC(random_state=42, max_iter=100), {'kernel':
['linear', 'poly', 'rbf'], 'C':[1, 10]})
```

上面的代码规定了最多迭代次数，这个数字不要太大，否则对你的耐心绝对是一个严峻的考验。此外，这里没有启用交叉验证，为的是加速处理过程。而且，我们还指定了核方法的类型以及软间隔的相应参数。

上述代码为可能的参数变异创建了一个 2×3 的网格。如果时间宽裕，可以创建一个更大的网格来包含更多的可能值。还有，可以把 `GridSearchCV` 的 `cv` 参数的值设为预期的包总量，如 5 或 10。实际上，最多迭代次数设置得越高越好。至于不同的核方法，可以根据拟合的实际情况择机而用。如果把参数 `verbose` 设置为一个非零整数，那就可以得到每个参数值组合更为详尽的输出信息，如执行时间等。通常情况下，我们希望按照幅值大小的顺序，如 1～10000，依次变换 soft-margin 参数的取值，这时可以借助 NumPy 的 `logspace()` 函数来完成。

使用这个分类器时，在天气数据上得到的准确性是 56%，在鸢尾花样本数据集上得到的准确性是 82%。在 `GridSearchCV` 的 `grid_scores_` 区保存有网格搜索的成效数据。对于天气数据，成效数据如下所示：

```
[mean: 0.42879, std: 0.11308, params: {'kernel': 'linear', 'C': 1},
 mean: 0.55570, std: 0.00559, params: {'kernel': 'poly', 'C': 1},
 mean: 0.36939, std: 0.00169, params: {'kernel': 'rbf', 'C': 1},
 mean: 0.30658, std: 0.03034, params: {'kernel': 'linear', 'C': 10},
 mean: 0.41673, std: 0.20214, params: {'kernel': 'poly', 'C': 10},
```

```
mean: 0.49195, std: 0.08911, params: {'kernel': 'rbf', 'C': 10}]
```

对于鸢尾花样本数据来说，我们的成绩如下所示：

```
[mean: 0.80000, std: 0.03949, params: {'kernel': 'linear', 'C': 1},
 mean: 0.58667, std: 0.12603, params: {'kernel': 'poly', 'C': 1},
 mean: 0.80000, std: 0.03254, params: {'kernel': 'rbf', 'C': 1},
 mean: 0.74667, std: 0.07391, params: {'kernel': 'linear', 'C': 10},
 mean: 0.56667, std: 0.13132, params: {'kernel': 'poly', 'C': 10},
 mean: 0.79333, std: 0.03467, params: {'kernel': 'rbf', 'C': 10}]
```

下列代码取自本书代码包中的 svm_class.py 文件：

```
from sklearn.svm import SVC
from sklearn.grid_search import GridSearchCV
from sklearn import datasets
import numpy as np
from pprint import PrettyPrinter

def classify(x, y):
    clf = GridSearchCV(SVC(random_state=42, max_iter=100), {'kernel':
['linear', 'poly', 'rbf'], 'C':[1, 10]})

    clf.fit(x, y)
    print "Score", clf.score(x, y)
    PrettyPrinter().pprint(clf.grid_scores_)

rain = np.load('rain.npy')
dates = np.load('doy.npy')


x = np.vstack((dates[:-1], rain[:-1]))
y = np.sign(rain[1:])
classify(x.T, y)

#iris example
iris = datasets.load_iris()
x = iris.data[:, :2]
y = iris.target
classify(x, y)
```

10.5 基于 ElasticNetCV 的回归分析

弹性网络正则化（Elastic Net Regularization）是一种降低回归分析的过拟合风险的方法，更多介绍请参考 http://en.wikipedia.org/wiki/Elastic_net_regularization 页面。弹性网络正则化实际上就是 **LASSO（The Least Absolute Shrinkage and Selection Operator，LASSO）**算法和**岭回归**方法的线性组合。LASSO 能够有效约束 L1 范数或曼哈顿距离。对于两点来说，L1 范数表示的是它们坐标值之差的绝对值之和。岭回归方法使用 L1 范数的平方作为惩罚项。处理回归问题时，拟合优度通常是由所谓的 **R 平方**的**判定系数**来判断的，这个系数的详情可参考 Http://en.wikipedia.org/wiki/Coefficient_of_determination 页面。令人遗憾的是，R 平方的定义并不统一。此外，这个名称还有误导之嫌，因为实际上它可以为负数。就拟合优度而言，最好的情况下其判定系数为 1。根据判定系数的定义看，其允许的取值范围还是不小的，但是我们的目标很明确，就是设法让它向 1 靠拢。

下面使用 10-折交叉验证，并定义一个 ElasticNetCV 对象，具体代码如下所示：

```
clf = ElasticNetCV(max_iter=200, cv=10, l1_ratio = [.1, .5, .7,
.9, .95, .99, 1])
```

这里，ElasticNetCV 类使用了一个名为 l1_ratio 的参数，其取值介于 0～1。如果该参数的值为 0，只使用岭回归算法；如果该参数的值为 1，只使用 LASSO 回归算法；否则，就使用混合算法。对于这个参数，可以给它指定单个数值，也可以给它提供一个数值列表。对于降雨数据，我们得分情况，如下所示：

```
Score 0.0527838760942
```

这个得分表明，我们对数据训练不足，或者说产生欠拟合（underftting）。出现这种情况的原因有很多，如特征数量不足，或者选用的模型不合适等。对于波士顿房价数据，针对现有的特征得分如下所示：

```
Score 0.683143903455
```

predict()方法可以针对新数据进行预测。对于预测的结果，可以使用散点图来可视化其效果。对于降雨数据，得到的散点图如图 10-1 所示。

观察图 10-1 可以发现，这次的拟合效果不佳，即欠拟合。穿过原点的对角线，才是最理想的拟合曲线，就像图 10-2 所示的波士顿房价数据拟合情况。

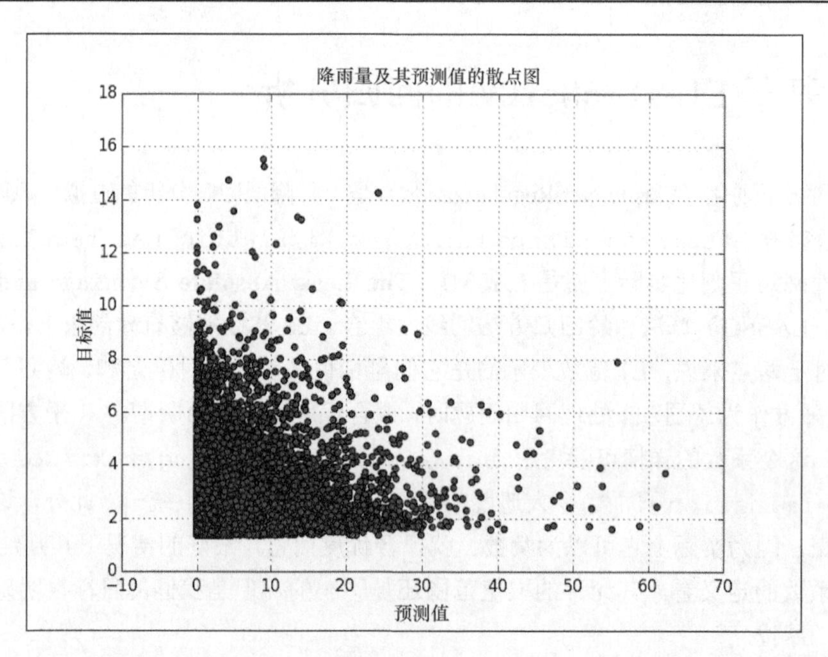

图 10-1

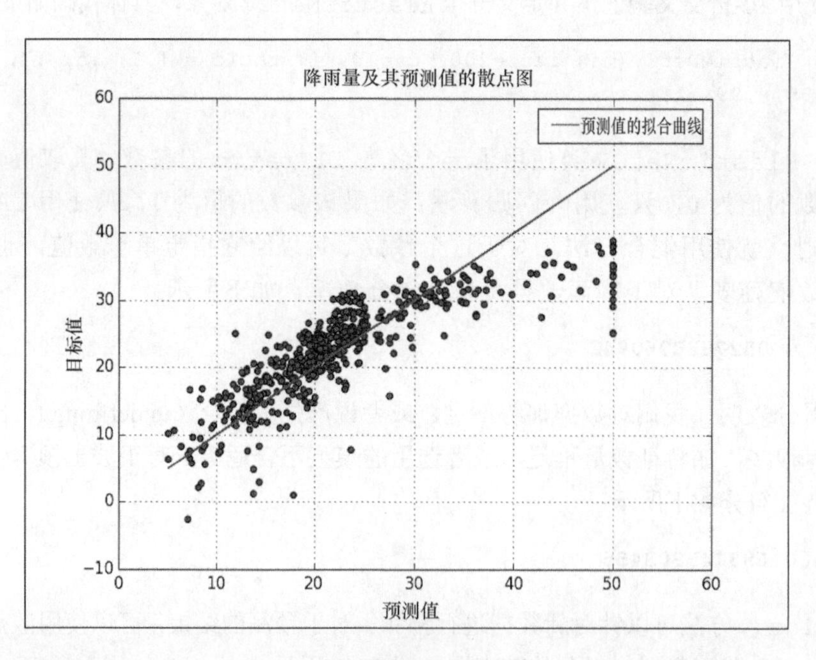

图 10-2

下列代码取自本书代码包中的 encv.py 文件：

```
from sklearn.linear_model import ElasticNetCV
```

```
import numpy as np
from sklearn import datasets
import matplotlib.pyplot as plt

def regress(x, y, title):
    clf = ElasticNetCV(max_iter=200, cv=10, l1_ratio = [.1, .5,
.7, .9, .95, .99, 1])

    clf.fit(x, y)
    print "Score", clf.score(x, y)

    pred = clf.predict(x)
    plt.title("Scatter plot of prediction and " + title)
    plt.xlabel("Prediction")
    plt.ylabel("Target")
    plt.scatter(y, pred)

    # Show perfect fit line
    if "Boston" in title:
        plt.plot(y, y, label="Perfect Fit")
        plt.legend()

    plt.grid(True)
    plt.show()

rain = .1 * np.load('rain.npy')
rain[rain < 0] = .05/2
dates = np.load('doy.npy')

x = np.vstack((dates[:-1], rain[:-1]))
y = rain[1:]
regress(x.T, y, "rain data")

boston = datasets.load_boston()
x = boston.data
y = boston.target
regress(x, y, "Boston house prices")
```

10.6 支持向量回归

如前所述，支持向量机也可以用于回归分析。就回归来说，我们是通过超平面，而非单独的点来拟合数据的。**学习曲线**是一种将学习算法行为特点可视化的好办法。对于不同的训练数据量来说，学习曲线都是训练成效和测试成效所考量的一部分。由于创建学习曲线可能迫使我们重复训练估计器，因此会导致整体过程变慢。对此，我们可以通过使用多个并行估计器作业进行补偿。

支持向量回归是需要进行标定处理（scaling）的算法之一。

我们得到的两个高分为：

```
Max test score Rain 0.0161004084576
Max test score Boston 0.662188537037
```

这与 `ElasticNetCV` 类得到的结果相仿。为此，许多 scikit-learn 类都提供了一个 `n_jobs` 参数。根据经验，通常系统中有几个 CPU，我们就创建几个作业。创建作业时，可以借助 Python 标准的多进程 API。为了进行训练和测试，可以调用 `learning_curve()` 函数，代码如下所示：

```
train_sizes, train_scores, test_scores = learning_curve(clf, X, Y,
n_jobs=ncpus)
```

求平均数，然后画出相应的得分情况：

```
plt.plot(train_sizes, train_scores.mean(axis=1), label="Train
score")
plt.plot(train_sizes, test_scores.mean(axis=1), '--', label="Test
score")
```

降雨数据的学习曲线大致如图 10-3 所示。

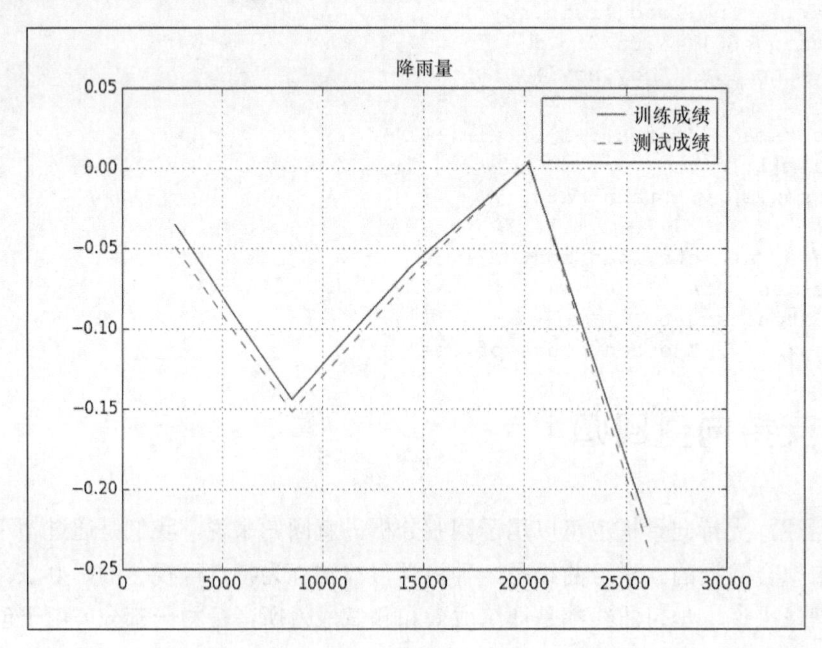

图 10-3

学习曲线在日常生活中也较常见，即练习的次数越多，学到的就越多。按照数据分析术语来讲，数据越多，学习的效果越好。如果训练成绩不错，但是测试效果不好，这就说明出现了过拟合现象。也就是说，我们的模型只适用于训练数据。图 10-4 所示是波士顿房价数据的学习曲线，它看起来更好一些。

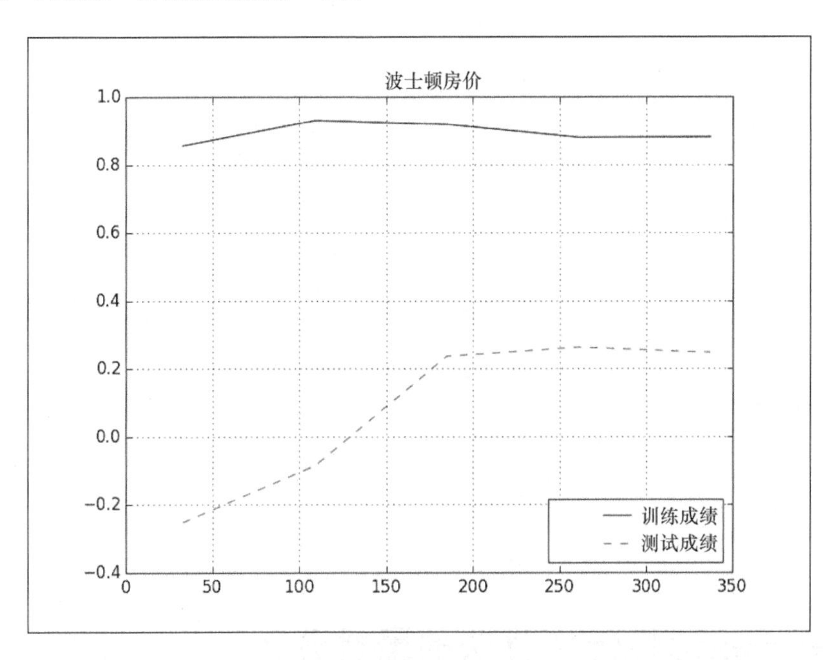

图 10-4

下面的代码取自本书代码包中的 sv_regress.py 文件：

```
import numpy as np
from sklearn import datasets
from sklearn.learning_curve import learning_curve
from sklearn.svm import SVR
from sklearn import preprocessing
import multiprocessing
import matplotlib.pyplot as plt

def regress(x, y, ncpus, title):
    X = preprocessing.scale(x)
    Y = preprocessing.scale(y)
    clf = SVR(max_iter=ncpus * 200)

    train_sizes, train_scores, test_scores = learning_curve(clf,
X, Y, n_jobs=ncpus)
```

```
    plt.figure()
    plt.title(title)
    plt.plot(train_sizes, train_scores.mean(axis=1), label="Train
score")
    plt.plot(train_sizes, test_scores.mean(axis=1), '--',
label="Test score")
    print "Max test score " + title, test_scores.max()
    plt.grid(True)
    plt.legend(loc='best')
    plt.show()

rain = .1 * np.load('rain.npy')
rain[rain < 0] = .05/2
dates = np.load('doy.npy')

x = np.vstack((dates[:-1], rain[:-1]))
y = rain[1:]
ncpus = multiprocessing.cpu_count()
regress(x.T, y, ncpus, "Rain")

boston = datasets.load_boston()
x = boston.data
y = boston.target
regress(x, y, ncpus, "Boston")
```

10.7 基于相似性传播算法的聚类分析

聚类分析，就是把数据分成一些组，这些组就是所谓的聚类。聚类分析通常无需提供目标数据，从这个意义上来说，它属于无监督学习方法。一些聚类算法需要对聚类数进行推测，而另一些聚类算法则不必如此，相似性传播（Affinity Propagation，AP）算法就属于后面一类算法。数据集中的各个元素，都会通过特征值被映射到欧氏空间。然后，计算数据点之间的欧氏距离，以此构建一个矩阵，这个矩阵就是AP算法的基础。因为这个矩阵可能会迅速膨胀，对此我们一定要当心，不要让它耗尽内存。实际上，scikit-learn程序库提供了一个实用程序，来帮我们生成结构化数据。下面通过代码生成3个数据块，具体如下所示：

```
x, _ = datasets.make_blobs(n_samples=100, centers=3, n_features=2,
random_state=10)
```

调用euclidean_distances()函数，创建前面提到的矩阵：

```
S = euclidean_distances(x)
```

利用这个矩阵，就可以给数据标注其所属的聚类了，代码如下所示：

```
aff_pro = cluster.AffinityPropagation().fit(S)
labels = aff_pro.labels_
```

绘制聚类后，得到的图像如图 10-5 所示。

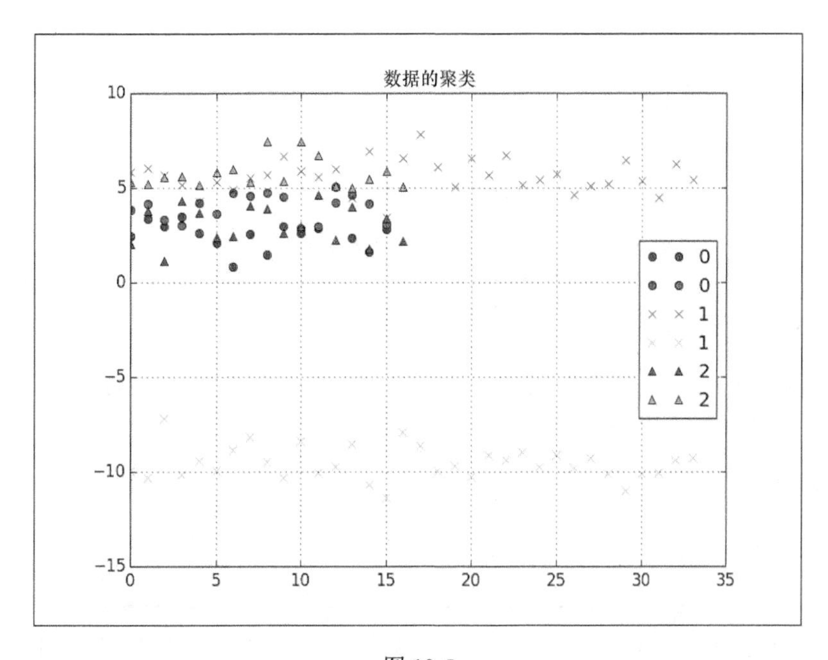

图 10-5

下列代码取自本书代码包中的 aff_prop.py 文件：

```
from sklearn import datasets
from sklearn import cluster
import numpy as np
import matplotlib.pyplot as plt
from sklearn.metrics import euclidean_distances

x, _ = datasets.make_blobs(n_samples=100, centers=3, n_features=2,
random_state=10)
S = euclidean_distances(x)

aff_pro = cluster.AffinityPropagation().fit(S)
labels = aff_pro.labels_

styles = ['o', 'x', '^']
```

```
for style, label in zip(styles, np.unique(labels)):
    print label
    plt.plot(x[labels == label], style, label=label)

plt.title("Clustering Blobs")
plt.grid(True)
plt.legend(loc='best')
plt.show()
```

10.8　均值漂移算法

均值漂移算法是另外一种不需要估算聚类数的聚类算法。目前，这个算法已经成功应用于图像处理。该算法通过迭代来寻找一个密度函数的最大值。展示均值漂移算法前，首先需要使用 pandas DataFrame 计算日降雨量的平均值。下面来创建 DataFrame，并计算其数据的平均值，代码如下：

```
df = pd.DataFrame.from_records(x.T, columns=['dates', 'rain'])
df = df.groupby('dates').mean()

df.plot()
```

结果如图 10-6 所示。

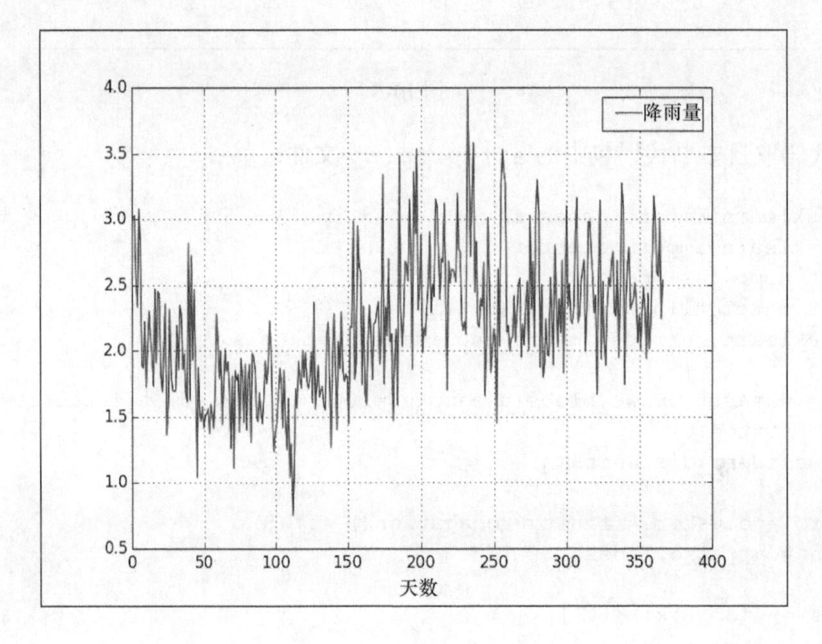

图 10-6

基于均值漂移算法的聚类代码如下所示：

```
x = np.vstack((np.arange(1, len(df) + 1) ,
df.as_matrix().ravel()))
x = x.T
ms = cluster.MeanShift()
ms.fit(x)
labels = ms.predict(x)
```

如果使用不同的线宽和阴影，那么绘制出的 3 个聚类如图 10-7 所示。

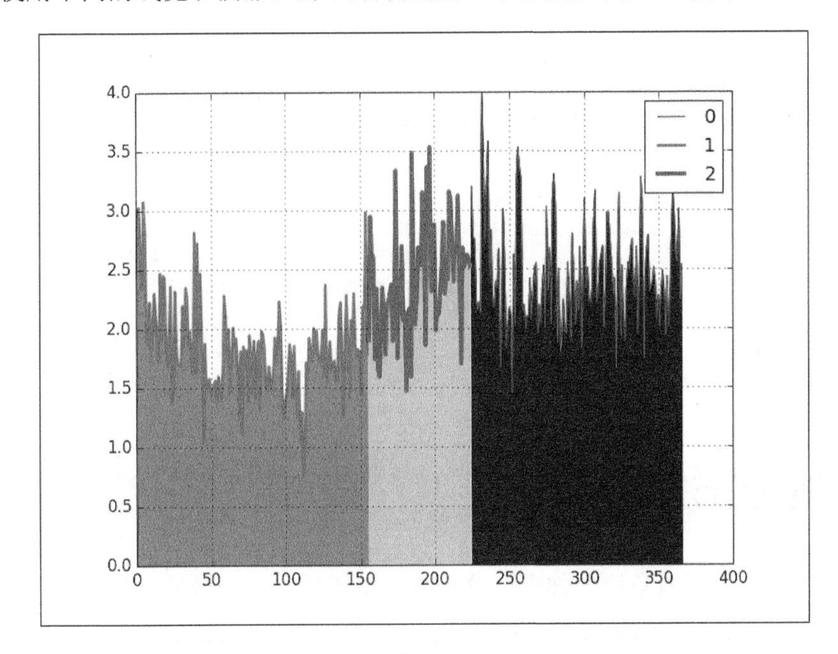

图 10-7

如你所见，我们根据年内日平均雨量（以 mm 为单位）划分出 3 个聚类。下面的代码取自本书代码包中的 mean_shift.py 文件：

```
import numpy as np
from sklearn import cluster
import matplotlib.pyplot as plt
import pandas as pd

rain = .1 * np.load('rain.npy')
rain[rain < 0] = .05/2
dates = np.load('doy.npy')
x = np.vstack((dates, rain))
```

```
df = pd.DataFrame.from_records(x.T, columns=['dates', 'rain'])
df = df.groupby('dates').mean()
df.plot()
x = np.vstack((np.arange(1, len(df) + 1) ,
df.as_matrix().ravel()))
x = x.T
ms = cluster.MeanShift()
ms.fit(x)
labels = ms.predict(x)

plt.figure()
grays = ['0', '0.5', '0.75']

for gray, label in zip(grays, np.unique(labels)):
    match = labels == label
    x0 = x[:, 0]
    x1 = x[:, 1]
    plt.plot(x0[match], x1[match], lw=label+1, label=label)
    plt.fill_between(x0, x1, where=match, color=gray)

plt.grid(True)
plt.legend()
plt.show()
```

10.9　遗传算法

遗传算法是本书最具争议的部分，这种算法基于生物学领域的进化论，更多介绍请参考 http://en.wikipedia.org/wiki/Evolutionary_algorithm 页面。这种类型的算法在搜索和优化方面用途广泛。例如，可以使用遗传算法来搜索回归问题或分类问题的最佳参数。

在地球上，人类及其他生命形式都通过染色体来携带遗传信息。通常，我们使用字符串对染色体进行建模。在遗传算法中，我们也沿用了这种类似的遗传信息表示方法。算法的第一步是，利用随机个体初始化种群，并使用相应的表示方法表达遗传信息。此外，还可以使用待解决问题的已知候选解来进行初始化。之后，我们需要进入一个迭代处理过程，即所谓的**逐代**（generation）演化。对于每一代个体，算法都会根据预定义的**适应度函数**来选择一些个体，作为交配个体供下一步杂交用。适应度函数的作用是评估个体与满意解的接近程度。

下面介绍两种**遗传算子**（genetic operators），它们可以用来生成新的遗传信息。

- **交叉**（Crossover）：这个遗传操作就是通过交配的方式来产生新个体。这里将介绍**单点交叉**（one-point crossover）操作，具体操作是：亲本的遗传信息相互交换，从而产生两个新的个体，第一个个体前半段遗传信息取自父本，后半段取自母本，第二个个体正好相反。例如，假设遗传信息使用 100 个列表元素来表示，那么交叉操作可以从亲本中的一方摘取前 80 个元素，然后从另一方取得后 20 个元素。当然，对于遗传算法来说，它能够通过交叉两个以上的父本和母本来繁殖新个体。这一技术正处于研究阶段（详情参见 Eiben, A. E. et al. *Genetic algorithms with multi-parent recombination, Proceedings of the International Conference on Evolutionary Computation – PPSN III.* The Third Conference on Parallel Problem Solving from Nature: 78–87. ISBN 3-540-58484-6, 1994）。
- **突变**（Mutation）：这个遗传算子受固定突变率的限制。这个概念在好莱坞大片和大众文化中屡见不鲜。我们知道，突变虽然极为罕见，但是却能带来致命危害。不过，有时候突变也能带来我们梦寐以求的特性，并且在某些情况下，这些特性还能够遗传到下一代。

最终，新个体会取代旧个体，这时，我们就可以进入下一轮迭代了。本例中，我们将使用 Python 的 DEAP 程序库来演示遗传算法。安装 DEAP，具体方法如下所示：

```
$ sudo pip install deap
$ pip freeze|grep deap
deap==1.0.1
```

首先，定义最大化适应度的 `Fitness` 子类，具体如下所示：

```
creator.create("FitnessMax", base.Fitness, weights=(1.0,))
```

然后，为种群中的个体定义一个模板：

```
creator.create("Individual", array.array, typecode='d',
fitness=creator.FitnessMax)
```

DEAP 中的工具箱用来注册必需的函数。下面创建一个工具箱，并注册初始化函数，代码如下：

```
toolbox = base.Toolbox()
toolbox.register("attr_float", random.random)
toolbox.register("individual", tools.initRepeat,
creator.Individual, toolbox.attr_float, 200)
```

```
toolbox.register("populate", tools.initRepeat, list,
toolbox.individual)
```

第一个函数的作用是产生浮点数，这些数的取值范围为 0～1。第二个函数的作用是生成一个个体，它实际上是一个由 200 个浮点数组成的列表。第三个函数的作用是创建由个体构成的列表，这个列表代表的是一个种群，也就是搜索或优化问题的一组可能解。

现实社会中，大部分人都很“普通”，或者说很“正常”，但是也有极少数人很“另类”，如爱因斯坦。第 3 章“统计学与线性代数”曾经介绍了一个 shapiro()函数，它可以用来进行正态检验。对于一个个体是否为普通个体，需要通过其正态检验 p 值来衡量它是普通个体的可能性有多大。下面的代码将定义一个适应度函数：

```
def eval(individual):
    return shapiro(individual)[1],
```

下面定义遗传算子，具体代码如下所示：

```
toolbox.register("evaluate", eval)
toolbox.register("mate", tools.cxTwoPoint)
toolbox.register("mutate", tools.mutFlipBit, indpb=0.1)
toolbox.register("select", tools.selTournament, tournsize=4)
```

下面对这些遗传算子进行简单解释。

- evaluate：即评估算子。这项操作用来度量各个个体的适应度。本例中，正态检验的 p 值便是适应度的衡量指标。
- mate：即交配算子。这项操作用来产生子代。本例中采用的是两点交叉。
- mutate：即突变算子。这项操作会随机修改个体。对于由布尔值构成的列表而言，这就意味着某些值会被反转，即由 True 变为 False，或者正好相反。
- mutate：即选择算子。这项操作用来选择可以进行交配的个体。

在上面的代码中，我们规定使用两点交叉，同时指定了属性被翻转的概率。下面生成一个由 400 个个体组成的原始群体，代码如下：

```
pop = toolbox.populate(n=400)
```

现在，启动进化过程，代码如下：

```
hof = tools.HallOfFame(1)
stats = tools.Statistics(key=lambda ind: ind.fitness.values)
stats.register("max", np.max)

algorithms.eaSimple(pop, toolbox, cxpb=0.5, mutpb=0.2, ngen=80,
stats=stats, halloffame=hof)
```

这个程序将提供包括每代最大适应度在内的各种统计信息。我们给它规定了交叉概率、突变率和最大代数（maximum generations），即超过这个代数后就会停止运行。下面的数据就是摘自这个程序输出的统计报告：

```
gen      nevals     max
0        400        0.000484774
1        245        0.000776807
2        248        0.00135569
…
79       250        0.99826
80       248        0.99826
```

可见，最初的分布与正态分布相去甚远，但是，最终得到的个体的分布情况如图 10-8 所示。

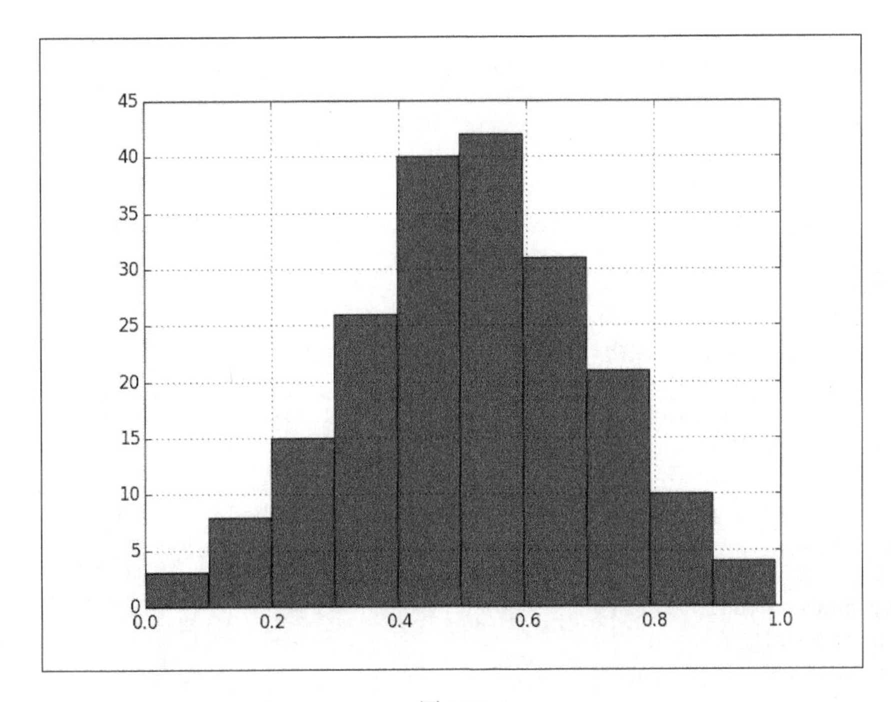

图 10-8

下列代码取自本书代码包中的gen_algo.py文件：

```
import array
import random
import numpy as np
from deap import algorithms
from deap import base
from deap import creator
from deap import tools
from scipy.stats import shapiro
import matplotlib.pyplot as plt

creator.create("FitnessMax", base.Fitness, weights=(1.0,))
creator.create("Individual", array.array, typecode='d',
fitness=creator.FitnessMax)

toolbox = base.Toolbox()
toolbox.register("attr_float", random.random)
toolbox.register("individual", tools.initRepeat,
creator.Individual, toolbox.attr_float, 200)
toolbox.register("populate", tools.initRepeat, list,
toolbox.individual)

def eval(individual):
    return shapiro(individual)[1],

toolbox.register("evaluate", eval)
toolbox.register("mate", tools.cxTwoPoint)
toolbox.register("mutate", tools.mutFlipBit, indpb=0.1)
toolbox.register("select", tools.selTournament, tournsize=4)

random.seed(42)

pop = toolbox.populate(n=400)
hof = tools.HallOfFame(1)
stats = tools.Statistics(key=lambda ind: ind.fitness.values)
stats.register("max", np.max)

algorithms.eaSimple(pop, toolbox, cxpb=0.5, mutpb=0.2, ngen=80,
stats=stats, halloffame=hof)

print shapiro(hof[0])[1]
plt.hist(hof[0])
plt.grid(True)
plt.show()
```

10.10 神经网络

人工神经网络（ANN）的计算模型灵感来自高等动物的大脑。所谓神经网络，实际上就是由神经元组成的网络，这些神经元都具有输入和输出。例如，可以将图片像素相关的数值作为神经网络的输入，然后将神经元的输出传递给下一个神经元，依此类推，最终得到一个多层网络。神经网络蕴涵了许多自适应元素，这使得它非常适合用于处理非线性模型和模式识别问题。接下来，我们将再次根据前些年对应某日降雨量和前一日降雨量来预测是否会下雨。由于后面要用到 Python 库 theanets，所以这里先行安装，命令如下所示：

```
$ sudo pip install theanets
$ pip freeze|grep theanets
theanets==0.2.0
```

一位技术评审在安装过程中曾经遇到问题，不过更新 Numpy 和 Scipy 后，问题就迎刃而解了。首先创建一个 `Experiment`，也就是创建了一个神经网络，然后，再对这个网络进行训练。下面的代码将新建一个具有两个输入神经元和一个输出神经元的神经网络：

```
e = theanets.Experiment(theanets.Regressor,
                        layers=(2, 3, 1),
                        learning_rate=0.1,
                        momentum=0.5,
                        patience=300,
                        train_batches=multiprocessing.cpu_count(),
                        num_updates=500)
```

该网络拥有一个隐藏层，层内含有 3 个神经元；另外，这个网络还使用了 Python 标准的多进程 API 来加速运算。训练网络所需的数据包括训练样本和验证样本。

```
train = [x[:N], y[:N]]
valid = [x[N:], y[N:]]
e.run(train, valid)
```

若要对验证数据进行预测，可以使用下列代码：

```
pred = e.network(x[N:]).ravel()
```

scikit-learn 程序库提供了一个实用函数，可以用来计算分类器的准确性。下面是计算准确性的具体代码：

```
print "Pred Min", pred.min(), "Max", pred.max()
print "Y Min", y.min(), "Max", y.max()
print "Accuracy", accuracy_score(y[N:], pred >= .5)
```

注意，输出值可能每次都不一样，这是由于神经网络的特性所导致的。这里的输出情况如下所示：

```
Pred Min 0.303503170562 Max 0.737862165479
Y Min 0.0 Max 1.0
Accuracy 0.632345426673
```

下面的程序代码取自本书代码包中的 neural_net.py 文件：

```
import numpy as np
import theanets
import multiprocessing
from sklearn import datasets
from sklearn.metrics import accuracy_score

rain = .1 * np.load('rain.npy')
rain[rain < 0] = .05/2
dates = np.load('doy.npy')
x = np.vstack((dates[:-1], np.sign(rain[:-1])))
x = x.T

y = np.vstack(np.sign(rain[1:]),)
N = int(.9 * len(x))

e = theanets.Experiment(theanets.Regressor,
                        layers=(2, 3, 1),
                        learning_rate=0.1,
                        momentum=0.5,
                        patience=300,
                        train_batches=multiprocessing.cpu_count(),
                        num_updates=500)

train = [x[:N], y[:N]]
valid = [x[N:], y[N:]]
e.run(train, valid)

pred = e.network(x[N:]).ravel()
```

```
print "Pred Min", pred.min(), "Max", pred.max()
print "Y Min", y.min(), "Max", y.max()
print "Accuracy", accuracy_score(y[N:], pred >= .5)
```

10.11 决策树

形如 `if a: else b` 这样的判断语句，恐怕是 Python 程序中最常见的语句了。通过嵌套和组合这些语句，就能够建立所谓的决策树。决策树跟老式流程图非常类似，只不过流程图允许循环而已。机器学习领域中，应用决策树的过程通常被称为**决策树学习**。进行决策树学习时，决策树的末端节点通常又叫作**叶节点**，其中存放着分类问题的类标签。每个非叶节点都对应特征值之间的一个布尔条件判断。scikit-learn 使用基尼不纯度（Gini impurity）和熵作为信息的衡量指标。实际上，这两种指标度量的是数据项被错误分类的概率，更多介绍请参考 `http://en.wikipedia.org/wiki/Decision_tree_learning` 页面。决策树非常易于理解、使用、可观化和验证。为了形象展示决策树，可以借助于 Graphviz，该软件可以从 `http://graphviz.org/` 页面下载。此外，我们还需要安装 pydot2，具体命令如下所示：

```
$ pip install pydot2
$ pip freeze|grep pydot2
pydot 2==1.0.33
```

下面把降雨数据分为训练集和测试集两部分，这需要用到 scikit-learn 提供的 `train_test_split()` 函数，代码详情如下所示：

```
x_train, x_test, y_train, y_test = train_test_split(x, y,
random_state=37)
```

创建 `DecisionTreeClassifier`，代码如下：

```
clf = tree.DecisionTreeClassifier(random_state=37)
```

可以使用 scikit-learn 的 `RandomSearchCV` 类来试验各种参数的取值范围，具体代码如下所示：

```
params = {"max_depth": [2, None],
          "min_samples_leaf": sp_randint(1, 5),
          "criterion": ["gini", "entropy"]}
rscv = RandomizedSearchCV(clf, params)
rscv.fit(x_train,y_train)
```

经过一番搜索后，得到的最佳成效和参数如下所示：

```
Best Train Score 0.703164923517
Test Score 0.705058763413
Best params {'criterion': 'gini', 'max_depth': 2, 'min_samples_leaf':
2}
```

在任何情况下，即使只是想验证我们的设想，都不妨将决策树可观化。为此，可以使用下面的代码来绘制决策树的图像：

```
sio = StringIO.StringIO()
tree.export_graphviz(rscv.best_estimator_, out_file=sio,
feature_names=['day-of-year','yest'])
dec_tree = pydot.graph_from_dot_data(sio.getvalue())

with NamedTemporaryFile(prefix='rain', suffix='.png',
delete=False) as f:
    dec_tree.write_png(f.name)
    print "Written figure to", f.name
```

最终结果如图 10-9 所示。

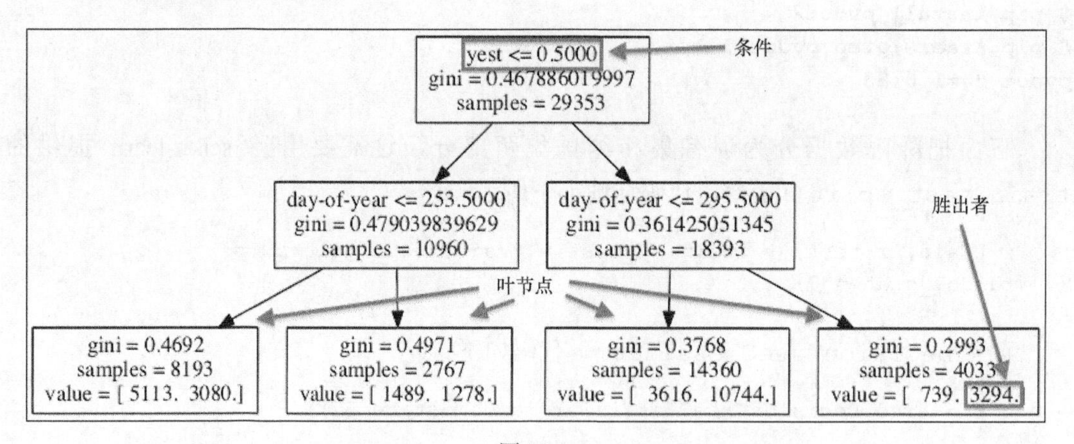

图 10-9

在上面的非叶节点中，各种判断条件都被放置在最上一行。如果条件成立，就进入左侧的子节点；否则，就进入右侧的子节点。当进入一个叶节点时，节点内最下面一行中具有最大值的类别获胜。也就是说，决策树预测输入样本属于该类别。

下列代码取自本书代码包中的 dec_tree.py 文件：

```
from sklearn.cross_validation import train_test_split
```

```
from sklearn import tree
from sklearn.grid_search import RandomizedSearchCV
from scipy.stats import randint as sp_randint
import pydot
import StringIO
import numpy as np
from tempfile import NamedTemporaryFile

rain = .1 * np.load('rain.npy')
rain[rain < 0] = .05/2
dates = np.load('doy.npy').astype(int)
x = np.vstack((dates[:-1], np.sign(rain[:-1])))
x = x.T

y = np.sign(rain[1:])

x_train, x_test, y_train, y_test = train_test_split(x, y,
random_state=37)

clf = tree.DecisionTreeClassifier(random_state=37)
params = {"max_depth": [2, None],
              "min_samples_leaf": sp_randint(1, 5),
              "criterion": ["gini", "entropy"]}
rscv = RandomizedSearchCV(clf, params)
rscv.fit(x_train,y_train)

sio = StringIO.StringIO()
tree.export_graphviz(rscv.best_estimator_, out_file=sio,
feature_names=['day-of-year','yest'])
dec_tree = pydot.graph_from_dot_data(sio.getvalue())

with NamedTemporaryFile(prefix='rain', suffix='.png',
delete=False) as f:
    dec_tree.write_png(f.name)
    print "Written figure to", f.name

print "Best Train Score", rscv.best_score_
print "Test Score", rscv.score(x_test, y_test)
print "Best params", rscv.best_params_
```

10.12 小结

本章节致力于介绍预测建模和机器学习。对于本章涉及的这些主题，读者如有兴趣，可以进一步参考本书前言提到的那些书籍。预测性分析通常利用多种技术，其中包括机器学习，才能做出有效的预测，如判断明天是否有雨等。

SVM 能够将数据映射到多维空间，因此，通过它可以把分类问题简化为寻找最佳的一个或多个超平面来区隔数据点，从而达到分类目的。

弹性网络正则化则是 LASSO 方法和岭回归方法的线性组合。处理回归问题时，拟合优度通常是通过判定系数，即所谓的 R 平方来确定的。一些聚类算法需要推测聚类数，而另一些则没有这样的要求。

对于遗传算法，第一步是根据随机个体和遗传信息的表示方法来初始化种群。对于每一代个体，都会根据预定义的适应度函数选出一些个体用于配种。机器学习领域中，运用决策树通常叫做决策树学习。

第 11 章“Python 生态系统的外界环境和云计算”将向大家介绍互用性和云计算。

第 11 章 Python 生态系统的外部环境和云计算

在 Python 生态系统外部，还有许多流行的程序设计语言，如 R、C、Java 和 Fortran 等。在本章中，我们会深入研究如何让 Python 与外部环境之间交流信息。

云计算旨在将计算能力作为一种公用设施，并通过互联网提供给广大用户。也就是说，用户在本地无需购置大量高性能硬件，就能方便获得强大的计算能力。相反，云计算是一种按需付费的模式。后面，我们会讨论如何将 Python 代码放到云端来使用。云计算在这个快节奏的世界中是一个日新月异的行业。目前，已经有多种云计算服务可供选择，但是，本章仅涉及其中的谷歌应用引擎（Google App Engine，AGE）和 PythonAnywhere。本书不会专门讨论**亚马逊云计算服务（Amazon Web Services，AWS）**，因为就像前言中提到的那样，已经有不少书籍，如 Willi Richert 和 Luis Pedro Coelho 在 Packt Publishing 出版的 *Building Machine Learning Systems with Python* 一书就详细地讨论过这个主题。此外，我们还需要了解 `http://datasciencetoolbox.org/` 站点上的数据科学工具箱（Data Science Toolbox）。它基于 Linux 的数据分析虚拟环境，该环境既可以在本地运行，也可以放到 AWS 上使用。数据科学工具箱网站上面提供了许多简单明了的使用说明，可以帮助你利用之前安装过的 Python 程序包来搭建一个工作平台。

本章将讨论如下所示的相关主题。

- 与 MATLAB/Octave 交换信息。
- 安装 rpy2。
- 连接 R。

- 为Java传递NumPy数组。
- 集成SWIG和NumPy。
- 集成Boost和Python。
- 通过f2py使用Fortran代码。
- 配置谷歌应用引擎。
- 在PythonAnywhere上运行程序。
- 使用Wakari。

11.1 与MATLAB/Octave交换信息

MATLAB及其开源替代方案**Octave**是两款非常流行的数值计算程序和程序设计语言。Octave和MATLAB的语法与Python非常相近。事实上，可以通过网站来查看它们在语法方面的比对情况，如网站`http://wiki.scipy.org/NumPy_for_Matlab_Users`上面就有相关信息。

> **提示：**
> Octave的下载地址为`http://www.gnu.org/software/octave/download.html`。

写作本书时，Octave的最新版本是3.8.0。我们知道，`scipy.io.savemat()`函数能够将一个数组保存为一个与Octave和MATLAB格式相兼容的文件。使用这个函数时，需要提供文件名和一个字典作为其参数，其中字典用来提供数组的名称和数组值。下面的代码取自本书代码包中的`octave_demo.py`文件：

```
import statsmodels.api as sm
from scipy.io import savemat

data_loader = sm.datasets.sunspots.load_pandas()
df = data_loader.data
savemat("sunspots", {"sunspots": df.values})
```

上述代码会将太阳黑子数据保存到名为`sunspots.mat`的一个文件中。需要注意的是，这里的文件扩展名是自动添加上的。然后，启动Octave的图形用户界面或者命令行接口，并加载刚才创建的文件，将会看到如下所示的数据：

```
octave:1> load sunspots.mat
octave:2> sunspots
sunspots =
   1.7000e+03   5.0000e+00
   1.7010e+03   1.1000e+01
   1.7020e+03   1.6000e+01
…
```

11.2 Installing rpy2 安装 rpy2

R 语言在统计学中非常流行，它是由 C 和 Fortran 语言编写而成的，并且遵循 GNU 通用公共许可证。R 语言能够为建模、统计检验、时间序列分析、分类、可视化和聚类分析提供强有力的支持。**R 语言综合典藏网（The Comprehensive R Archive Network，CRAN）**及其他资料档案库网站为我们提供了数千的 R 程序包，以帮助我们完成各种任务。

提示：

可以从 http://www.r-project.org/页面下载 R。

截至 2014 年 8 月，R 的最新版本为 3.1.1。rpy2 程序包能够简化 Python 和 R 之间的交互操作。下面是通过 pip 安装 rpy2 的具体命令，如下所示：

```
$ pip install rpy2
$ pip freeze|grep rpy2
rpy2==2.4.2
```

提示：

如果之前已经安装了 rpy2，那么可以严格按照 http://rpy.sourceforge.net/rpy2/doc-dev/html/overview 上面的技术指导来升级 rpy2，因为这个过程可能稍微有点麻烦。

11.3 连接 R

R 提供了一个 datasets 包，其中含有许多样本数据集。其中，morley 数据集提供了许多 1879 年采集的光速测量数据。光速是一个基本的物理常数，当前已知的数值已经非常精确了。

关于这个数据，可以参考 http://stat.ethz.ch/R-manual/R-devel/library/datasets/html/morley.html 页面上的详细说明。另外，光速方面的数据还可以在 scipy.constants 模块中找到。

这些 R 数据存放于一个含有 3 列的 R 数据框内。

- 实验编号 1～5。
- 轮数，每次实验进行 20 轮，所以共进行 100 次测量。
- 减去 299000 后的实测光速，这里以 km/s 为单位。

利用 rpy2.robjects.r()函数，就可以在 Python 环境中执行 R 代码了。

现在来加载数据，具体代码如下所示：

```
ro.r('data(morley)')
```

此外，pandas 库中的 pandas.rpy.common 模块也为我们提供了相应的 R 接口。

下面将数据加载至 pandas DataFrame，具体方法如下所示：

```
df = com.load_data('morley')
```

下列代码将根据实验对数据进行分组，并生成一个 5×2 的 NumPy 数组：

```
samples = dict(list(df.groupby('Expt')))
samples = np.array([samples[i]['Speed'].values for i in samples.
keys()])
```

有了源自不同实验的数据后，现在想看看这些实验中的数据点是否服从相同的分布。Kruskal-Wallis 单向方差分析（详情请参考 http://en.wikipedia.org/wiki/Kruskal%E2%80%93Wallis_one-way_analysis_of_variance 页面）是一种统计学方法，可以直接研究样本，而无需假设其概率分布。 对于这个检验来说，零假设意味着所有样本具有相同的中位数。这种检验可以通过 scipy.stats.kruskal()函数来进行。完成该检验的具体代码如下所示：

```
print "Kruskal", kruskal(samples[0], samples[1], samples[2],
samples[3], samples[4])
```

这个检验的统计数字和 p 值如下所示：

```
Kruskal (15.022124661246552, 0.0046555484175328015)
```

可以拒绝零假设，但是这样就无法得知哪一个实验或哪一些实验具有偏离的中位数（deviating median），进一步的分析将作为一项练习留给读者自己完成。如果绘制各实验的最小值、最大值和平均值，就会得到如图11-1所示的图形。

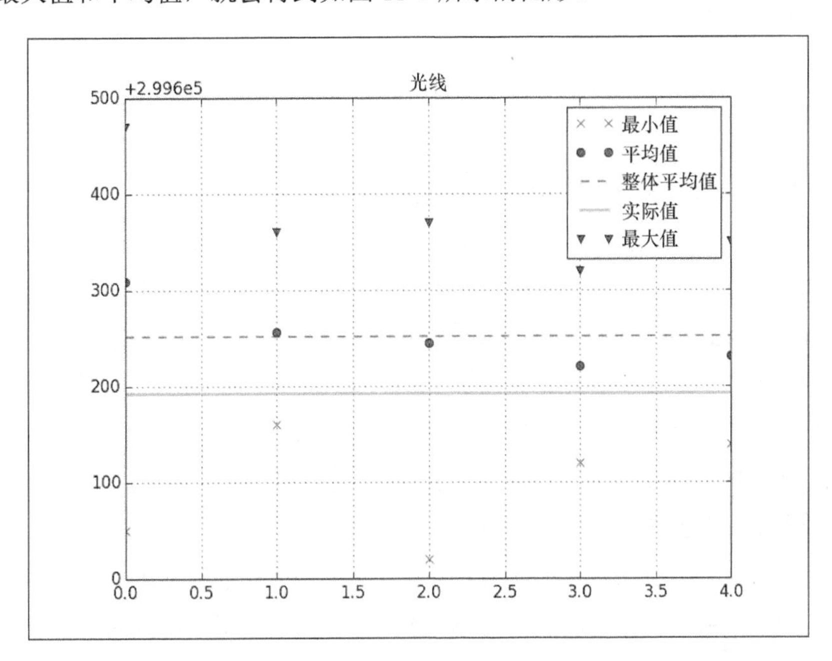

图11-1

下列代码取自本书代码包中的 r_demo.py 文件：

```
import pandas.rpy.common as com
import rpy2.robjects as ro
from scipy.stats import kruskal
import matplotlib.pyplot as plt
import numpy as np
from scipy.constants import c

ro.r('data(morley)')
df = com.load_data('morley')
df['Speed'] = df['Speed'] + 299000

samples = dict(list(df.groupby('Expt')))
samples = np.array([samples[i]['Speed'].values for i in
samples.keys()])
print "Kruskal", kruskal(samples[0], samples[1], samples[2],
samples[3], samples[4])

plt.title('Speed of light')
```

```
plt.plot(samples.min(axis=1), 'x', label='min')
plt.plot(samples.mean(axis=1), 'o', label='mean')
plt.plot(np.ones(5) * samples.mean(), '--', label='All mean')
plt.plot(np.ones(5) * c/1000, lw=2, label='Actual')
plt.plot(samples.max(axis=1), 'v', label='max')
plt.grid(True)
plt.legend()
plt.show()
```

11.4 为 Java 传递 NumPy 数组

就像 Python 那样，Java 也是一种非常受欢迎的程序语言。第 8 章“应用数据库”中已经安装过 Java，因为这是使用 Cassandra 的前提条件。为了运行 Java 代码，需要 **Java 运行环境（Java Runtime Environment，JRE）**的支持。为了开发程序，还需要用到 **Java 开发工具包（Java Development Kit，JDK）**。

Jython 是 Python 的纯 Java 实现。Jython 程序代码可以使用所有的 Java 类。然而，利用 C 语言编写的 Python 模块却无法导入 Jython。

这的确是一个让人头疼的问题，因为许多用于数值运算和数据分析的 Python 程序库都含有 C 语言实现的模块。不过，JPype 程序包已经为此提供了一个解决方案，并且，这个程序包可以从 `http://pypi.python.org/pypi/JPype1` 或者 `http://github.com/originell/jpype` 页面下载。写作本书时，JPype 最新版本是 0.5.5.2。当下载并解压 JPype 后，请运行下列命令：

```
$ python setup.py install
```

然后，通过下列命令启动 **Java 虚拟机（Java Virtual Machine，JVM ）**：

```
jpype.startJVM(jpype.getDefaultJVMPath())
```

下面利用随机数来创建一个名为 JArray 的 JPype 数组，如下所示：

```
values = np.random.randn(7)
java_array = jpype.JArray(jpype.JDouble, 1)(values.tolist())
```

然后，输出各个数组元素，具体方法如下所示：

```
for item in java_array:
    jpype.java.lang.System.out.println(item)
```

最后，通过下列命令来关闭 JVM：

```
jpype.shutdownJVM()
```

下列代码取自本书代码包中的 java_demo.py 文件：

```
import jpype
import numpy as np
from numpy import random
jpype.startJVM(jpype.getDefaultJVMPath())

random.seed(44)
values = np.random.randn(7)
java_array = jpype.JArray(jpype.JDouble, 1)(values.tolist())

for item in java_array:
   jpype.java.lang.System.out.println(item)

jpype.shutdownJVM()
```

11.5 集成 SWIG 和 NumPy

C 语言是从 20 世纪 70 年代发展起来的一种广泛流传的程序语言。此外，还有许许多多非标准的 C 语言，使得 C 对其他程序设计语言影响深远。C 并非面向对象的编程语言，因此 C++应运而生。C++是一种面向对象的编程语言，它继承了 C 语言的特性，因此，可以把 C++看成是 C 语言的一个超集。无论是 C 语言，还是 C++语言，都是编译型编程语言。我们需要先把源代码编译成目标文件，然后链接目标文件，得到动态共享库。幸运的是，当集成 C 和 Python 时，我们有许多的选择余地，例如，可以使用**简单封装和接口生成器（Simplified Wrapper and Interface Generator，SWIG）**来生成集成代码。

SWIG 在开发过程中新增了一个步骤，那就是需要生成介于 Python 和 C（或者 C++）之间的黏合代码（Glue Code）。SWIG 的下载地址为 http://www.swig.org/download.html。写作本书时，SWIG 的最新版本是 3.0.2。为了安装 SWIG，还需要另外安装 **PCRE（Perl Compatible Regular Expressions，PCRE）**。PCRE 是一个 C 语言正则表达式程序库，下载地址为 http://www.pcre.org/。写作本书时，PCRE 的最新版本是 8.35。在解压下载的 PCRE 之后，可以通过下列命令进行安装：

```
$ ./configure
$ make
$ make install
```

需要注意的是，执行上面最后一条命令要求具有 root 或者 sudo 用户的访问权限。此外，这些命令同样适用于 SWIG 的安装。下面开始编写一个存放函数定义的头文件，其中定义了如下所示的函数：

```
double sum_rain(int* rain, int len);
```

后面，我们将利用上面的函数对第 10 章中分析的降水量 rain 进行求和。下面的代码取自本书代码包中的 sum_rain.h 文件。这个函数的实现代码取自本书代码包中的 sum_rain.cpp 文件：

```
double sum_rain(int* rain, int len) {

  double sum = 0.;

  for (int i = 0; i < len; i++){
    if(rain[i] == -1) {
      sum += 0.025;
    } else {
      sum += 0.1 * rain[i];
    }
  }
  return sum;
}
```

定义如下所示的 SWIG 接口文件（具体参见本书代码包中的 sum_rain.i 文件）：

```
%module sum_rain
%{
  #define SWIG_FILE_WITH_INIT
  #include "sum_rain.h"
%}

%include "/tmp/numpy.i"

%init %{
  import_array();
%}

%apply (int* IN_ARRAY1, int DIM1) {(int* rain, int len)};

%include "sum_rain.h"
```

上述代码需要用到接口文件 numpy.i，可以从 https://github.com/numpy/numpy/blob/master/tools/swig/numpy.i 页面下载该文件。虽然在这个例子中，接口文件 numpy.i 被放置在/tmp 目录下面，但是，我们实际上可以随意放置。现在，我们来生成 SWIG 黏合代码，具体如下所示：

```
$ swig -c++ -python sum_rain.i
```

上面的步骤将会生成一个名为 sum_rain_wrap.cxx 的文件。接下来，编译 sum_rain.cpp 文件，如下所示：

```
$ g++ -O2 -fPIC -c sum_rain.cpp -I<Python headers dir>
```

在上面的命令中，我们需要给出 Python 的 C 语言头文件所在目录。实际上，可以通过下列所示的命令来显示该目录所在位置：

```
$ python-config -includes
```

因此，实际上是通过下列命令进行编译的：

```
$ g++ -O2 -fPIC -c sum_rain.cpp -I $(python-config -includes)
```

这个目录的位置可能会随着 Python 版本和操作系统的不同而有所变化，一般位于 /usr/include/python2.7。编译生成的 SWIG 封装文件如下所示：

```
$ g++ -O2 -fPIC -c sum_rain_wrap.cxx -I<Python headers dir> -
I<numpy-dir>/core/include/
```

上面的命令依赖于 NumPy 的具体安装位置。其具体安装位置可以通过 Python 的 Shell 命令界面找到，如下所示：

```
$ python
>>> import numpy as np
>>> np.__file__
```

在屏幕中输出的字符串通常由 Python 版本、site-packages 和最后面的 __init__.pyc 组成。实际上，只要除去最后的一部分，即__init__.pyc，就是 NumPy 的所在目录。另外，也可以通过下面的方法来取得 NumPy 目录所在位置：

```
>>> from imp import find_module
>>> find_module('numpy')
```

最后，我们需要将编译生成的目标文件链接起来，具体如下所示：

```
$ g++ -lpython -dynamiclib sum_rain.o sum_rain_wrap.o -o _sum_rain.so
```

对于不同的操作系统，如 Windows 系统，上面的各个步骤可能会有所差异，除非我们使用 Cygwin。如果需要，建议读者通过 SWIG 用户邮件列表（地址为 `http://www.swig.org/mail.html`）或者 StackOverfow 来请求帮助。

可以通过本书代码包中的 `swig_demo.py` 文件来测试上面创建的程序：

```
from _sum_rain import *
import numpy as np

rain = np.load('rain.npy')
print "Swig", sum_rain(rain)
rain = .1 * rain
rain[rain < 0] = .025
print "Numpy", rain.sum()
```

如果代码和 Python 都没有问题，将看到如下所示的内容：

```
Swig 85291.55
Numpy 85291.55
```

11.6 集成 Boost 和 Python

Boost 是一个提供了 Python 编程接口的 C++程序库，下载地址为 `http://www.boost org/sers/download/`。写作本书时，Boost 的最新版本是 1.56.0。下面介绍一种最简单，同时也是最慢的安装方法，具体命令如下所示：

```
$ ./bootstrap.sh --prefix=/path/to/boost
$ ./b2 install
```

这里，参数 `prefix` 用来规定安装目录。本例中，假定 Boost 已经安装到用户的 `home` 目录下面的 Boost 子目录中，即`~/Boost`。在这个目录中，我们需要创建两个子目录 `lib` 和 `include`。对于 UNIX 和 Linux 系统来说，可以通过下列命令达到这个目的：

```
export LD_LIBRARY_PATH=$HOME/Boost/lib:${LD_LIBRARY_PATH}
```

对于 Mac OS X 操作系统来说，需要设置如下所述的环境变量：

```
export DYLD_LIBRARY_PATH=$HOME/Boost/lib
```

这里，我们将重新定义一个完成降雨量求和的函数。下列代码取自本书代码包中的 `boost_rain.cpp` 文件：

```
#include <boost/python.hpp>

double sum_rain(boost::python::list rain, int len) {

  double sum = 0.;

  for (int i = 0; i < len; i++){
    int val = boost::python::extract<int>(rain[i]);
    if(val == -1) {
       sum += 0.025;
    } else {
      sum += 0.1 * val;
    }
  }
  return sum;
}
BOOST_PYTHON_MODULE(rain) {
    using namespace boost::python;

    def("sum_rain", sum_rain);
}
```

上面这个函数需要两个参数，即一个 Python 列表和该列表的大小。下面演示如何调用该函数，完整代码请参考本书代码包中的 `rain_demo.py` 文件：

```
import numpy as np
from rain import sum_rain

rain = np.load('../rain.npy')
print "Boost", sum_rain(rain.astype(int).tolist(), len(rain))
rain = .1 * rain
rain[rain < 0] = .025
print "Numpy", rain.sum()
```

利用本书代码包中的 `Makefile` 文件，可以实现这个开发过程的自动化：

```
CC = g++
PYLIBPATH = $(shell python-config --exec-prefix)/lib
```

```
LIB = -L$(PYLIBPATH) $(shell python-config --libs) -L ${HOME}/Boost/
lib -lboost_python
OPTS = $(shell python-config --include) -O2 -I${HOME}/Boost/include

default: rain.so
   @python ./rain_demo.py

rain.so: rain.o
   $(CC) $(LIB)  -Wl,-rpath,$(PYLIBPATH) -shared $< -o $@

rain.o: boost_rain.cpp Makefile
   $(CC) $(OPTS) -c $< -o $@

clean:
   rm -rf *.so *.o

.PHONY: default clean
```

在命令行中运行下列命令：

```
$ make clean;make
```

结果如下：

```
Boost 85291.55
Numpy 85291.55
```

11.7 通过 f2py 使用 Fortran 代码

Fortran 源自于“公式翻译”（**Formula Translation System**）的缩写，是一种成熟的编程语言，通常用于科学计算。它发源于 20 世纪 50 年代，随后的新版本包括 Fortran 77、Fortran 90 、 Fortran 95 、 Fortran 2003 以及 Fortran 2008 ，感兴趣的读者可以参考 `http://en.wikipedia.org/wiki/Fortran` 页面，以了解更多详情。它的每一个新版本都添加了新的特性和新的编程范式。对于下面的例子来说，我们需要安装一个 Fortran 编译程序。编译程序 gfortran 是一个 GNU Fortran 编译程序，它可以从 `http://gcc.gnu.org/wiki/GFortranBinaries` 页面下载。

同时，NumPy 的 `f2py` 模块可以为我们充当 Fortran 与 Python 之间的编程接口。如果已经安装好了 Fortran 编译程序，那么就可以借助这个模块，从 Fortran 程序代码来创建共享程序库了。这里，我们将编写一个 Fortran 子例程，来计算降雨量之和，这与前面的例子类似。好了，现在先来定义子例程，并把它存放到一个 Python 字符串中。然后，调用 f2py.compile()函数，从 Fortran 代码生成一个共享程序库。完整代码请参考本书代码包中的 fort_src.py 文件：

```
from numpy import f2py
fsource = '''
       subroutine sumarray(A, N)
       REAL, DIMENSION(N) :: A
       INTEGER :: N
       RES = 0.1 * SUM(A, MASK = A .GT. 0)
       RES2 = -0.025 * SUM(A, MASK = A .LT. 0)
       print*, RES + RES2
       end
 '''
f2py.compile(fsource,modulename='fort_sum',verbose=0)
```

调用这个子例程的完整代码，请参考本书代码包中的 fort_demo.py 文件：

```
import fort_sum
import numpy as np
rain = np.load('rain.npy')
fort_sum.sumarray(rain, len(rain))
rain = .1 * rain
rain[rain < 0] = .025
print "Numpy", rain.sum()
```

下面是 Fortran 代码和 NumPy 代码生成的结果，如果忽略 Fortran 子例程计算结果的最后两位小数，结果是一致的。

```
85291.5547
Numpy 85291.55
```

11.8 配置谷歌应用引擎

本章开始部分，我们曾经提到过云计算这个概念，其中，**谷歌应用引擎（GAE）**便是云计算服务的供应商之一。对于 GAE 来讲，用户的每个应用程序都被放入一个单独的沙箱中运行，而这些沙箱则位于 Google 数据中心，或者 Google 云中。GAE 能够按照应用程序的请求数量来自动调节应用程序所需的资源。目前，GAE 已经能够支持多种 Python Web 框架和数值软件，其中包括 NumPy。

为了使用 GAE，需要申请一个 Google 账户，不过，这个账户是免费的。通过 https://developers.google.com/appengine/downloads 页面，读者可以下载各种操作系统下所需的 GAE 工具和程序库。通过这个页面，还能够下载相应的说明文档，以及 GAE 的 Eclipse 插件。对于使用 Eclipse IDE 多开发者来说，我们非常建议下载使用这个插件。GAE **标准软件开发工具包（Standard Development Kit，SDK）**为开发者提供了一个开发环境，或者说是对 Google 云的一种模拟。目前，GAE 只能支持 Python 2.7。对于 GAE 应用的管理，我们既可以使用 Python 脚本，也可以通过图形用户界面，这两种方式都能通过 SDK 获得支持。

下面使用启动器（请选择 **File | New application** 菜单项）来新建一个应用程序。首先，将这个项目命名为 gaedemo。在相应的文件夹中，GAE 会为我们创建配置文件和 main.py 文件，这是应用程序的入口点。如果浏览 https://developers.google.com/appengine/docs/python/tools/libraries27 页面，就能发现 GAE 所支持的 NumPy 和 matplotlib，当然，这可能不包括最近的版本。在 GAE 中，matplotlib 的功能有一定的限制，如我们无法运行 show() 函数等。下面为程序提供对 NumPy 的支持，完整代码请参考本书代码包中的 app.yaml 文件：

```
application: gaedemo
version: 1
runtime: python27
api_version: 1
threadsafe: yes

handlers:
- url: /favicon\.ico
  static_files: favicon.ico
  upload: favicon\.ico

- url: .*
  script: main.app

libraries:
- name: webapp2
  version: "2.5.1"
- name: numpy
  version: "1.6.1"
```

接下来，添加一些使用 NumPy 库的程序代码，完整程序请参考本书代码包中的 main.py 文件：

```
import webapp2
```

```
import numpy as np

class MainHandler(webapp2.RequestHandler):
    def get(self):
        self.response.out.write('Hello world!<br/>')
        np.random.seed(42)
        self.response.out.write('NumPy sum = ' + str(np.random.
randn(7).sum()))

app = webapp2.WSGIApplication([('/', MainHandler)],
                              debug=True)
```

如果在 GAE 启动器中单击 **Run** 按钮，然后单击 **Browse** 按钮，就会在浏览器中看到如下所示的页面：

```
Hello world!
NumPy sum = 3.64009073018
```

11.9 在 PythonAnywhere 上运行程序

PythonAnywhere 是一个用于 Python 开发的云服务。PythonAnywhere 的接口是完全基于 Web 的，同时还能够模拟 Bash、Python 和 IPython 控制台界面。

与 GAE 相比，PythonAnywhere 支持的 Python 版本和程序库也更加丰富，它需要预安装的 Python 程序库清单，请参考 `https://www.pythonanywhere.com/batteries_included/`页面的详细介绍。

当然，这些版本与目前最新的稳定版本相比，多少还有些滞后，不过比 GAE 强多了。写作本书时，从 PythonAnywhere 的 Bash 控制台安装 Python 软件可能会遇到一些问题，所以我们不推荐这种安装方式。

相反，建议读者直接上传 Python 源文件，而不要通过 PythonAnywhere 工作平台安装，这是因为它不如本地程序反应得快。点击 Web 应用上的 **Files** 选项卡，来上传文件。因为它支持 rpy2，所以这里不妨上传本章中的 `r_demo.py` 文件。要想运行程序，可以点击 **Consoles** 选项卡，然后点击 **Bash** 链接。最终结果如图 11-2 所示。

```
18:18 ~ $ python r_demo.py
Kruskal (15.022124661246552, 0.0046555484175328015)
18:19 ~ $
```

图 11-2

令人遗憾的是，PythonAnywhere 不能操作 matplotlib 的 `show()` 函数，因此只能通过控制台来打印输出这些数字。

11.10 使用 Wakari

这种由 `https://wakari.io/`提供的云服务与 PythonAnywhere 网站的非常接近。Wakari 团队的成员中，有些人过去曾经是 SciPy 和 NumPy 项目的积极贡献者。登录这个网站后，就能得到一个 **Wakari** 工作区。这个工作区左侧有一个文件浏览器，我们可以用它来完成文件的上传工作。在工作区右侧，可以打开 Bash、Python 或者 IPython 的控制台。

图 11-3 清晰地展示了其中的文件浏览器。下面通过文件浏览器再次上载 `r_demo.py` 文件。

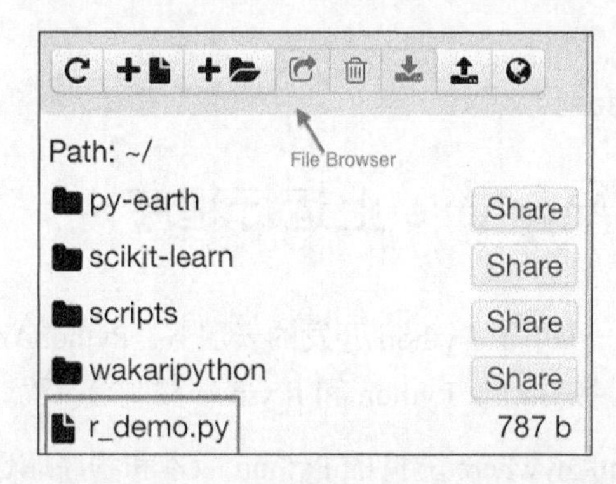

图 11-3

现在，我们在 Python 2.7 控制台中运行这个程序，结果如图 11-4 所示。

```
[~]$ python r_demo.py
Kruskal (15.022124661246552, 0.0046555484175328015)
Traceback (most recent call last):
  File "r_demo.py", line 17, in <module>
    plt.title('Speed of light')
  File "/opt/anaconda/envs/np18py27-1.9/lib/python2.7/site-packages/matplotlib/pyplot.py", line 1311, in title
    l =  gca().set_title(s, *args, **kwargs)
  File "/opt/anaconda/envs/np18py27-1.9/lib/python2.7/site-packages/matplotlib/pyplot.py", line 803, in gca
    ax =  gcf().gca(**kwargs)
  File "/opt/anaconda/envs/np18py27-1.9/lib/python2.7/site-packages/matplotlib/pyplot.py", line 450, in gcf
    return figure()
  File "/opt/anaconda/envs/np18py27-1.9/lib/python2.7/site-packages/matplotlib/pyplot.py", line 423, in figure
    **kwargs)
  File "/opt/anaconda/envs/np18py27-1.9/lib/python2.7/site-packages/matplotlib/backends/backend_qt4agg.py", line 31, in new_figure_manager
    return new_figure_manager_given_figure(num, thisFig)
  File "/opt/anaconda/envs/np18py27-1.9/lib/python2.7/site-packages/matplotlib/backends/backend_qt4agg.py", line 38, in new_figure_manager_given_figure
    canvas = FigureCanvasQTAgg(figure)
  File "/opt/anaconda/envs/np18py27-1.9/lib/python2.7/site-packages/matplotlib/backends/backend_qt4agg.py", line 70, in __init__
    FigureCanvasQT.__init__( self, figure )
  File "/opt/anaconda/envs/np18py27-1.9/lib/python2.7/site-packages/matplotlib/backends/backend_qt4.py", line 207, in __init__
    _create_qApp()
  File "/opt/anaconda/envs/np18py27-1.9/lib/python2.7/site-packages/matplotlib/backends/backend_qt4.py", line 62, in _create_qApp
    raise RuntimeError('Invalid DISPLAY variable')
RuntimeError: Invalid DISPLAY variable
```

图 11-4

就像我们看到的那样，matplotlib 的 `show()` 函数在这里引起了一个异常。

11.11 小结

在本章中，我们考察了 Python 的外部环境。在 Python 生态系统外部，还有许多非常流行的程序设计语言，如 R、C、Java 和 Fortran 等。这里，我们考察了许多个程序库，连接 Python 和其他语言时，它们都可以用来起到胶合作用，如用来连接 R 语言代码的 rpy2 库，连接 C 语言代码的 Boost 和 SWIG 库，连接 Java 语言代码的 JPype 库，以及用来连接 Fortran 语言代码的 f2py 库。云计算的目的主要是将计算能力作为一种公用设施并通过互联网提供给大众。此外，本章还简要概述了当前针对 Python 的各种云计算服务，其中包括谷歌应用引擎、PythonAnywhere 和 Wakari。

第 12 章“性能优化、性能分析与并发性”将把注意力放在性能的提高方面。一般来说，借助并行化或者利用 C 语言重写部分 Python 代码等代码优化手段，可以极大地提高 Python 代码的运行速度。此外，我们还会讨论各种性能分析（Profling）工具和并发性应用程序接口。

第 12 章 性能优化、性能分析与并发性

"过早优化是祸根。"

——Donald Knuth，著名的计算机科学家和数学家

实际工作中，比性能更重要的东西有很多，如功能特性、健壮性、可维护性、可测性以及可用性等。这也是我们把性能这个主题放到最后来讲的原因之一。这里，我们将性能分析（Profling）作为关键技术，来介绍如何改善软件的性能。对于分布式多核系统，我们也会介绍相应的性能优化框架。

下面是本章将要讨论的相关主题。

- 代码的性能分析（Profling）。
- 安装 Cython。
- 调用 C 代码。
- 利用 multiprocessing 创建进程池。
- 通过 Joblib 提高 `for` 循环的并发性。
- 比较 Bottleneck 函数与 NumPy 函数。
- 通过 Jug 实现 MapReduce。
- 安装 MPI for Python。
- IPython Parallel。

12.1 代码的性能分析

所谓**性能分析**，就是以收集程序运行时的信息为手段，找出代码中哪些部分较慢，或

者占用内存较多。这里，我们将以第 9 章“分析文本数据和社交媒体”中的 sentiment.py 为蓝本，稍作修改后，以此为例进行性能分析。对于这个程序，我们将按照多进程编程准则对其进行重构。本章后面的部分将对多进程技术展开进一步讨论。

此外，我们还会对停用词的过滤做进一步简化。最后，我们还会在不降低准确性的前提下，来进一步减少作为特征的单词。对于最后这一点，其效果最显著。原始代码的运行时间大约需要 20s。而新的代码，其速度将会有明显提升，并将其作为本章的比较基准。某些代码修改与性能分析有关，这将在本节后面讲解。下列代码取自本书代码包中的 prof_demo.py 文件：

```
import random
from nltk.corpus import movie_reviews
from nltk.corpus import stopwords
from nltk import FreqDist
from nltk import NaiveBayesClassifier
from nltk.classify import accuracy
from lprof_hack import profile

@profile
def label_docs():
    docs = [(list(movie_reviews.words(fid)), cat)
            for cat in movie_reviews.categories()
            for fid in movie_reviews.fileids(cat)]
    random.seed(42)
    random.shuffle(docs)

    return docs

@profile
def isStopWord(word):
    return word in sw or len(word) == 1

@profile
def filter_corpus():
    review_words = movie_reviews.words()
    print "# Review Words", len(review_words)
    res = [w.lower() for w in review_words if not
isStopWord(w.lower())]
    print "# After filter", len(res)

    return res
@profile
```

```
def select_word_features(corpus):
    words = FreqDist(corpus)
    N = int(.02 * len(words.keys()))
    return words.keys()[:N]

@profile
def doc_features(doc):
    doc_words = FreqDist(w for w in doc if not isStopWord(w))
    features = {}
    for word in word_features:
        features['count (%s)' % word] = (doc_words.get(word, 0))
    return features

@profile
def make_features(docs):
    return [(doc_features(d), c) for (d,c) in docs]

@profile
def split_data(sets):
    return sets[200:], sets[:200]

if __name__ == "__main__":
    labeled_docs = label_docs()

    sw = set(stopwords.words('english'))
    filtered = filter_corpus()
    word_features = select_word_features(filtered)
    featuresets = make_features(labeled_docs)
    train_set, test_set = split_data(featuresets)
    classifier = NaiveBayesClassifier.train(train_set)
    print "Accuracy", accuracy(classifier, test_set)
    print classifier.show_most_informative_features()
```

测量运行时间时，运行的进程越少越好。但是，我们无法保证后台没有进程运行，所以需要通过 `time` 命令测量 3 次运行时间，并以最短的时间为准。在各种操作系统和 Cygwin 下面，都提供了 `time` 命令，使用方法如下所示：

```
$ time python prof_demo.py
```

这样，我们会得到一个 real 类型的运行时间，这种测量方法采用的是时钟时间。对于 user 和 sys 类型的运行时间，则是通过 CPU 时间测量的程序运行时间。实际上，sys 时间就是在内核中耗费的时间。在我的电脑上测得的运行时间见表 12-1，其中最小值用括号标示了出来。

表 12-1

时间类型	第一轮	第二轮	第三轮
real	（13.753）	14.090	13.916
user	（13.374）	13.732	13.583
sys	0.424	0.416	（0.373）

下面利用 Python 内置的分析工具来分析代码，如下所示：

```
$ python -m cProfile -o /tmp/stat.prof prof_demo.py
```

其中，-o 选项用来指定输出文件。此外，利用 PyPi 的程序包 gprof2，可以实现分析工具输出结果的可视化。下面安装 gprof2dot，具体方法如下所示：

```
$ pip install gprof2dot
$ pip freeze|grep gprof2dot
gprof2dot==2014.08.05
```

现在创建一个 PNG 格式的可视化图形，具体命令如下所示：

```
$ gprof2dot -f pstats /tmp/stat.prof |dot -Tpng -o /tmp/cprof.png
```

提示：

如果出现错误信息 dot: command not found，表明尚未安装 Graphviz。这个软件的下载地址为 http://www.graphviz.org/Download.php。

完整的图像很大，图 12-1 只展示其中一部分：

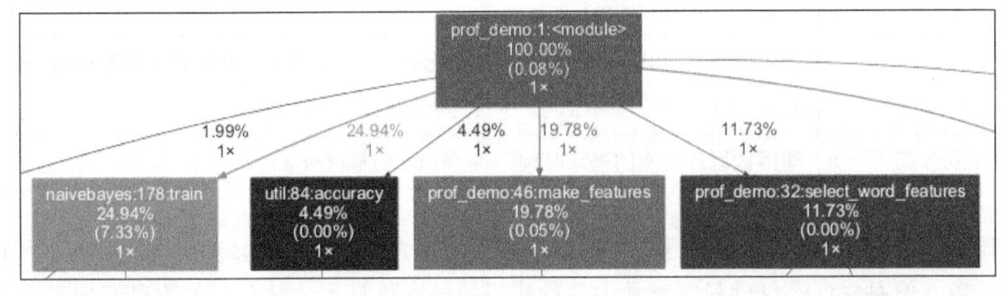

图 12-1

查询分析工具输出结果的方法如下所示：

```
$ python -m pstats /tmp/stat.prof
```

利用这个命令，可以把性能分析数据输入到浏览器中。下面去掉输出结果中的文件名，然后对运行时间进行排序，并输出前10个数据。

```
/tmp/stat.prof% strip
/tmp/stat.prof% sort time
/tmp/stat.prof% stats 10
```

最终结果如图12-2所示。

```
   ncalls  tottime  percall  cumtime  percall filename:lineno(function)
  2853946    3.140    0.000    4.186    0.000 probability.py:122(__setitem__)
   319975    2.528    0.000    2.528    0.000 {method 'findall' of '_sre.SRE_Pat
tern' objects}
  2855528    2.106    0.000    6.673    0.000 probability.py:107(inc)
        1    1.499    1.499    5.099    5.099 naivebayes.py:178(train)
     2001    0.962    0.000    5.440    0.003 probability.py:422(update)
        1    0.873    0.873    4.879    4.879 prof_demo.py:23(filter_corpus)
  3167640    0.847    0.000    0.979    0.000 prof_demo.py:19(isStopWord)
  7621042    0.803    0.000    0.803    0.000 {method 'get' of 'dict' objects}
  2857530    0.797    0.000    0.797    0.000 probability.py:452(_reset_caches)
  6343280    0.776    0.000    4.467    0.000 util.py:268(iterate_from)
```

图12-2

表12-2对各个标题进行了简要说明。

表12-2

标题	说明
ncalls	调用次数
tottime	某个函数的总耗时（不包括调用子函数所耗时间）
percall	等于 tottime/ncalls
cumtime	表示该函数及其所有子函数的调用运行的时间，即函数开始调用到返回所经历的时间。这个数值非常准确，即便递归函数，也不例外
percall（第二个）	即函数运行一次的平均时间，等于 cumtime/ncalls

除上面介绍的分析工具外，还可以使用 `line_profiler`，这个分析工具目前仍处于 beta 测试阶段，但是它已经能够显示函数内各行代码的统计信息了，并且相关信息都带有修饰符 `@profile`。对此，本书代码包中的 `lprof_hack.py` 文件中提供了一个解决办法。实际上，这个方法源自网络论坛，具体地址为 https://stackoverflow.com/questions/

18229628/python-profiling-using-line-profiler-clever-way-to-remove-profile-statements。下面来安装并运行这个分析工具，具体命令如下所示：

```
$ pip install --pre line_profiler
$ kernprof.py -l -v prof_demo.py
```

由于详尽的报告过于冗长，所以这里只给出每个函数的摘要信息。当然，其中有部分重叠内容。

```
Function: label_docs at line 9 Total time: 6.19904 s
Function: isStopWord at line 19 Total time: 2.16542 s
File: prof_demo.py Function: filter_corpus at line 23
Function: select_word_features at line 32 Total time: 4.05266 s
Function: doc_features at line 38 Total time: 12.5919 s
Function: make_features at line 46 Total time: 14.566 s
Function: split_data at line 50 Total time: 3.6e-05 s
```

12.2 安装 Cython

Cython 程序语言实际上充当了 Python 和 C/C++之间的胶水。利用 Cython 工具，可以把 Python 代码编译成接近于机器语言的代码。下面是用于安装 Cython 的命令：

```
$ pip install cython
```

Python 有一个简便易用的 toolz 程序包，通过将其实用程序利用 Cython 重新编译，就得到了另一个程序包 cytoolz。安装 cytoolz 的命令如下所示：

```
$ pip install cytoolz
$ pip freeze|grep cytoolz
cytoolz==0.7.0
```

进行后续处理前，先来看看经过 Cython 编译处理后的效果。Python 的 `timeit` 模块可以帮助我们测量时间。下面通过它来对不同的函数进行测度。定义下面的函数，它需要的参数为一段代码、一个函数调用以及该段代码的运行次数，具体如下所示：

```
def time(code, n):
    times = min(timeit.Timer(code, setup=setup).repeat(3, n))

    return round(1000* np.array(times)/n, 3)
```

我们预定义了一个设置控制字符串，其中包含了所需的代码。下列代码取自本书代码包中的 timeit.py 文件，需要在你的本地机器上使用 cython_module 进行编译。

```
import timeit
import numpy as np

setup = '''
import nltk
import cython_module as cm
import collections
from nltk.corpus import stopwords
from nltk.corpus import movie_reviews
from nltk.corpus import names
import string
import pandas as pd
import cytoolz

sw = set(stopwords.words('english'))
punctuation = set(string.punctuation)
all_names = set([name.lower() for name in names.words()])
txt = movie_reviews.words(movie_reviews.fileids()[0])

def isStopWord(w):
    return w in sw or w in punctuation

def isStopWord2(w):
    return w in sw or w in punctuation or not w.isalpha()

def isStopWord3(w):
    return w in sw or len(w) == 1 or not w.isalpha() or w in
all_names

def isStopWord4(w):
    return w in sw or len(w) == 1

def freq_dict(words):
    dd = collections.defaultdict(int)

    for word in words:
        dd[word] += 1

    return dd

def zero_init():
    features = {}
```

```
    for word in set(txt):
        features['count (%s)' % word] = (0)

def zero_init2():
    features = {}

    for word in set(txt):
        features[word] = (0)

keys = list(set(txt))

def zero_init3():
    features = dict.fromkeys(keys, 0)

zero_dict = dict.fromkeys(keys, 0)

def dict_copy():
    features = zero_dict.copy()
'''

def time(code, n):
    times = min(timeit.Timer(code, setup=setup).repeat(3, n))

    return round(1000* np.array(times)/n, 3)

if __name__ == '__main__':
    print "Best of 3 times per loop in milliseconds"
    n = 10
    print "zero_init ", time("zero_init()", n)
    print "zero_init2", time("zero_init2()", n)
    print "zero_init3", time("zero_init3()", n)
    print "dict_copy ", time("dict_copy()", n)
    print

    n = 10**2
    print "isStopWord ", time('[w.lower() for w in txt if not
isStopWord(w.lower())]', n)
    print "isStopWord2", time('[w.lower() for w in txt if not
isStopWord2(w.lower())]', n)
    print "isStopWord3", time('[w.lower() for w in txt if not
isStopWord3(w.lower())]', n)
    print "isStopWord4", time('[w.lower() for w in txt if not
isStopWord4(w.lower())]', n)
    print "Cythonized isStopWord", time('[w.lower() for w in txt
```

```
if not cm.isStopWord(w.lower())]', n)
    print "Cythonized filter_sw()", time('cm.filter_sw(txt)', n)
    print
    print "FreqDist", time("nltk.FreqDist(txt)", n)
    print "Default dict", time('freq_dict(txt)', n)
    print "Counter", time('collections.Counter(txt)', n)
    print "Series", time('pd.Series(txt).value_counts()', n)
    print "Cytoolz", time('cytoolz.frequencies(txt)', n)
    print "Cythonized freq_dict", time('cm.freq_dict(txt)', n)
```

上面的代码中有多个不同版本的 isStopword()函数，下面是这些函数的运行时间，这里以毫秒（milliseconds）为单位。

```
isStopWord  0.843
isStopWord2 0.902
isStopWord3 0.963
isStopWord4 0.869
Cythonized isStopWord 0.924
Cythonized filter_sw() 0.887
```

为了进行比较，还要对 pass 语句的运行时间进行计时。其中，Cython 编译后的 StopWord()函数是基于过滤最严格的 isStopWord3()函数。如果考察 prof_demo.py 中的 doc_features()函数，就会发现我们并没有仔细检查每个特征单词。相反，我们只对文档中的单词和被选为特征的单词感兴趣。因此，其他单词计数可以放心置 0。事实上，要是把全部的值初始化为 0，然后复制这个字典，那最好不过了。下面这些函数，其相应执行时间如下所示：

```
zero_init  0.61
zero_init2 0.555
zero_init3 0.017
dict_copy  0.011
```

另外一种改进性能的方法是，使用 Python 内置的 defaultdict 类，而非 NLTK 提供的 FreqDist 类。相应例程运行时间如下所示：

```
FreqDist 2.206
Default dict 0.674
Counter 0.79
Series 7.006
Cytoolz 0.542
Cythonized freq_dict 0.616
```

就像我们看到的那样，Cython 编译后的版本始终是要快一些，尽管有时候不是快得很多。

12.3 调用 C 代码

可以从 Cython 调用 C 函数。C 语言的字符串函数 `strlen()` 相当于 Python 语言中的 `len()` 函数。当从一个 Cython 的 `.pyx` 文件中调用这个 C 函数时，需要将其导入，具体如下所示：

```
from libc.string cimport strlen
```

这样，我们就可以在 `.pyx` 文件的其他地方来调用这个 `strlen()` 函数了。而这个 `.pyx` 文件是可以随意包含任何的 Python 代码的。下面的代码取自本书代码包中的 `cython_module.pyx` 文件。

```
from collections import defaultdict
from nltk.corpus import stopwords
from nltk.corpus import names
from libc.string cimport strlen

sw = set(stopwords.words('english'))
all_names = set([name.lower() for name in names.words()])

def isStopWord(w):
    return w in sw or strlen(w) == 1 or not w.isalpha() or w in
all_names

def filter_sw(words):
    return [w.lower() for w in words if not isStopWord(w.lower())]

def freq_dict(words):
    dd = defaultdict(int)

    for word in words:
        dd[word] += 1

    return dd
```

编译这段代码，我们需要一个包含以下内容的 setup.py 文件。

```
from distutils.core import setup
```

```
from Cython.Build import cythonize

setup(
    ext_modules = cythonize("cython_module.pyx")
)
```

编译程序代码的具体命令如下所示：

```
$ python setup.py build_ext -inplace
```

如今，可以修改这个情感分析程序，让它来调用 Cython 函数。此外，我们还会根据前面曾经介绍的方法来改善这个代码的性能。由于一些函数会重复使用，所以我们将这些函数抽取出来，并集中到本书代码包中的 `core.py` 文件中。下面的代码取自本书代码包中的 `cython_demo.py` 文件（这些代码需要本地机器能够支持 `cython_module`）。

```
… NLTK imports omitted …
import cython_module as cm
import cytoolz
from core import label_docs
from core import filter_corpus
from core import split_data

def select_word_features(corpus):
    words = cytoolz.frequencies(filtered)
    sorted_words = sorted(words, key=words.get)
    N = int(.02 * len(sorted_words))

    return sorted_words[-N:]

def match(a, b):
    return set(a.keys()).intersection(b)

def doc_features(doc):
    doc_words = cytoolz.frequencies(cm.filter_sw(doc))

    # initialize to 0
    features = zero_features.copy()

    word_matches = match(doc_words, word_features)

    for word in word_matches:
        features[word] = (doc_words[word])
```

```
    return features

def make_features(docs):
    return [(doc_features(d), c) for (d,c) in docs]

if __name__ == "__main__":
    labeled_docs = label_docs()

    filtered = filter_corpus()
    word_features = select_word_features(filtered)
    zero_features = dict.fromkeys(word_features, 0)
    featuresets = make_features(labeled_docs)
    train_set, test_set = split_data(featuresets)
    classifier = NaiveBayesClassifier.train(train_set)
    print "Accuracy", accuracy(classifier, test_set)
    print classifier.show_most_informative_features()
```

表 12-3 是对 `time` 命令运行结果的总结。注意，括号中的值是最小值。

表 12-3

时间类型	第一轮	第二轮	第三轮
real	（9.974）	9.995	10.024
user	（9.618）	9.682	9.713
sys	0.404	0.365	（0.36）

12.4 利用 multiprocessing 创建进程池

multiprocessing 是 Python 的一个标准模块，可以用于多处理器机器。multiprocessing 通过创建多个进程，成功解决了**全局解释器锁（the Global Interpreter Lock，GIL）**问题。

> **提示：**
> GIL 会锁定 Python 的字节码，导致只有一个线程可以访问这些字节码。

multiprocessing 支持进程池、队列和管道技术。进程池实际上就是可以并行执行一个函数的一组系统进程。队列是一些数据结构，通常用于存储任务。管道用来连接不同的进程，并且连接方式为一个进程的输出作为另一个进程的输入。

提示：

Python 的 Windows 平台版本没有实现 os.fork()函数，因此我们务必确保在利用 def 语句块定义好函数后，一定要把程序的入口点放到 `if __name__ == "__main__"` 语句块中。

下面创建一个进程池，并注册一个函数，如下所示：

```
p = mp.Pool(nprocs)
```

进程池有一个 `map()` 方法，可以看成是 Python 并行的 `map()` 函数。

```
p.map(simulate, [i for i in xrange(10, 50)])
```

模拟微粒的一维运动，它实际上进行的是随机游走，我们这里关心的是微粒终点位置的均值。重复这个模仿实验，每次具有不同的步长。实际上，计算本身并不重要，重要的是与单个进程相比，多个进程的加速效果如何，我们将通过 matplotlib 绘制加速比。下面的代码取自本书代码包中的 `multiprocessing_sim.py` 文件。

```
from numpy.random import random_integers
from numpy.random import randn
import numpy as np
import timeit
import argparse
import multiprocessing as mp
import matplotlib.pyplot as plt

def simulate(size):
    n = 0
    mean = 0
    M2 = 0

    speed = randn(10000)

    for i in xrange(1000):
        n = n + 1
        indices = random_integers(0, len(speed)-1, size=size)
        x = (1 + speed[indices]).prod()
        delta = x - mean
        mean = mean + delta/n
        M2 = M2 + delta*(x - mean)
```

```
    return mean

def serial():
    start = timeit.default_timer()

    for i in xrange(10, 50):
        simulate(i)

    end = timeit.default_timer() - start
    print "Serial time", end

    return end

def parallel(nprocs):
    start = timeit.default_timer()
    p = mp.Pool(nprocs)
    print nprocs, "Pool creation time", timeit.default_timer() -
start

    p.map(simulate, [i for i in xrange(10, 50)])
    p.close()
    p.join()

    end = timeit.default_timer() - start
    print nprocs, "Parallel time", end
    return end

if __name__ == "__main__":
    ratios = []
    baseline = serial()

    for i in xrange(1, mp.cpu_count()):
        ratios.append(baseline/parallel(i))

    plt.xlabel('# processes')
    plt.ylabel('Serial/Parallel')
    plt.plot(np.arange(1, mp.cpu_count()), ratios)
    plt.grid(True)
    plt.show()
```

当进程池大小由 1 变到 8 时，加速比的变化如图 12-3 所示。

阿姆达尔定律（详情请访问 http://en.wikipedia.org/wiki/Amdahl%27s_law）代表了处理器平行运算后效率提升的能力。这个定律可以用来预测加速比的最大可能值。

进程的数量限制了加速比的绝对最大值。不过，如图 12-3 所示，使用双进程时速度并没有加倍，使用 3 个进程时速度也没有比原来快 3 倍，但是却可以接近这个方向。任何给定的 Python 代码，总会有些部分是无法并行化的。例如，我们可能需要等待资源被释放，或者进行的计算必须串行完成。有时，我们还必须考虑并行化配置和进程间相应通信带来的开销。阿姆达尔定律指出，加速比的倒数、进程数量的倒数和代码中无法并行计算部分所占比例之间存在线性关系。

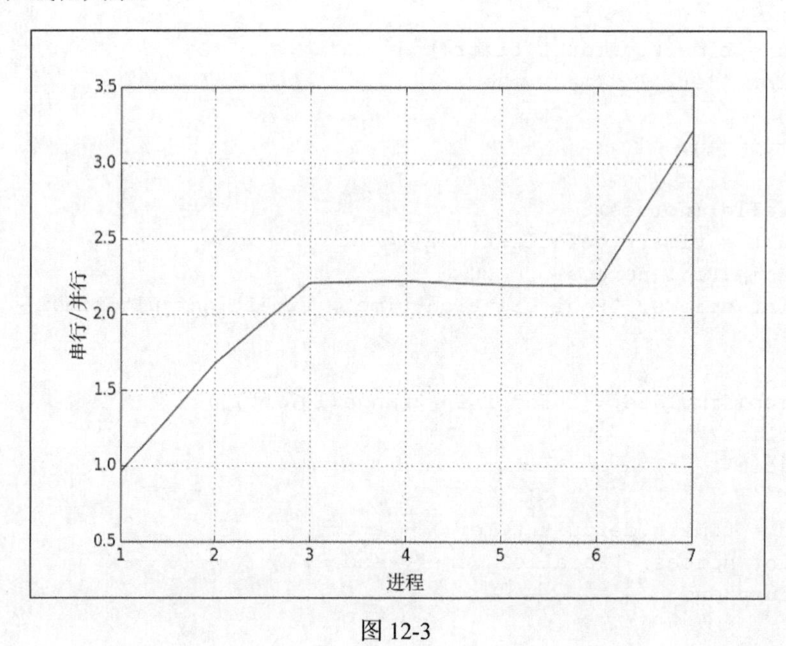

图 12-3

12.5 通过 Joblib 提高 for 循环的并发性

Joblib 是一个由 scikit-learn 的开发者创建的 Python 库，旨在改善长时间运行的 Python 函数的性能。实际上，Joblib 是通过在幕后使用多进程或者线程技术实现高速缓存和并行化来达到提升性能的目的。安装 Joblib 的方法如下所示：

```
$ pip install joblib
$ pip freeze|grep joblib
joblib==0.8.2
```

我们会重新使用前面的示例代码，只是变更 `parallel()` 函数。下面的代码取自本书代码包中的 `joblib_demo.py` 文件。

```
def parallel(nprocs):
    start = timeit.default_timer()
    Parallel(nprocs)(delayed(simulate)(i) for i in xrange(10, 50))

    end = timeit.default_timer() - start
    print nprocs, "Parallel time", end
    return end
```

最终结果如图 12-4 所示（注意，实际的处理器数量取决于您的硬件）。

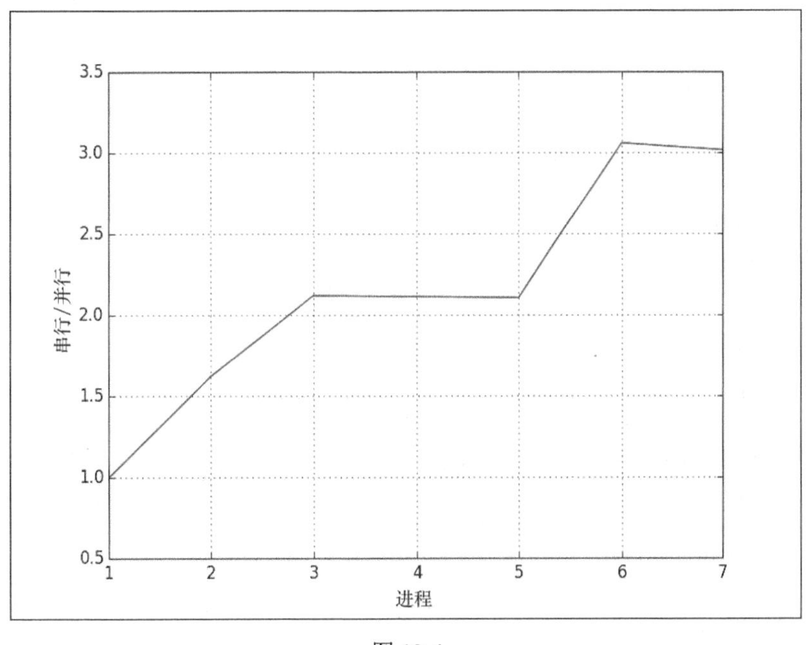

图 12-4

12.6 比较 Bottleneck 函数与 NumPy 函数

Bottleneck 是受到 Numpy 和 Scipy 的启发而创建的一组函数，它们着眼于高性能，都是由 Cython 写成的。Bottleneck 为数组维数、坐标轴和数据类型的每种组合都提供了单独的 Cython 函数。但是，这并不表示最终用户和 Bottleneck 的限制因素决定了到底执行哪一个 Cython 函数。安装 Bottleneck 的命令如下所示：

```
$ pip install bottleneck
```

下面对 numpy.median()和 SciPy.stats 的执行时间进行比较。

函数 Rankdata()与它们的 Bottleneck 对应函数有关，对人工决定 Cython 函数很有帮助，尤其是在将这些 Cython 函数用于紧密循环（tight loop）或者频繁调用的函数中时。下面打印 Bottleneck 中 median()函数的名称，代码如下所示：

```
func, _ = bn.func.median_selector(a, axis=0)
print "Bottleneck median func name", func
```

对于 rankdata()函数，可以这样做：

```
func, _ = bn.func.rankdata_selector(a, axis=0)
print "Bottleneck rankdata func name", func
```

下面的代码取自本书代码包中的 bn_demo.py 文件。

```
import bottleneck as bn
import numpy as np
import timeit

setup = '''
import numpy as np
import bottleneck as bn
from scipy.stats import rankdata

np.random.seed(42)
a = np.random.randn(30)
'''
def time(code, setup, n):
    return timeit.Timer(code, setup=setup).repeat(3, n)

if __name__ == '__main__':
    n = 10**3
    print n, "pass", max(time("pass", "", n))
    print n, "min np.median", min(time('np.median(a)', setup, n))
    print n, "min bn.median", min(time('bn.median(a)', setup, n))
    a = np.arange(7)
    print "Median diff", np.median(a) - bn.median(a)
    func, _ = bn.func.median_selector(a, axis=0)
    print "Bottleneck median func name", func

    print n, "min scipy.stats.rankdata", min(time('rankdata(a)',
setup, n))
```

```
    print n, "min bn.rankdata", min(time('bn.rankdata(a)', setup,
n))
    func, _ = bn.func.rankdata_selector(a, axis=0)
    print "Bottleneck rankdata func name", func
```

下面是函数名和相应的运行时间：

```
1000 pass 1.4066696167e-05
1000 min np.median 0.0271320343018
1000 min bn.median 0.00440287590027
Median diff 0.0
Bottleneck median func name <built-in function median_1d_int64_axis0>
1000 min scipy.stats.rankdata 0.0171868801117
1000 min bn.rankdata 0.00528407096863
Bottleneck rankdata func name <built-in function
rankdata_1d_int64_axis0>
```

显然，Bottleneck 快极了。不过，Bottleneck 提供的函数还不多。表 12-4（数据取自 http://pypi.python.org/pypi/Bottleneck）给出了已实现的函数。

表 12-4

种类	函数
NumPy/SciPy	median、nanmedian、rankdata、ss、nansum、nanmin、nanmax、nanmean、nanstd、nanargmin 和 nanargmax
函数	nanrankdata、nanvar、partsort、argpartsort、replace、nn、anynan 和 allnan
滑动窗口	move_sum、move_nansum、move_mean、move_nanmean、move_median、move_std、move_nanstd、move_min、move_nanmin、move_max 和 move_nanmax

12.7 通过 Jug 实现 MapReduce

Jug 是一个分布式计算框架，它以任务作为并行化的主要单位。作为后端程序，Jug 要用到文件系统或者 Redis 服务器。Redis 服务器已经在第 8 章“应用数据库”中介绍过，下面介绍 Jug 的安装方法，具体命令如下所示：

```
$ pip install jug
```

MapReduce（参见 http://en.wikipedia.org/wiki/MapReduce 页面的介绍）是一种分布式算法，它可以通过计算机集群来处理大规模数据。这个算法通常包含**映射**和**化简**两个步骤，如图 12-5 所示。映射阶段，数据是以并行方式进行处理的。这时，数据将被划分成一些数据块，并且过滤及其他操作都是针对每个数据块进行的。化简阶段对映射阶段的处理结果进行合并，如创建一个统计报告。

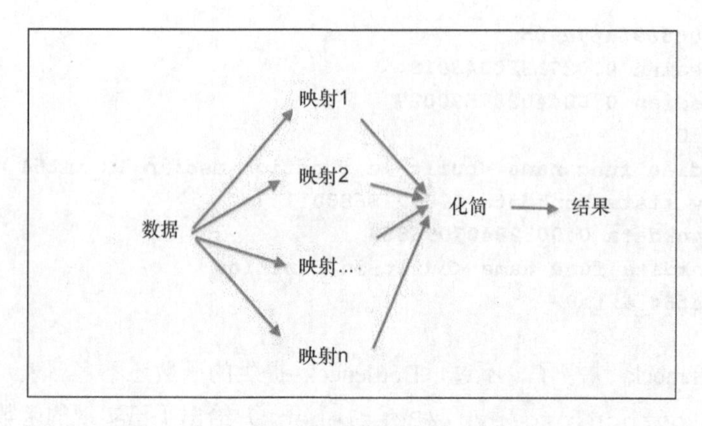

图 12-5

如果有一个文本文件列表，那么我们可以针对每个文件来计算单词计数，这个工作可以在映射阶段完成。最后，可以把各个单词计数组合成一个语料库词频字典。Jug 提供了 MapReduce 功能，我们可以通过本书代码包中的 jug_demo.py 文件加以演示。需要注意的是，这段代码依赖于 cython_module:

```
import jug.mapreduce
from jug.compound import CompoundTask
import cython_module as cm
import cytoolz
import cPickle

def get_txts():
    return [(1, 'Lorem ipsum dolor sit amet, consectetur
adipiscing elit.'), (2, 'Donec a elit pharetra, malesuada massa
vitae, elementum dolor.'), (3, 'Integer a tortor ac mi vehicula
tempor at a nunc.')]

def freq_dict(file_words):
    filtered = cm.filter_sw(file_words[1].split())

    fd = cytoolz.frequencies(filtered)
```

```
    return fd

def merge(left, right):
    return cytoolz.merge_with(sum, left, right)

merged_counts = CompoundTask(jug.mapreduce.mapreduce, merge, freq_
dict, get_txts(), map_step=1)
```

上述代码中，在化简阶段调用了 merge() 函数，在映射阶段调用了 freq_dict() 函数。此外，我们还定义了一个包含多个子任务的 Jug CompoundTask。运行这段代码前，需要启动一个 Redis 服务器。然后，就可以利用以下命令进行 MapReduce 处理了。

```
$ jug execute jug_demo.py --jugdir=redis://127.0.0.1/&
```

上面命令末尾的&符号表示这条命令将在后台运行。利用这种方式，可以从多台计算机来执行该命令，只要 Redis 服务器可以通过访问即可。在这个例子中，Redis 仅在本地计算机上运行，本地主机的 IP 地址是 127.0.0.1。可是，我们仍然可以在本机上多次运行该命令。可以查看该 Jug 命令的状态，方法如下所示：

```
$ jug status jug_demo.py
```

默认时，如果没有设置 jugdir 参数，Jug 会将数据存放到当前工作目录下面。如果要清除 Jug 相关目录，可以使用如下所示的命令：

```
$ jug cleanup jug_demo.py
```

如果想查询 Redis 并进行其他分析工作，还需要用到其他程序。

在这个程序中，使用下列命令来初始化 Jug：

```
jug.init('jug_demo.py', 'redis://127.0.0.1/')
import jug_demo
```

以下代码用来获得化简阶段生成的结果：

```
words = jug.task.value(jug_demo.merged_counts)
```

以下代码取自本书代码包中的 jug_redis.py 文件：

```
import jug

def main():
```

```
    jug.init('jug_demo.py', 'redis://127.0.0.1/')
    import jug_demo
    print "Merged counts", jug.task.value(jug_demo.merged_counts)

if __name__ == "__main__":
    main()
```

12.8 安装 MPI for Python

消息传递接口（The Message Passing Interface，MPI）是一种标准协议，由计算机专家开发用来实现分布式计算机的广泛协作，更多介绍请参考 http://en.wikipedia.org/wiki/Message_Passing_Interface。最初，也就是20世纪90年代，MPI主要用于Fortran和C语言编写的程序中。但是，MPI不依赖具体的硬体和计算机语言。MPI函数可以完成发送和接收操作、实现MapReduce功能和同步。MPI既有处理两个处理器的点对点函数，也提供了处理所有处理器之间的操作的相应函数。MPI支持多种计算机语言，也就是说，提供了多种语言绑定，其中就包括 Python。MPI 的下载地址是 http://www.open-mpi.org/software/ompi/v1.8/ 1.8.1。写作本书时，MPI的最新版本为1.8.1。当然，也可以通过网络检查是否有更新的版本。安装MPI的时候时间可能有点长，大概需要30min。下面是具体的安装命令，这里假设将其安装到/usr/local目录下面。

```
$ ./configure --prefix=/usr/local
$ make all
$ sudo make install
```

下面来安装MPI的Python绑定，命令如下：

```
$ pip install mpi4py
$ pip freeze|grep mpi4py
mpi4py==1.3.1
```

12.9 IPython Parallel

IPython Parallel是用于并行计算的IPython应用程序接口。这里，我们会让它通过MPI来传递消息。为此，我们可能需要设置相应的环境变量，命令如下：

```
$ export LC_ALL=en_US.UTF-8
$ export LANG=en_US.UTF-8
```

在命令行执行下列命令：

```
$ ipython profile create --parallel --profile=mpi
```

上面的命令将在我们的 home 目录下面创建一个文件，具体路径为.ipython/profile_mpi/iplogger_config.py。

在这个文件中加入如下所示的内容：

```
c.IPClusterEngines.engine_launcher_class = 'MPIEngineSetLauncher'
```

启动一个使用 MPI 性能分析的集群，命令如下：

```
$ ipcluster start --profile=mpi --engines=MPI --debug
```

上面的命令中，规定性能分析工具为 mpi，同时指定 MPI 引擎提供调试级别的记录功能。这样，我们就可以通过 IPython Notebook 与集群进行交互了。输入下列命令，得到一个具有绘图功能的笔记本（notebook），同时 NumPy、SciPy 和 matplotlib 会自动导入。

```
$ ipython notebook --profile=mpi --log-level=DEBUG --pylab inline
```

上面的命令使用 mpi 作为调试记录级别的性能分析工具。对于这个笔记本例子而言，它存放于本书代码包中的 IPythonParallel.ipynb 文件中。下面导入 IPython Parallel 的 Client 类和 statsmodels.api 模块，命令如下：

```
In [1]:from IPython.parallel import Client
import statsmodels.api as sm
```

下面加载太阳黑子数据，然后计算平均值。

```
In [2]: data_loader = sm.datasets.sunspots.load_pandas()
vals = data_loader.data['SUNACTIVITY'].values
glob_mean = vals.mean()
glob_mean
```

以下为输出结果：

```
Out [2]: 49.752103559870541
```

创建一个客户端，命令如下：

```
In [3]: c = Client(profile='mpi')
```

为客户端创建一个视图，方法如下所示：

```
In [4]: view=c[:]
```

IPython 提供了许多**魔术（magics）**命令，即 IPython notebooks 的一些专用的命令。若要启用这些命令，方法如下所示：

```
In [5]: view.activate()
```

下面来加载取自本书代码包中的 mpi_ipython.py 文件：

```
from mpi4py import MPI
from numpy.random import random_integers
from numpy.random import randn
import numpy as np
import statsmodels.api as sm
import bottleneck as bn
import logging

def jackknife(a, parallel=True):
    data_loader = sm.datasets.sunspots.load_pandas()
    vals = data_loader.data['SUNACTIVITY'].values

    func, _ = bn.func.nanmean_selector(vals, axis=0)
    results = []

    for i in a:
        tmp = np.array(vals.tolist())
        tmp[i] = np.nan
        results.append(func(tmp))

    results = np.array(results)

    if parallel:
        comm = MPI.COMM_WORLD
        rcvBuf = np.zeros(0.0, 'd')
        comm.gather([results, MPI.DOUBLE], [rcvBuf, MPI.DOUBLE])

   return results

if __name__ == "__main__":
    skiplist = np.arange(39, dtype='int')
    print jackknife(skiplist, False)
```

上面的程序中包含了一个执行**刀切法重采样**的函数。刀切法重采样技术是一种重采样技术，即先删除样本中的一个观测值，然后再根据需要进行相应的统计估计。就本例而言，我们关心的是平均值。剔除一个观测值的方法是：将其置为NumPy NaN，然后对新样本执行Bottleneck的`nanmean()`函数。

下面先来执行加载任务：

```
In [6]: view.run('mpi_ipython.py')
```

然后，拆取并扩展一个数组，让它带有太阳黑子数组全部索引。

```
In [7]: view.scatter('a',np.arange(len(vals),dtype='int'))
```

数组a可以在笔记本中显示出来，命令如下：

```
In [8]: view['a']
```

以上命令的输出结果如下所示：

```
Out[8]:[array([ 0,  1,  2,  3,  4,  5,  6,  7,  8,  9, 10, 11, 12,
13, 14, 15, 16,  17, 18, 19, 20, 21, 22, 23, 24, 25, 26, 27, 28, 29,
30, 31, 32, 33,  34, 35, 36, 37, 38]), … TRUNCATED …]
```

在所有客户端上调用`jackknife()`函数：

```
In [9]: %px means = jackknife(a)
```

所有工作进程（worker processes）结束后，就可以查看结果了。

```
In [10]: view['means']
```

结果是一个列表，长度等同于我们启动的进程数量。每个进程都返回一个NumPy数组，其中存放刀切法重采样技术计算得到的平均值。这个结构不是十分有用，因此将其转换为一个比较宽的列表：

```
In [11]: all_means = []

for v in view['means']:
    all_means.extend(v)

mean(all_means)
```

这时输出结果如下所示：

```
Out [11]: 49.752103559870577
```

还可以计算标准差，不过这个太简单了，这里就不多做解释了。下面，不妨将刀切法求出的平均值用直方图画出来。

```
In [13]: hist(all_means, bins=sqrt(len(all_means)))
```

最终结果如图 12-6 所示。

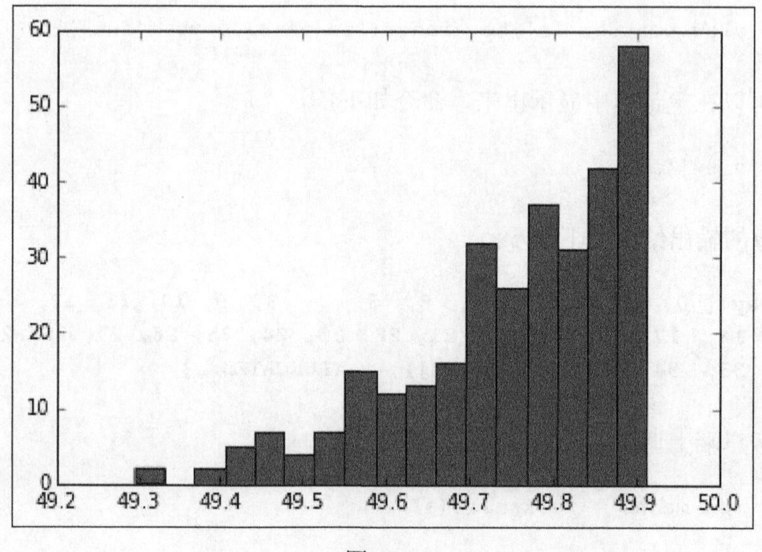

图 12-6

进行故障排除时，可以使用以下命令来显示工作进程的错误信息。

```
In [14]: [(k, c.metadata[k]['started'], c.metadata[k]['pyout'],
c.metadata[k]['pyerr']) for k in c.metadata.keys()]
```

12.10 小结

本章对取自第 9 章“分析文本数据和社交媒体”中的情感分析脚本进行了性能调优。通过性能分析、Cython 和多种性能提升措施，最终让它的速度翻倍了。此外，我们还使用 multiprocessing、Joblib、Jug 和 MPI via IPython Parallel 充分利用了并行化。

本章是本书的最后一章，后面是附录和索引，最后就是封底了。当然，我们学习的步伐不会就此打住，您需要不停地修改代码，直到能够满足您的要求为止。要是有一个专门的数据分析项目，那再好不过了，即使仅仅是一个用于练手的项目。如果还没有，不妨到http://www.kaggle.com/参加竞赛活动。那里的许多竞赛都提供了不错的奖品。如果您对 NumPy 有兴趣，可以期待 Ivan Idris 写的第二版的 NumPy Cookbook。

附录 A 重要概念

本附录简要回顾本书中涉及的技术术语和概念。

阿姆达尔定律可以推算并行化带来的加速比的最大可能取值。由于受到进程数量的限制，所以加速比的绝对最大值不可能无限大。任何给定的 Python 代码中，总有某些部分代码无法实现并行化。此外，我们还必须考虑并行化设置和有关进程间通信所引起的开销。阿姆达尔定律指出，加速比倒数、进程数量倒数以及无法并行化的程序代码所占比重之间存在线性相关。

ARMA 模型是自回归模型和移动平均模型的组合体，常用于预测时间序列的未来值。

人工神经网络（ANN）是受到生物大脑的启发，用神经元构成的、带有输入端和输出端的一类网络。神经元的输出，可以继续传递给神经元作为输入，以此类推，便可以得到一个多层网络。由于神经网络含有自适应元件（adaptive elements），因此，它们非常适合用来处理非线性模型以及模式识别问题。

扩展的迪克—富勒（Augmented Dickey-Fuller）检验，常称 ADF 检验，是一种针对协整关系的统计检验。

自相关指的是同一个数据集不同时刻的取值之间的相关程度，通常用来表示趋势。例如，如果后延一个周期，这时就可以检查前值是否对现值有影响。如果有影响，那么自相关值必定是相当高的。

自相关图可以用来描绘时间序列数据在不同时间延迟下的自相关程度。自相关是具有相同时滞的时间序列之间的时间序列相关程度。

自回归模型是一种利用时间序列中前面的值，通过（一般为线性）回归来预测将来值的模型。自回归模型是 ARMA 模型的一个特例，相当于具有零移动平均分量的 ARMA 模型。

词袋模型是一个简化的文本模型，其中文本由一袋单词表示。对于这种表示方法，单词的次序忽略不计。一般情况下，这个模型把单词计数（word counts）或者说是某个单词的存在性作为其特征。

泡式图是一种扩展的散点图，其中，第三个变量的值是通过包围数据点的气泡的大小来表示的。

Cassandra 查询语言（Cassandra Query Language，CQL）是一种用来查询 Apache Cassandra 的语言，其语法与 SQL 类似。

协整类似于相关性，也是时间序列数据的一个统计特性。协整通常用来衡量两个时间序列之间的同步程度。

聚类分析的目的是把数据分成不同的组，每个组称为一个聚类。如果训练数据未经标记，这时聚类分析就属于无监督的分析方法。一些聚类算法要求推测聚类数，而另一些算法则没有这种要求。

层叠样式表（Cascading Style Sheets，CSS）是一种描述网页样式元素的语言。它是由万维网协会（the World Wide Web Consortium）开发和维护的。

所谓 **CSS 选择器**，实际上就是一些用于选择网页内容的各种规则。

NumPy 的**字符码**用来向后兼容 **Numeric**，因为 Numeric 是 NumPy 的前身。

数据类型对象，实际上就是 `numpy.dtype` 类的各种实例。这些数据类型对象通常都提供了面向对象的接口，以供操作 NumPy 的数据类型。

特征值是方程 `Ax = ax` 的标量解，其中 A 是一个二维矩阵，而 x 是一个一维向量。

特征向量（eigenvectors）用来表示特征值的向量。

指数移动平均法是一种权值随时间以指数形式递减的移动平均方法。

快速傅里叶变换（Fast Fourier Transform，FFT）是一种计算傅里叶变换的快捷方法。FFT 的计算复杂度为 O(N log N)，这对于原先的算法而言，性能得到了极大的提升。

过滤是一种信号处理技术，它涉及对信号的某些部分进行删减或抑制。过滤的类型有很多，其中包括中值和 Wiener 滤波。

傅里叶分析是建立在以数学家 Joseph Fourier 命名的傅里叶级数之上的一种数学方法。傅里叶级数是一种表示函数的数学方法，它通常使用正弦函数和余弦函数构成的无穷级数来表示函数。当然，这里的函数既可以是实值函数，也可以是复值函数。

遗传算法是一种基于生物进化论的搜索和优化算法。

图形处理单元（GPU）是专门用于高效显示图像的集成电路。近来，GPU 已经开始用于完成大规模并行计算，如训练神经网络等。

层次数据格式（Hierarchical Data Format，HDF）是一种存储大型数值数据的技术规范。同时，HDF 工作组还专门为这种规范提供了一个软件库。

希尔伯特-黄变换（Hilbert-Huang Transform）是一种分解信号的数学算法，这个方法可以用于发现时间序列数据中的周期循环。它已经成功用于确定太阳黑子活动的周期。

超文本标记语言（HyperText Markup Language，HTML）是创建 Web 页面的基础性技术，它为媒体、文本和超链接定义了相应的标签。

国际互联网工程任务组（Internet Engineering Task Force，IETF）是一个致力于维护和开发因特网的开放式工作组。这里所谓的开放，是指任何人都可以参与规则的制定。

JavaScript 对象表示法（JavaScript Object Notation，JSON）是一种数据格式，利用这种格式，就可以使用 JavaScript 表示法来表示数据了。相对于诸如 XML 之类的数据格式来说，JSON 更加简洁。

K-折交叉验证是一种交叉验证形式，其中，它会把数据集随机分为 k（一个小整数）份，每一份称为一个**包**。在 k 次迭代中，每个包被用作一次验证用，其他时候用于训练。最后，对迭代结果进行合并处理。

Kruskal-Wallis 单因子方差分析是一种统计学方法，它能够在不对总体分布做出假定的情况下对样本方差进行相应的统计分析。

时滞图是一种描绘某个时间序列及其时滞序列的散点图，它为我们展示了具有时滞的时间序列数据与原来序列之间的自相关性。

学习曲线是一种展示学习算法行为特点的可视化方法，用来勾画训练成效和测试成效是如何随训练数据量的变化而变化的。

对数图是一种对数坐标图形，这类图形在数据变化巨大的情况下非常有用，因为图形显示的是数量级。

逻辑回归是一种分类算法，可以用于预测属于某类别或者某事件发生的概率。逻辑回归是以 logistic 函数为基础的，该函数的取值范围介于 0～1，正好与概率的取值范围吻合。因此，我们可以使用 logistic 函数把任意值转换为概率值。

MapReduce 是一种分布式算法，可利用计算机集群来处理大规模数据。该算法通常需要经历映射和化简两个阶段。映射阶段，数据是以并行的方式进行处理的。这时，数据将被划分成一些数据块，并且过滤及其他操作都是针对每个数据块进行的。化简阶段，就是对映射阶段的结果进行合并处理。

摩尔定律实际上是观察到的一种现象，即现代电脑芯片上的晶体管的数目每两年就翻一番。从 1970 年以来，这个趋势一直保持至今。此外，还有一个第二摩尔定律，也就是著名的 Rock 定律。这个定律指出，集成电路的研发和制造成本正在呈指数式增长。

移动平均法指定向前所能看到的数据的窗口大小，并且该窗口每次前移一个周期的时候，都会计算其平均值。移动平均法的类型有很多种，它们的区别主要在于求平均值所用的权重有所不同。

朴素贝叶斯分类是一种基于概率与数理统计领域中的贝叶斯定理的概率分类算法，它之所以称为朴素，是因为它假设属性之间相互独立。

对象关系映射（Object-Relational Mapping，ORM）是一种软件体系结构模式，用来实现数据库模式和面向对象计算机语言之间的转换。

观点挖掘或者情感分析是一个研究领域，旨在有效发现和评估文本内的意见和情绪。

词性（Part of Speech，POS）标签是加注于句子中每个单词上的各种标签，这些标签都具有相应的语法含义，如动词或者名词等。

表述性状态转移（Representational State Transfer，REST）是一种网络服务架构风格。

简易信息聚合（Really Simple Syndication，RSS）是一种诸如博客之类的网络订阅源(Web Feeds)的公布和检索标准。

散点图是一种二维图像，用来展示直角坐标系中两个变量之间的关系。其中，一个变量值表示它在一个坐标轴的坐标，另一个变量值表示它在另一个坐标轴的坐标。这样，我们就可以迅速地绘制其相互关系了。

信号处理是隶属于工程和应用数学的一个领域，对模拟信号和数字信号进行处理分析。当然，这里的模拟信号和数字信号可以看作是随时间变化的一些变量。

SQL 是一种关系数据库查询和操作的专用语言，可以用来创建数据表、向数据表插入数据行以及删除数据表等。

停用词指的是那些常用但是信息含量很低的字词。进行文本分析前，通常需要将停用词先删除掉。尽管过滤停用词是一个惯例，但是对于停用词至今尚未有标准的定义。

监督学习是一种机器学习技术，它要求使用带有标签的训练数据。

支持向量机（SVM）可以用来完成回归（SVR）和分类（SVC）任务。SVM 会将数据点映射到一个多维空间，这个映射过程通常由所谓的核函数完成。核函数可以是线性的，也可以是非线性的。

词频和逆文档频率（TF-IDF）是衡量语料库中的单词的重要性的一种度量指标。它通常包括单词出现的频率和逆文档频率。词频用来表示单词在一个文档中出现的次数。对于逆文档频率，先要求出其中含有该单词的文档数量，然后取其倒数即可。

时间序列是对数据点按照取样时间先后顺序排列的一个有序列表。通常，每个数据点都带有一个相应的时间戳。

附录 B 常用函数

本附录列出了一些常用函数，并根据其所属程序包进行组织，这些程序包涉及 matplotlib、NumPy、pandas、scikit-learn 和 SciPy。

matplotlib

下面是常用的 matplotlib 函数。

- matplotlib.pyplot.axis(*v, **kwargs)：该函数用于获取或者设置坐标轴属性。例如，axis('off')表示关闭坐标轴线及其标签。
- matplotlib.pyplot.figure(num=None, figsize=None, dpi=None, facecolor=None, edgecolor=None, frameon=True, FigureClass=<class 'matplotlib.figure.Figure'>, **kwargs)：这个函数用于新建一个图像。
- matplotlib.pyplot.grid(b=None, which='major', axis='both', **kwargs)：这个函数用于打开或者关闭图像中的网格线。
- matplotlib.pyplot.hist(x, bins=10, range=None, normed=False, weights=None, cumulative=False, bottom=None, histtype='bar', align='mid', orientation ='vertical', rwidth=None, log=False, color=None, label=None, stacked=False, hold=None, **kwargs)：这个函数用于绘制直方图。
- matplotlib.pyplot.imshow(X, cmap=None, norm=None, aspect=None, interpolation =None, alpha=None, vmin=None, vmax=None, origin=None, extent=None, shape=None, filternorm=1, filterrad

=4.0,imlim=None, resample=None, url=None, hold=None, **kwargs)：这个函数用来绘制类似数组之类的数据的图像。

- matplotlib.pyplot.legend(*args, **kwargs)：这个函数可以用来在指定位置显示图例或注释性文字，如 plt.legend(loc='best')。
- matplotlib.pyplot.plot(*args, **kwargs)：这个函数可以通过单个或多个（*x*，*y*）坐标，以及相应可选的格式串来创建二维图像。
- matplotlib.pyplot.scatter(x, y, s=20, c='b', marker='o', cmap=None, norm=None, vmin=None, vmax=None, alpha=None, linewidths=None, verts=None, hold=None, **kwargs)：这个函数可以为两个数组创建散点图。
- matplotlib.pyplot.show(*args, **kw)：这个函数用来显示图像。
- matplotlib.pyplot.subplot(*args, **kwargs)：在给定行号、列号和图形索引号的情况下，这个图像可以用来创建子图。所有的这些号码都是从 1 开始计数。例如，plt.subplot(221)的作用是创建 2×2 网格中的第一个子图。
- matplotlib.pyplot.title(s, *args, **kwargs)：这个函数的作用是给图像加标题。

Numpy

下面是常用的 NumPy 函数。

- Numpy.arange([start,] stop[, step,], dtype=None)：这个函数可以利用指定范围内的等差数值来创建 NumPy 数组。
- Numpy.argsort(a, axis=-1, kind='quicksort', order=None)：这个函数将返回一个与数组元素将来排列顺序一致的下标序列。
- Numpy.array(object, dtype=None, copy=True, order=None, subok=False, ndmin=0)：这个函数可以从类似数组的序列，诸如 Python 列表来创建 NumPy 数组。
- Numpy.dot(a, b, out=None)：这个函数将计算两个数组的点积。
- Numpy.eye(N, M=None, k=0, dtype=<type 'float'>)：这个函数将返回单位矩阵。

- Numpy.load(file, mmap_mode=None)：这个函数用来从.npy、.npz 或者 pickle 中加载 NumPy 数组或者经过序列化处理的对象。内存映射数组（memory-mapped array）将被存放到文件系统中，并且不必全部载入内存，这对大型数组来说非常有用。
- Numpy.loadtxt(fname, dtype=<type 'float'>, comments='#', delimiter=None, converters=None, skiprows=0, usecols=None, unpack=False, ndmin=0)：这个函数可以把文本文件中的数据加载到一个 NumPy 数组中。
- Numpy.mean(a, axis=None, dtype=None, out=None, keepdims =False)：这个函数可以计算给定坐标轴上的坐标值的算术平均值。
- Numpy.median(a, axis=None, out=None, overwrite_input=False)：这个函数可以用来计算给定坐标轴上的坐标值的中值。
- Numpy.ones(shape, dtype=None, order='C')：这个函数可以用来创建指定形状和数据类型的 NumPy 数组，其元素初值为 1。
- Numpy.polyfit(x, y, deg, rcond=None, full=False, w=None, cov=False)：这个函数可以用来完成最小二乘多项式拟合。
- Numpy.reshape(a, newshape, order='C')：这个函数可以用来修改 NumPy 数组的形状。
- Numpy.save(file, arr)：这个函数可以将 NumPy 数组保存到一个 NumPy 的.npy 格式的文件中。
- Numpy.savetxt(fname,X,fmt='%.18e',delimiter='',newline= '\n', header='',footer='', comments='# ')：这个函数可以用来把一个 NumPy 数组保存为一个文本文件。
- Numpy.std(a,axis=None, dtype=None,out=None,ddof=0,keepdims =False)：这个函数可以用来返回给定坐标轴上的坐标值的标准差。
- Numpy.where(condition, [x, y])：这个函数可以根据一个布尔条件从输入的数组中选择数组元素。
- Numpy.zeros(shape, dtype=float, order='C')：这个函数可以用来创建指定形状和数据类型的 NumPy 数组，其元素初值为 0。

pandas

下面是常用的 pandas 函数。

- pandas.date_range(start=None,end=None,periods=None, freq='D', tz=None, normalize=False, name=None, closed=None)：这个函数可以用来创建一个固定频率的日期时间索引。
- pandas.isnull(obj)：这个函数可以用来查找 NaN 和 None 值。
- pandas.merge(left, right, how='inner', on=None, left_on=None, right_on=None,left_index=False,right_index=False,sort=False, suffixes=('_x', '_y'), copy=True)：这个函数可以通过类似数据库的列或者索引的联接操作来合并 DataFrame 对象。
- pandas.pivot_table(data, values=None, rows=None, cols=None, aggfunc='mean', fill_value=None, margins=False, dropna=True)：这个函数可以用来创建一个类似 Excel 中使用数据透视表的 pandas DataFrame。
- pandas.read_csv(filepath_or_buffer, sep=',', dialect=None, compression=None,doublequote=True,escapechar=None,quotechar='"', quoting=0, skipinitialspace=False, lineterminator=None, header='infer',index_col=None,names=None,prefix=None,skiprows=None,skipfooter=None,skip_footer=0,na_values=None,na_fvalues=None, true_values=None, false_values=None, delimiter=None, converters=None,dtype=None,usecols=None,engine='c',delim_whitespace=False, as_recarray=False, na_filter=True, compact_ints=False, use_unsigned=False, low_memory=True, buffer_lines=None, warn_bad_lines=True, error_bad_lines=True, keep_default_na=True, thousands=Nment=None, decimal='.', parse_dates=False, keep_date_col=False,dayfirst=False,date_parser=None,memory_map=False,nrows=None,iterator=False,chunksize=None,verbose=False, encoding=None,squeeze=False,mangle_dupe_cols=True,tupleize_cols=False, infer_datetime_format=False)： 这个函数可以利用一个 CSV 文件来创建一个 DataFrame。

- `pandas.read_excel(io, sheetname, **kwds)`：这个函数用作将 Excel 工作表读入一个 `DataFrame` 中。
- `pandas.read_hdf(path_or_buf, key, **kwargs)`：这个函数可以从一个 HDF 仓库中返回一个 pandas 对象。
- `pandas.read_json(path_or_buf=None, orient=None, typ='frame', dtype=True,convert_axes=True,convert_dates=True,keep_default_dates=True, numpy=False, precise_float=False, date_unit=None)`：这个函数可以用一个 JSON 字符串来创建一个 pandas 对象。
- `pandas.to_datetime(arg, errors='ignore', dayfirst=False, utc=None, box=True, format=None, coerce=False, unit='ns', infer_datetime_format=False)`：这个函数可以用来将一个字符串或者字符串列表转换为日期时间类型（DATETIME）数据。

scikit-learn

下面是常用的 scikit-learn 函数。

- `sklearn.cross_validation.train_test_split(*arrays, **options)`：这个函数可以用来将数组拆分为随机的训练数据集和测试数据集。
- `sklearn.metrics.accuracy_score(y_true, y_pred, normalize=True, sample_weight =None)`：这个函数可以用来返回分类的准确度。
- `sklearn.metrics.euclidean_distances (X, Y=None, Y_norm_squared =None, squared =False)`：这个函数可以用来计算输入数据的距离矩阵。

sciPy

下面是常用的 sciPy 函数。

scipy.fftpack

- `fftshift(x, axes=None)`：这个函数用来把零频分量移到频谱中心。
- `rfft(x, n=None, axis=-1, overwrite_x=0)`：这个函数用来对实数数组进行离散傅里叶变换。

scipy.signal

- detrend(data, axis=-1, type='linear', bp=0)：这个函数用来删除线性趋势或者数据中的常数。
- medfilt(volume, kernel_size=None)：这个函数用来对数组进行中值滤波处理。
- wiener(im, mysize=None, noise=None)：这个函数用来对一个数组进行 Wiener 滤波处理。

scipy.stats

- anderson(x, dist='norm')：这个函数可以对根据指定概率分布生成的数据进行 Anderson-Darling 检验。
- kruskal(*args)：这个函数可以用来完成数据的 Kruskal-Wallis H 检验。
- normaltest(a, axis=0)：这个函数可以用来测试数据是否符合正态分布。
- scoreatpercentile(a,per,limit=(),interpolation_method='fraction')：这个函数用来确定输入的数组中指定百分位数所对应的元素值。
- shapiro(x, a=None, reta=False)：这个函数可以通过夏皮罗-威尔克法来检验其正态性。

附录 C
在线资源

下面给出的是相关文档、论坛、文章及其他信息的网络链接地址。

- Apache Cassandra 数据库：http://cassandra.apache.org。
- Beautiful Soup：http://www.crummy.com/software/BeautifulSoup。
- HDF 工作组网址：http://www.hdfgroup.org。
- 一系列有趣的 IPython notebooks：https://github.com/ipython/ipython /wiki/A-gallery -of-interesting-IPython-Notebooks。
- 图的开源可视化软件 Graphviz：Http://graphviz.org/。
- IPython 网址：http://ipython.org/。
- Python 绘图库 matplotlib：http://matplotlib.org/。
- 开源文档数据库 MongoDB：http://www.mongodb.org。
- Mpi4py 的用户文档：http://mpi4py.scipy.org/docs/usrman/index.html。
- 自然语言工具包（Natural Language Toolkit，NLTK）：http://www.nltk.org/。
- Numpy 和 Scipy 的相关文档：http://docs.scipy.org/doc/。
- Numpy 和 Scipy 邮件列表： http://www.scipy.org/Mailing_Lists。
- Open MPI（一个高性能消息传递库）：Http://www.open-mpi.org。
- Packt 出版社的帮助和支持页面地址：http://www.Packtpub. com/support。
- Pandas 主页的网址：http://pandas.pydata.org。
- Python 性能优化技巧：https://wiki.python.org/moin/PythonSpeed

/PerformanceTips。

- Redis（一个开源的键-值数据库）：http://redis.io/。
- scikit-learn（Python 的机器学习工具包）：http://scikit-learn.org/stable/。
- scikit-learn 的性能优化技巧：http://scikit-learn.org/stable/developers/ performance.html。
- sciPy 的性能优化技巧：http://wiki.scipy.org/PerformanceTips。
- SQLAlchemy（Python 的 SQL 工具包及对象关系映射（ORM）工具）：Http://www. sqlalchemy.org。
- 实用工具函数库 Toolz 的文档：http://toolz.readthedocs.org/en/latest/。